21 世纪全国高职高专计算机系列实用规划教材

单片机 C 语言程序设计教程与实训
(第 2 版)

主　编　张秀国

副主编　彭奕平

北京大学出版社
PEKING UNIVERSITY PRESS

内 容 简 介

本书以可视化的单片机应用系统仿真软件 Proteus 和 51 系列单片机 C 语言开发平台 Keil 为基础，从实用角度出发，介绍 51 系列单片机 C 语言程序设计方法。

全书共分 6 章，内容包括单片机应用系统仿真开发平台、单片机 C51 语言基础、单片机 C51 语言程序设计基础、单片机中断系统的 C51 语言编程、单片机人机交互系统的 C51 语言编程、单片机串行通信接口的 C51 语言编程。各章均配有实训，内含思考与练习等。

本书例题丰富，实训难易程度适中，便于多媒体教学，具有理论够用、内容适用、实训重用的特点，既可作为高职高专计算机技术、机电一体化、数控技术、电气自动化和电子信息工程技术等专业的教材，也可供从事电子技术、单片机应用系统研发的工程技术人员参考使用。

图书在版编目(CIP)数据

单片机 C 语言程序设计教程与实训/张秀国主编. —2 版. —北京：北京大学出版社，2016.7

（21 世纪全国高职高专计算机系列实用规划教材）

ISBN 978-7-301-27265-7

Ⅰ. ①单…　Ⅱ. ①张…　Ⅲ. ①单片微型计算机—C 语言—程序设计—高等职业教育—教材　Ⅳ. ①TP368.1②TP312

中国版本图书馆 CIP 数据核字（2016）第 155827 号

书　　名　单片机 C 语言程序设计教程与实训（第 2 版）
　　　　　Danpianji C Yuyan Chengxu Sheji Jiaocheng yu Shixun

著作责任者　张秀国　主编

策划编辑　刘　丽

责任编辑　黄红珍

标准书号　ISBN 978-7-301-27265-7

出版发行　北京大学出版社

地　　址　北京市海淀区成府路 205 号　100871

网　　址　http://www.pup.cn　新浪微博：@北京大学出版社

电子信箱　pup_6@163.com

电　　话　邮购部 62752015　发行部 62750672　编辑部 62750667

印 刷 者　北京溢漾印刷有限公司

经 销 者　新华书店

787 毫米×1092 毫米　16 开本　15.5 印张　363 千字

2008 年 6 月第 1 版

2016 年 7 月第 2 版　　2020 年 8 月第 4 次印刷

定　　价　35.00 元

第 2 版前言

《单片机 C 语言程序设计教程与实训》出版至今得到全国广大院校教师与学生的欢迎和使用，对此编者表示衷心感谢。本书在保留《单片机 C 语言程序设计教程与实训》主体内容与特色的前提下，结合高职高专的教学特点，从实用角度出发，对其内容进行了优化、补充和调整。

1. 本书内容

本书以可视化的嵌入式应用系统仿真软件 Proteus 和单片机 C 语言开发平台 Keil 为基础，结合高职高专的教学特点，从实用角度出发，较详细地介绍了 51 系列单片机 C 语言程序的基本设计方法。

第 1 章介绍单片机应用系统仿真开发平台，包括两个工具软件：Keil μVision2 和 Proteus ISIS，两者配合使用，既方便多媒体教学，又方便学生学习、实验与实训。

第 2 章介绍单片机 C51 语言基础。深入理解并掌握 C51 语言对 ANSI 标准 C 语言的扩展内容，是学好 C51 语言程序设计的基础。

第 3 章介绍单片机 C51 语言程序设计基础，包括 C51 语言的语句与流程控制，C51 语言中函数(尤其是中断函数、重入函数)的定义与应用，C51 语言中常用的标准库函数。

第 4 章介绍单片机中断系统的 C51 语言编程。能否熟练地使用 C51 语言编写中断服务程序，是学好单片机 C 语言程序设计的关键。

第 5 章介绍单片机人机交互系统的 C51 语言编程，主要讲解单片机系统中常用的人机交互设备，如 LED 数码管显示器、LED 点阵显示器、LCD 显示器、非编码键盘、编码键盘等的使用方法。

第 6 章介绍单片机串行通信接口的 C51 语言编程，包括如何将串行通信口用作同步移位寄存器，如何利用串行通信口进行数据的接收和发送等内容。

2. 本书特点

(1) 重视开发工具与仿真工具的使用，既便于多媒体教学，又方便学生自学。

(2) 例题丰富、翔实，可操作性强。

(3) 每章均配有实训，内含思考与练习，并根据教学实际需要，增加了“心得、建议及创新”，以便进一步激发学生的学习兴趣。

(4) 内容选择难易适中，符合高职高专的教学要求。

3. 本书教学

与本课程相关的先修课程包括数字电路、模拟电路、C 语言、单片机原理等，后续课程包括智能化产品设计、课程(毕业)设计等。建议教学学时为 72～90 学时(含实训)。有条件的院校还可以安排课程设计，让学生根据书中的实训及某些例题制作实物，使学生懂得仿真软件仅仅是实物设计的辅助工具，以培养学生的实际动手能力。

本书配有电子课件方便教师备课和教学，任课教师和读者可联系北京大学出版社第六事业部 QQ 客服 3209939285@qq.com 索要。

本书由珠海城市职业技术学院张秀国担任主编，江西旅游商贸职业学院彭奕平担任副主编。在编写过程中，编者得到了北京大学出版社第六事业部的大力支持，在此表示衷心的感谢，同时也向为本书出版做出贡献的朋友表示感谢！

由于编者水平有限，书中疏漏之处在所难免，恳请广大专家和读者对本书提出批评与建议。

编　者

2016 年 3 月

目　录

第 1 章　单片机应用系统仿真开发平台....1

1.1　单片机软件仿真开发工具 Keil C51......1

1.1.1　Keil C51 的工作环境..................1

1.1.2　工程的创建.................................5

1.1.3　工程的设置.................................9

1.1.4　工程的调试运行........................13

1.1.5　存储空间资源的查看和修改....17

1.1.6　变量的查看和修改....................19

1.2　单片机硬件仿真开发工具 Proteus ISIS..20

1.2.1　Proteus ISIS 的用户界面..........20

1.2.2　设置 Proteus ISIS 工作环境.....24

1.2.3　电路原理图的设计与编辑.......31

1.2.4　Proteus ISIS 与 Keil C51 的联合使用..39

1.3　本章小结..40

1.4　实训：简单的单片机应用系统...........41

第 2 章　单片机 C51 语言基础.....................46

2.1　C51 语言的基本知识............................46

2.1.1　标识符.......................................46

2.1.2　常量...49

2.1.3　基本数据类型...........................50

2.1.4　存储区域与存储模式...............58

2.2　运算符与表达式..................................61

2.2.1　算术运算符与算术表达式.......62

2.2.2　赋值运算符与赋值表达式.......64

2.2.3　关系运算符、逻辑运算符及其表达式.......................................67

2.2.4　条件运算符与条件表达式.......69

2.2.5　逗号运算符与逗号表达式.......70

2.3　指针与绝对地址访问..........................72

2.3.1　指针...72

2.3.2　绝对地址访问...........................75

2.4　本章小结..76

2.5　实训：发光二极管流水广告灯...........77

第 3 章　单片机 C51 语言程序设计基础..81

3.1　语句与流程控制..................................81

3.1.1　基本语句...................................81

3.1.2　分支语句...................................84

3.1.3　循环语句...................................91

3.1.4　辅助控制语句...........................98

3.2　函数..101

3.2.1　中断函数.................................102

3.2.2　重入函数.................................103

3.2.3　标准库函数.............................104

3.3　本章小结..112

3.4　实训：简易十字路口交通信号灯控制..113

第 4 章　单片机中断系统的 C51 语言编程...118

4.1　单片机的中断系统............................118

4.1.1　51 系列单片机的中断系统.....119

4.1.2　51 系列单片机中断系统的控制...121

4.1.3　51 系列单片机的中断处理过程...123

4.2　外部中断..124

4.2.1　外部中断源编程.....................124

4.2.2　外部中断源的扩展.................127

4.3　定时器/计数器中断...........................131

4.3.1　定时器/计数器的结构及工作原理.................................131

4.3.2　定时器/计数器的控制............132

4.3.3 定时器/计数器的工作方式及应用编程......133
4.4 本章小结......143
4.5 实训：十字路口交通信号灯控制......143

第 5 章 单片机人机交互系统的 C51 语言编程......151

5.1 单片机的输入/输出端口......151
5.2 LED 数码管显示器......153
5.2.1 LED 数码管显示器简介......153
5.2.2 静态显示编程......155
5.2.3 动态显示编程......157
5.3 LED 数码管点阵显示器......159
5.3.1 字母、数字及图形的显示......160
5.3.2 中文字符的显示......165
5.4 液晶显示器......171
5.4.1 点阵字符型 LCD 的内部结构......172
5.4.2 点阵字符型 LCD 的指令系统......175
5.4.3 点阵字符型 LCD 应用举例......179
5.5 非编码键盘......185
5.5.1 线性非编码键盘......185
5.5.2 矩阵非编码键盘......190
5.6 本章小结......195
5.7 实训：模拟数字密码锁......195

第 6 章 单片机串行通信接口的 C51 语言编程......206

6.1 串行数据通信的基本概念......206
6.1.1 串行数据通信的分类......206
6.1.2 串行通信数据的传送方向......208
6.1.3 串行数据通信的接口电路......209
6.2 51 系列单片机的串行通信接口......210
6.2.1 串行口的结构及工作原理......211
6.2.2 串行口的控制寄存器......211
6.2.3 串行口的工作方式与波特率......213
6.3 串行通信接口的 C51 语言编程......223
6.3.1 查询方式......223
6.3.2 中断方式......227
6.4 本章小结......233
6.5 实训：单片机之间的单工通信......233

参考文献......240

第 1 章　单片机应用系统仿真开发平台

教学提示

单片机应用系统仿真开发平台有两个常用的工具软件：Keil C51 和 Proteus ISIS。前者主要用于单片机 C 语言源程序的编辑、编译、链接及调试，后者主要用于单片机硬件电路原理图的设计及单片机应用系统的软、硬件联合仿真调试。本章将简要介绍 Keil C51、Proteus ISIS 在单片机 C 语言开发中的应用技巧，并通过一个实例详细介绍 Keil C51 与 Proteus ISIS 的配合使用方法。

教学要求

掌握 Keil C51 在单片机 C 语言开发中的使用方法；掌握利用 Proteus ISIS 绘制单片机应用系统硬件电路的原理图；掌握利用 Keil C51 与 Proteus ISIS 配合完成单片机应用系统的仿真开发、调试。

1.1　单片机软件仿真开发工具 Keil C51

与汇编语言相比，C 语言在功能、结构性、可读性、可维护性上都具有明显的优势，因而易学易用。用过汇编语言后再使用 C 语言开发，体会更加深刻。

Keil C51 是德国 Keil Software 公司推出的 51 系列兼容单片机 C 语言软件开发系统，具有丰富的库函数和功能强大的集成开发调试工具，全 Windows 界面，可以完成从工程建立和管理、编译、链接、目标代码生成、软件仿真调试等完整的开发流程。利用 Keil C51 编译后生成的代码，在准确性和效率方面都达到了较高的水平，是单片机 C 语言软件开发的理想工具，尤其是在开发大型软件时更能体现高级语言的优势。

下面以 Keil μVision2 为例，简要介绍 Keil C51 V7.20 的使用方法。

1.1.1　Keil C51 的工作环境

Keil μVision2 集成开发环境(IDE)如图 1.1 所示。Keil μVision2 IDE 设置有下拉菜单栏、可以快速选择命令的按钮工具栏、快捷键、一些源代码文件窗口、对话窗口和信息显示窗口等。Keil μVision2 允许同时打开多个源程序文件。

下面以表格的形式简要介绍 Keil μVision2 IDE 中常用的菜单栏、工具按钮和快捷键。

1. 文件操作

有关文件操作的菜单命令、工具按钮、默认的快捷键及功能说明见表 1-1。

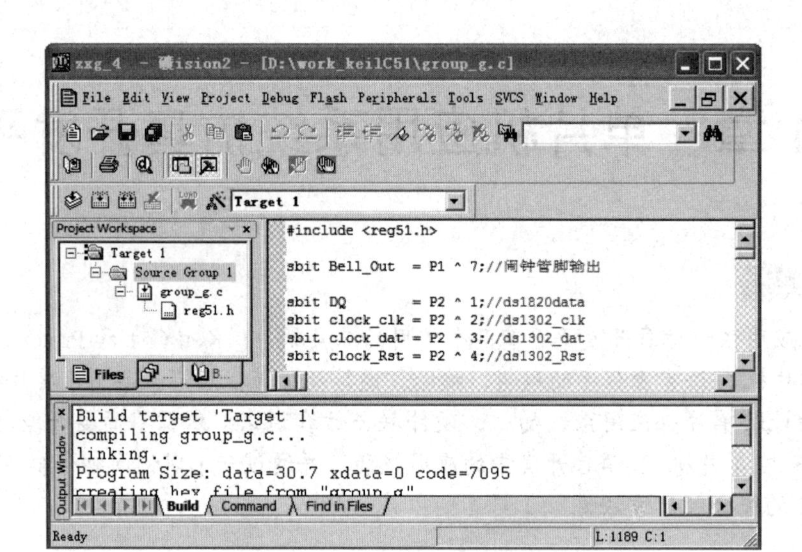

图 1.1　Keil µVision2 集成开发环境

表 1-1　文件操作

File 菜单	工具按钮	快　捷　键	说　　明
New		Ctrl+N	创建一个新的文本文件(源程序文件)
Open		Ctrl+O	打开一个已有的文件
Close			关闭当前文件
Save		Ctrl+S	保存当前文件
Save as…			保存并重新命名当前文件
Save All			保存所有打开的文本文件(源程序文件)
Device Database			维护 µVision2 设备数据库
Print Setup…			设置打印机
Print		Ctrl+P	打印当前文件
Print Preview			打印预览
Exit			退出 µVision2，并提示保存文件

2. 编辑操作

常用的有关编辑操作的菜单命令、工具按钮、默认的快捷键及功能说明见表 1-2。

表 1-2　编辑操作

Edit 菜单	工具按钮	快　捷　键	说　　明
Undo		Ctrl+Z	撤销上次操作
Redo		Ctrl+Shift+Z	重复上次撤销的操作
Cut		Ctrl+X	将所选文本剪切到剪贴板
Copy		Ctrl+C	将所选文本复制到剪贴板

续表

Edit 菜单	工具按钮	快　捷　键	说　　明
Paste		Ctrl+V	粘贴剪贴板上的文本
Toggle Bookmark		Ctrl+F2	设置/取消当前行的书签
Goto Next Bookmark		F2	移动光标到下一个书签
Goto Previous Bookmark		Shift+F2	移动光标到上一个书签
Clear All Bookmark			清除当前文件的所有书签
Find…		Ctrl+F	在当前文件中查找文本
Replace…		Ctrl+H	替换特定的文本
Find in Files…			在几个文件中查找文本

3. 视图操作

常用的有关视图操作的菜单命令、工具按钮及功能说明见表 1-3。

表 1-3　视图操作

View 菜单	工具按钮	说　　明
Status Bar		显示/隐藏状态栏
File Toolbar		显示/隐藏文件工具栏
Build Toolbar		显示/隐藏编译工具栏
Debug Toolbar		显示/隐藏调试工具栏
Project Window		显示/隐藏工程窗口
Output Window		显示/隐藏输出窗口
Source Brower		显示/隐藏资源浏览器窗口
Disassembly Window		显示/隐藏反汇编窗口
Watch&Call Stack Window		显示/隐藏观察和访问堆栈窗口
Memory Window		显示/隐藏存储器窗口
Code Coverage Window	CODE	显示/隐藏代码覆盖窗口
Preformance Analyzer Window		显示/隐藏性能分析窗口
Serial Window #1		显示/隐藏串行窗口 1
Toolbox		显示/隐藏工具箱
Periodic Window Update		在运行程序时，周期刷新调试窗口
Workbook Mode		显示/隐藏工作簿窗口的标签
Include Dependencies		显示/隐藏头文件
Options…		设置颜色、字体、快捷键和编辑器选项

4. 工程操作

常用的有关工程操作的菜单命令、工具按钮、默认的快捷键及功能说明见表1-4。

表1-4 工程操作

Project 菜单	工具按钮	快 捷 键	说 明
New Project…			创建一个新工程
Open Project			打开一个已有的工程
Close Project			关闭当前工程
Components, Environment, Books…			定义工具系列、包含文件和库文件的路径
Select Device for Target 'Target 1'			从设备数据库中选择一个CPU
Remove Item			从工程中删除一个组或文件
Options for Target/group/file		Alt+F7	设置对象、组或文件的工具选项
Build Target		F7	编译、链接当前文件并生成应用
Rebuild All Target Files			重新编译、链接所有文件并生成应用
Translate		Ctrl+F7	编译当前文件

5. 调试操作

常用的有关程序调试操作的菜单命令、工具按钮、默认的快捷键及功能说明见表1-5。

表1-5 调试操作

Debug 菜单	工具按钮	快 捷 键	说 明
Start/Stop Debug Session		Ctrl+F5	启动/停止调试模式
Go		F5	执行程序，直到下一个有效的断点
Step		F11	单步执行，跟踪到被调用函数内部
Step Over		F10	单步执行，不跟踪到被调用函数内部
Step Out of Current Function		Ctrl+F11	单步执行，在被调用函数内部
Run to Cursor Line		Ctrl+F10	执行到光标所在行
Stop Running		Esc	停止程序运行
Breakpoints…			打开断点对话框
Insert/Remove Breakpoint			在当前行插入/清除断点
Enable/Disable Breakpoint			使能/禁止当前行的断点
Disable All Breakpoint			禁止程序中的所有断点
Kill All Breakpoint			清除程序中的所有断点

续表

Debug 菜单	工具按钮	快　捷　键	说　　明
Show Next Statement			显示下一条执行的语句/指令
Enable/Disable Trace Recording			使能/禁止程序运行跟踪记录
View Trace Records			显示以前执行的指令
Memory Map…			打开存储器空间配置对话框
Performance Analyzer…			打开性能分析器的设置对话框
Inline Assembly…			对某一行重新汇编，可以修改汇编代码
Function Editor…			编辑调试函数和调试配置文件

6. 外围设备操作

常用的有关外围设备操作的菜单命令、工具按钮见表 1-6。表中的内容与 CPU 的选择有关，不同的 CPU 会有所不同。例如，某些 CPU 还具有 A/D Converter、D/A Converter、I2C Controller、CAN Controller、Watchdog 等功能。

表 1-6　外围设备操作

Peripherals 菜单	工具按钮	说　　明
Reset CPU		复位 CPU
Interrupt		中断
I/O-Ports　▶		I/O 口，Port 0～Port 3
Serial		串行口
Timer　▶		定时器，Timer 0～Timer 2

7. 运行环境配置操作

常用的有关运行环境配置操作的菜单命令见表 1-7。

表 1-7　运行环境配置操作

Tools 菜单	说　　明
Customize Tools Menu…	添加用户程序到工具菜单中

1.1.2　工程的创建

熟悉 Keil μVision2 IDE 的工作环境后，即可录入、编辑、调试、修改单片机 C 语言应用程序，具体步骤如下。

(1) 创建一个工程，从设备库中选择目标设备(CPU)，设置工程选项。

(2) 用C51语言创建源程序。

(3) 将源程序添加到工程管理器中。

(4) 编译、链接源程序，并修改源程序中的错误。

(5) 生成可执行代码。

1. 建立工程

在Keil μVision2 IDE中，使用工程的方法进行文件管理，即将源程序(C或汇编)、头文件、说明性的技术文档等都放置在一个工程里，只能对工程而不能对单一文件进行编译、链接等操作。

启动Keil μVision2 IDE后，μVision2总是打开用户上一次处理的工程，要关闭它可以执行菜单命令Project→Close Project。建立新工程可以通过执行菜单命令Project→New Project来实现，此时将打开如图1.2所示的Create New Project对话框。

在此，需要做的工作如下。

(1) 为新建的工程取一个名字，如MyProject，“保存类型”选择默认值。

(2) 选择新建工程存放的目录。建议为每个工程单独建立一个目录，并将工程中需要的所有文件都存放在这个目录下。

(3) 在完成上述工作后，单击“保存”按钮返回。

2. 为工程选择目标设备

51系列单片机种类繁多，不同种类的CPU特性不完全相同，在单片机应用项目的开发设计中，必须指定单片机的种类。在工程建立完毕后，μVision2会立即打开如图1.3所示的Select Device for Target ‘Target 1’对话框。列表框中列出了μVision2支持的以生产厂家分组的所有型号的51系列单片机。这里选择Atmel公司的AT89C52单片机。

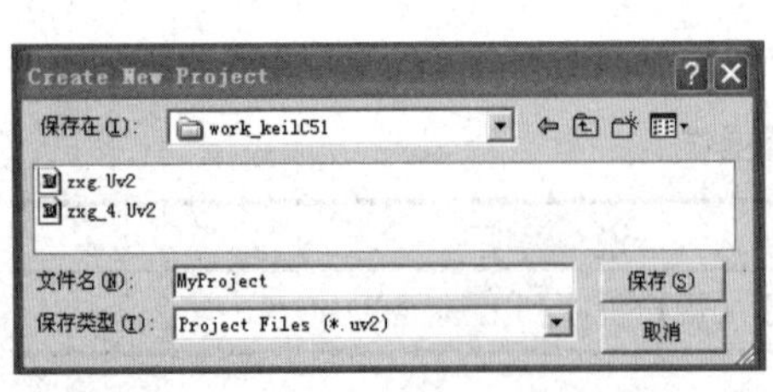

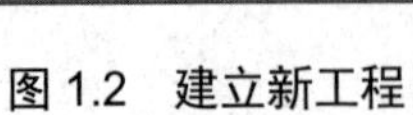
图1.2 建立新工程

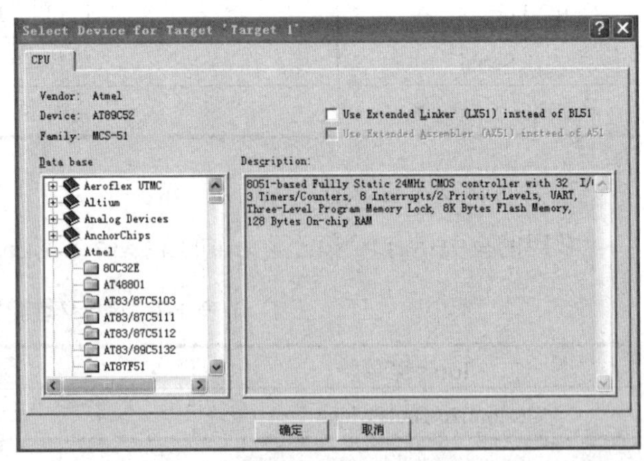

图1.3 选择目标设备

另外，如果在选择目标设备后想重新改变目标设备，可以执行菜单命令Project→Select Device for Target ‘Target 1’，在随后出现的目标设备选择对话框中重新加以选择。由于不同厂家许多型号的单片机性能相同或相近，因此，如果所需的目标设备型号在μVision2中找不到，可以选择其他公司生产的相近型号。

到此，我们已经建立了一个空白的工程 Target 1，如图 1.4 所示，并为工程选择好了目标设备，但是这个工程里没有任何程序文件。程序文件的添加必须人工进行，如果程序文件在添加前还没有创建，则必须先创建。

3. 建立/编辑 C 语言源程序文件

1) 建立程序文件

执行菜单命令 File→New，打开名为 Tex 1 的新文件窗口，如果多次执行菜单命令 File→New，则会依次出现 Text 2、Text 3 等多个新文件窗口。现在 μ Vision2 中有了一个名为 Text 1 的文件框架，还需要将其保存起来，并正式命名。

执行菜单命令 File→Save as...，打开如图 1.5 所示的对话框。在“文件名”文本框中输入文件的正式名称，如 MyProject.c。注意，文件的扩展名不能默认，因为 μ Vision2 要根据扩展名判断文件的类型，从而自动进行处理。MyProject.c 是一个 C 语言程序，如果要建立一个汇编程序，则输入的文件名称应为 MyProject.asm。另外，文件要与其所属的工程保存在同一个目录中，否则容易导致工程管理混乱。

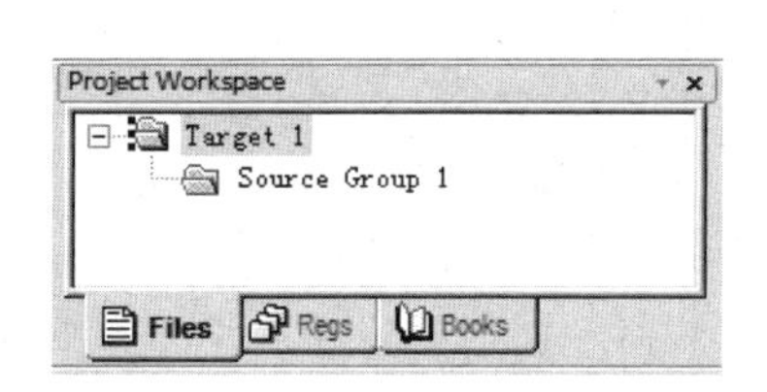

图 1.4　只有目标设备的空白工程

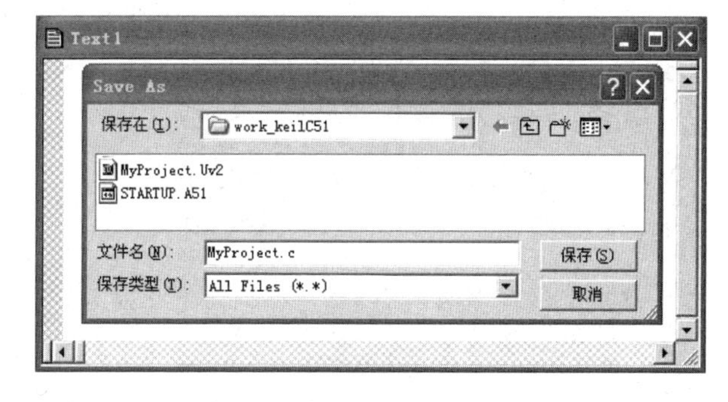

图 1.5　命名并保存新建文件

2) 录入、编辑程序文件

上面建立了一个名为 MyProject.c 的空白 C 语言程序文件，要让其起作用，还必须录入、编辑程序代码。μ Vision2 与其他文本编辑器类似，同样具有输入、删除、选择、复制、粘贴等基本的文本编辑功能。注意，μ Vision2 不完全支持汉字的输入和编辑，如果需要编辑汉字，最好使用外部文本编辑器(如 Word、记事本等)进行编辑，然后按要求保存，以便添加到工程中。

为了以后学习方便，这里给出一个程序范例。可以将其录入到 MyProject.c 文件中，并执行菜单命令 File→Save 加以保存。利用这种建立程序文件的方法，可以同样建立其他程序文件。

【例 1.1】 下面程序实现的功能：依次点亮以共阴方式连接在 AT89C51 的 P1 口上的 8 只 LED 灯，并无限循环。

```
/*****************************  ****************************
程序名称：MyProject.c
功能描述：依次点亮以共阴方式连接在 P1 口上的 LED 灯，并无限循环
***********************************************************/
```

```
#include <reg51.h>

void Delay( unsigned int x);     // 函数声明

  void main( )
  {
      for( ; ; ){
            P1=0x01 ;                // 点亮接在 P1.0 上的 LED 灯
            Delay( 60000 ) ;         // 调用延时函数
            P1=0x02 ;
            Delay( 60000 ) ;
            P1=0x04 ;
            Delay( 60000 ) ;
            P1=0x08 ;
            Delay( 60000 ) ;
            P1=0x10 ;
            Delay( 60000 ) ;
            P1=0x20 ;
            Delay( 60000 ) ;
            P1=0x40 ;
            Delay( 60000 ) ;
            P1=0x80 ;
            Delay( 60000 ) ;
      }
  }
/*********************************************************
函数名称：Delay( unsigned int x)
功能描述：若晶体振荡器频率为 12MHz，延时 x μs
*********************************************************/
void Delay( unsigned int x)
{
     if( x==0 )  return;
     while( x!=0 )   x--;
}
```

4. 为工程添加文件

至此，我们已经分别建立了一个工程 MyProject 和一个 C 语言源程序文件 MyProject.c，除了存放目录一致外，它们之间还没有建立任何关系。可以通过以下步骤将程序文件 MyProject.c 添加到 MyProject 工程中。

1) 提出添加文件要求

在图 1.4 所示的空白工程中，右击 Source Group 1 选项，弹出如图 1.6 所示的快捷菜单。

2) 找到待添加的文件

在图 1.6 所示的快捷菜单中，选择 Add Files to Group ‘Source Group 1’(向当前工程的 Source Group 1 组中添加文件)选项，弹出如图 1.7 所示的对话框。

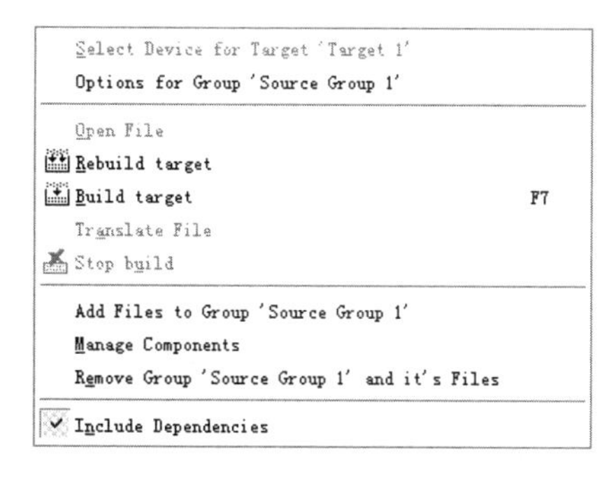

图 1.6　添加工程文件快捷菜单

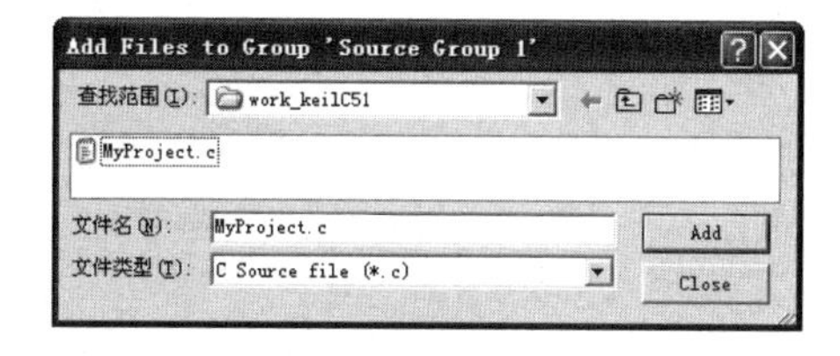

图 1.7　选择要添加的文件

3) 添加

在图 1.7 所示的对话框中，μ Vision2 给出了所有符合添加条件的文件列表。这里只有 MyProject.c 一个文件，选中它，然后单击 Add 按钮(注意，单击即可)，将程序文件 MyProject.c 添加到当前工程的 Source Group 1 组中，如图 1.8 所示。

另外，在μ Vision2 中，除了可以向当前工程的组中添加文件外，还可以向当前工程添加组，方法是右击 Target 1 选项(图 1.4 或图 1.8)，在弹出的快捷菜单中选择 Manage Components 选项，然后按提示操作，添加组后如图 1.9 所示。

图 1.8　添加文件后的工程

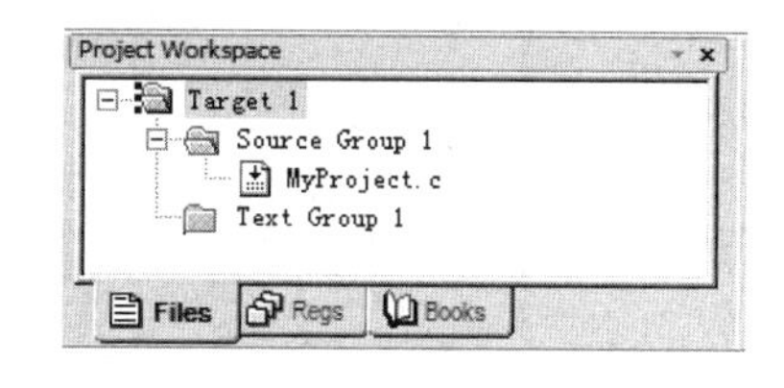

图 1.9　添加组后的工程

4) 删除已存在的文件或组

如果想删除已经加入的文件或组，可以在图 1.9 所示的对话框中，右击该文件或组，在弹出的快捷菜单中选择 Remove File 或 Remove Group 选项，即可将文件或组从工程中删除。值得注意的是，这种删除属于逻辑删除，被删除的文件仍旧保留在磁盘上的原目录下，需要的话，还可以再将其添加到工程中。

1.1.3　工程的设置

在工程建立后，还需要对工程进行设置。工程的设置分为硬件设置和软件设置。硬件设置主要针对仿真器，用于硬件仿真时使用；软件设置主要用于程序的编译、链接及仿真调试。由于本书未涉及硬件仿真器，因此这里将重点介绍工程的软件设置。

在μ Vision2 的工程管理器(Project Workspace)中，右击工程名 Target 1，弹出如图 1.10 所示的快捷菜单。选择 Options for Target ‘Target 1’选项后，即打开工程设置对话框(图 1.11)。一个工程的设置分成 10 个部分，每个部分又包含若干项目。与后面的学习相关的主要有以下几个部分。

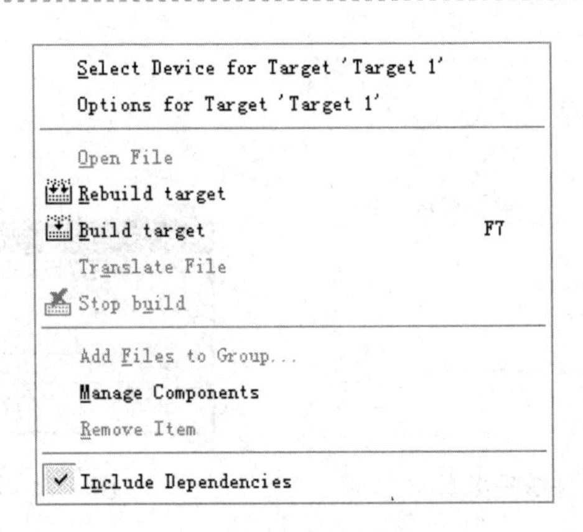

图 1.10　工程设置快捷菜单

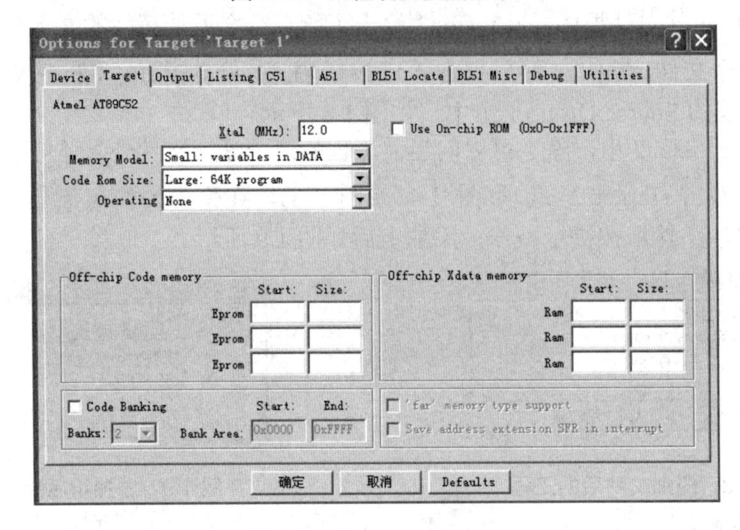

图 1.11　Target 设置

(1) Target：用户最终系统的工作模式设置，决定用户系统的最终框架。

(2) Output：工程输出文件的设置，如是否输出最终的 HEX 文件及格式设置。

(3) Listing：列表文件的输出格式设置。

(4) C51：有关 C51 编译器的一些设置。

(5) Debug：有关仿真调试的一些设置。

1. Target 设置

在图 1.11 所示的 Target 选项卡中，从上到下主要包括以下几个部分。

(1) 已选择的目标设备：在建立工程时选择的目标设备型号，本例为 Atmel AT89C52，在这里不能修改。若要修改，可关闭当前对话框，在工程管理器中右击工程名 Target 1，弹出如图 1.10 所示的快捷菜单后，选择 Select Device for Target 'Target 1'选项，重新选择目标设备型号。

(2) 晶体振荡器频率选择 Xtal(MHz)：晶体振荡器频率的选择主要在软件仿真时起作用，μVision2 将根据用户输入的频率来决定软件仿真时系统运行的时间和时序。

(3) 存储器模式选择 Memory Model：有 3 种存储器模式可供选择。

① Small：没有指定存储区域的变量默认存放在 data 区域内。

② Compact：没有指定存储区域的变量默认存放在 pdata 区域内。

③ Large：没有指定存储区域的变量默认存放在 xdata 区域内。

例如，有一个变量说明

```
unsigned char Tmp1
```

根据所选择的存储器模式，编译器会在相应的数据空间为其分配存储单元。其中，data 表示 CPU 内部可直接寻址的数据空间；pdata 表示 CPU 外部的一个 256B 的 xdata 页；xdata 表示 CPU 外部的数据空间。但是，如果在声明变量时指定了数据空间类型，例如

```
data  unsigned  char  Tmp2
```

则存储器模式的选择对变量 Tmp2 没有约束作用，Tmp2 总是被安排在 data 数据空间。

(4) 程序空间的选择 Code Rom Size：选择用户程序空间的大小。

(5) 操作系统选择 Operating：是否选用操作系统。

(6) 外部程序空间地址定义 Off-chip Code memory：如果用户使用了外部程序空间，但在物理空间上又不是连续的，则需进行该项设置。该选项共有 3 组起始地址和结束地址的输入，μVision2 在链接定位时将把程序代码安排在有效的程序空间内。该选项一般只用于外部扩展的程序，因为单片机内部的程序空间多数都是连续的。

(7) 外部数据空间地址定义 Off-chip Xdata memory：用于单片机外部非连续数据空间的定义，设置方法与外部程序空间地址定义类似。

(8) 程序分段选择 Code Banking：是否对程序分段，一般用户不会用到该功能。

2. Output 设置

在图 1.11 所示的选项设置对话框中，选择 Output 选项卡，如图 1.12 所示。该选项卡中常用的设置主要有以下几项，其他选项可保持默认设置。

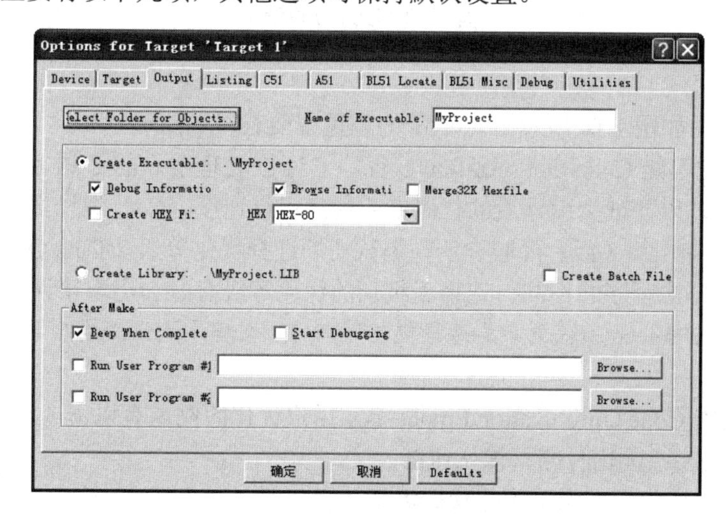

图 1.12　Output 设置

(1) 选择输出文件存放的目录 Select Folder for Objects…：一般选用默认目录，即当前工程所在的目录。

(2) 输入目标文件的名称 Name of Executable：默认为当前工程的名称。如果需要，可以修改。

(3) 选择生成可执行代码文件 Create HEX File：该项必须选中。可执行代码文件是最终写入单片机的运行文件，格式为 Intel HEX，扩展名为.hex。值得注意的是，默认情况下该项未被选中。

3. Listing 设置

Listing 设置界面如图 1.13 所示。在源程序编译完成后将产生“*.lst”列表文件，在链接完成后将产生“*.m51”列表文件。该界面主要用于调整编译、链接后生成的列表文件的内容和形式,其中比较常用的选项是 C Compiler Listing 选项区中的 Assembly Code 复选项。选中该复选项可以在列表文件中生成 C 语言源程序所对应的汇编代码。其他选项可保持默认设置。

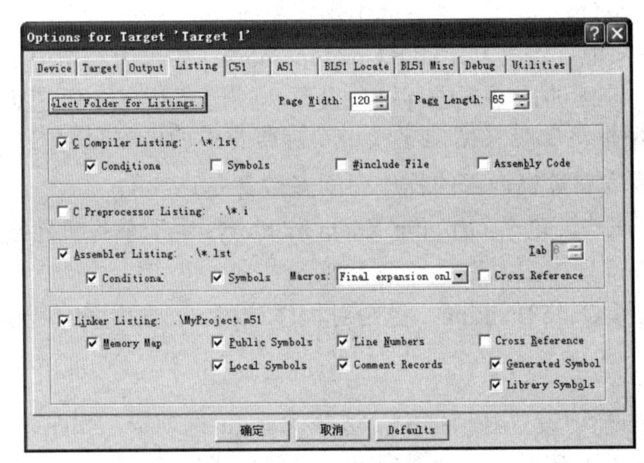

图 1.13 Listing 设置

4. C51 设置

C51 设置界面如图 1.14 所示。对 C51 的设置主要有以下两项。

(1) 代码优化等级 Code Optimization|Level。C51 在处理用户的 C 语言程序时能自动对源程序做出优化，以便减少编译后的代码量或提高运行速度。C51 编译器提供了 0～9 共 10 种选择，默认使用第 8 级。经验证明，调试初期选择优化等级 2(Data Overlaying)是比较明智的，因为根据源程序的不同，选择高级别的优化等级有时会出现错误。

注意：在 MyProject 工程中，要选择优化等级 2。在程序调试成功后再提高优化级别改善程序代码。

(2) 优化侧重 Code Optimization|Emphasis。用户优化的侧重有以下 3 种选择。

① Favor speed：优化时侧重优化速度。

② Favor size：优化时侧重优化代码大小。

③ Default：不规定，使用默认优化。

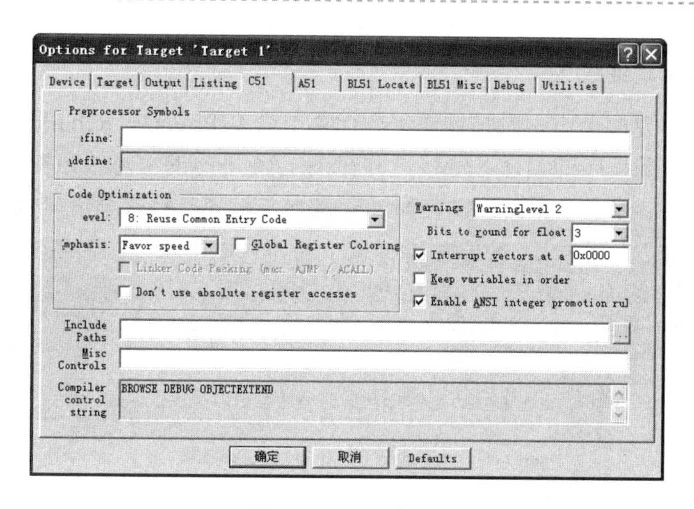

图 1.14　C51 设置

5. Debug 设置

如图 1.15 所示，Debug 设置界面分成两部分：软件仿真设置(左边)和硬件仿真设置(右边)。软件仿真和硬件仿真的设置基本一样，只是硬件仿真设置增加了仿真器参数设置。在此只需选中软件仿真 Use Simulator 单选项，其他选项保持默认设置。

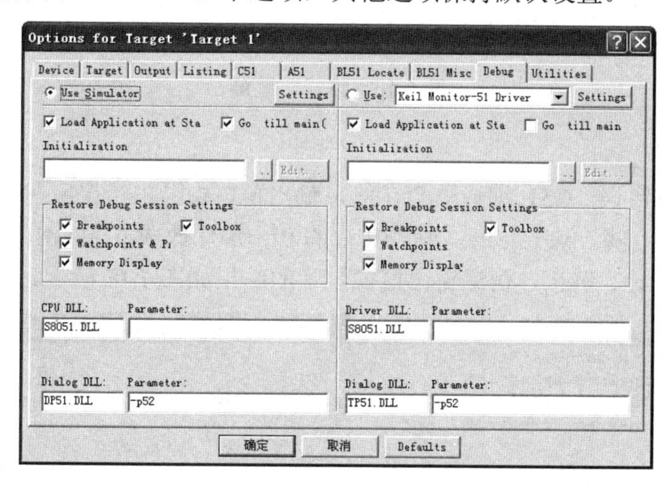

图 1.15　Debug 设置

所谓软件仿真，是指使用计算机来模拟程序的运行，用户不需要建立硬件平台，就可以快速地得到某些运行结果。但是在仿真某些依赖于硬件的程序时，软件仿真则无法实现，为此将在 1.2 节介绍单片机硬件仿真开发工具 Proteus ISIS。

1.1.4　工程的调试运行

在 Keil μ Vision2 IDE 中，源程序编写完毕后还需要编译和链接才能够进行软件和硬件仿真。在程序的编译、链接中，如果用户程序出现错误，还需要修正错误后重新编译、链接。

1. 程序的编译、链接

在图1.16所示界面单击工具按钮或执行菜单命令Project→Rebuild All Target Files，即可完成对C语言源程序的编译、链接，并在图1.16下方的信息输出窗口Build Output中给出操作信息。如果源程序和工程设置都没有错误，编译、链接就能顺利完成。

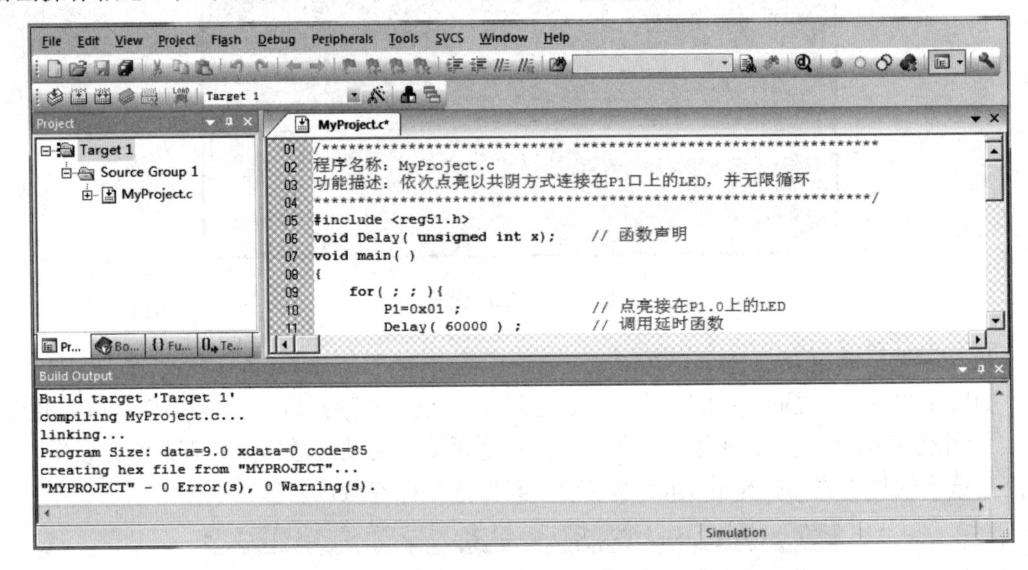

图1.16 编译、链接

2. 程序的排错

如果源程序有错误，C51编译器会在信息输出窗口中给出错误所在的行、错误代码及错误的原因。例如，将MyProject.c中第10行的P1=0x01改成p1=0x01(即把大写的P改成小写p)，再重新编译、链接，信息输出窗口显示的结果如图1.17所示。

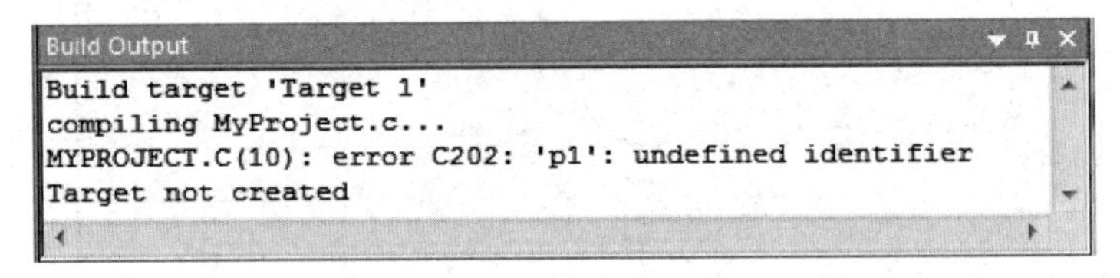

图1.17 程序有错误时编译、链接的结果

输出信息显示在文件MyProject.c的第10行，出现C202类型的错误：p1为未定义的标示符。μVision2有错误定位功能，在信息输出窗口双击错误提示行，MyProject.c文件中的错误所在行的左侧会出现一个箭头⇨标记，以便于用户排错。

经过排错后，要对源程序重新进行编译和链接，直到编译、链接成功为止。

3. 运行程序

编译、链接成功后，单击“启动/停止调试模式”工具按钮，进入软件仿真调试运行模式，如图1.18所示。图1.18中上部为调试工具条(Debug Toolbar)，下部为范例程序MyProject.c，黄色箭头为程序运行光标，指向当前等待运行程序行。

```
01 /****************************** ************************************
02 程序名称：MyProject.c
03 功能描述：依次点亮以共阴方式连接在P1口上的LED，并无限循环
04 *******************************************************************/
05 #include <reg51.h>
06 void Delay( unsigned int x);     // 函数声明
07 void main( )
08 {
09     for( ; ; ){
10         P1=0x01 ;                // 点亮接在P1.0上的LED
11         Delay( 60000 ) ;         // 调用延时函数
12         P1=0x02 ;
13         Delay( 60000 ) ;
14         P1=0x04 ;
15         Delay( 60000 ) ;
16         P1=0x08 ;
17         Delay( 60000 ) ;
18         P1=0x10 ;
```

图 1.18　源程序的软件仿真运行

在μ Vision2 中，有 5 种程序运行方式：Go、Step、Step Over、Step Out of Current Function、Run to Cursor Line。

1) Go

该选项用于启动用户程序从当前地址处开始全速运行，遇到断点或是执行“Stop Running”选项时停止。

在软件仿真调试运行模式下，有 3 种方法可以启动全速运行。

(1) 按 F5 快捷键。

(2) 单击图标。

(3) 执行菜单命令 Debug→Go。

当μ Vision2 处于全速运行期间，μ Vision2 不允许查看任何资源，也不接受其他命令。如果用户想终止程序的运行，可以应用以下两种方法。

(1) 执行菜单命令 Debug→Stop Running。

(2) 单击图标。

2) Step（快捷键 F11，菜单命令 Debug→Step，工具按钮）

该选项用于单步跟踪执行，单击该选项一次执行一条 C 语言语句，遇到函数调用语句，将跟踪进入函数中执行。

该选项的功能是尽最大的可能跟踪当前程序的最小运行单位。在 C 语言调试环境下最小的运行单位是一条 C 语言语句，因此单步跟踪每次最少要运行一条 C 语言语句。在图 1.18 所示的状态下，每按一次 F11 快捷键，黄色箭头就会向下移动一行，包括被调用函数内部的程序行。

3) Step Over（快捷键 F10，菜单命令 Debug→Step Over，工具按钮）

该选项用户程序从当前地址处开始执行一条程序，对于函数调用语句不跟踪进入被调用函数，而是将整个函数与调用语句一起一次执行。

该选项的功能是尽最大的可能执行完当前的程序行。与 Step 相同的是 Step Over 每次至少也要运行一条 C 语言语句；与 Step 不同的是 Step Over 不会跟踪到被调用函数的内部，而是把被调用函数作为一条 C 语言语句来执行。在图 1.18 所示的状态下，每按一次 F10 快捷键，黄色箭头就会向下移动一行，但不包括被调用函数内部的程序行。

4) Step Out of Current Function(快捷键 Ctrl+F11，菜单命令 Debug→Step Out of Current Function，工具按钮)

该选项用于在调用函数过程中，启动函数从当前地址处开始执行并返回到调用该函数的下一条语句。

5) Run to Cursor Line (快捷键 Ctrl+F10，菜单命令 Debug→Run to Cursor Line，工具按钮)

该选项用于启动用户程序从当前地址处开始执行到光标所在行。

在图 1.18 所示的状态下，程序指针指在程序行

```
P1=0x01 ;                    //①
```

如果想程序一次运行到程序行

```
P1=0x10 ;                    //②
```

则可以单击程序行，当闪烁光标停留在该行后，右击该行，弹出如图 1.19 所示的快捷菜单，选择 Run to Cursor line 选项。运行停止后，发现程序运行光标已经停留在程序行②的左侧。

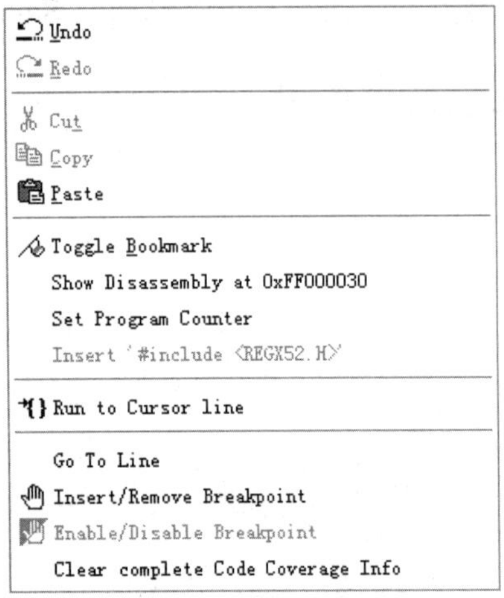

Undo
Redo
Cut
Copy
Paste
Toggle Bookmark
Show Disassembly at 0xFF000030
Set Program Counter
Insert '#include <REGX52.H>'
Run to Cursor line
Go To Line
Insert/Remove Breakpoint
Enable/Disable Breakpoint
Clear complete Code Coverage Info

图 1.19　快捷菜单

4. 程序复位

在 C 语言源程序仿真运行期间，如果想重新从头开始运行，则可以对源程序进行复位。程序的复位主要有以下两种方法。

(1) 单击 RST 图标。

(2) 执行菜单命令 Peripherals→Reset CPU。

5. 断点操作

当需要程序全速运行到某个程序位置停止时，可以使用断点。断点操作与运行到光标处的作用类似，其区别是断点可以设置多个，而光标只有一个。

1) 断点的设置/取消

在 μ Vision2 的 C 语言源程序窗口中，可以在任何有效位置设置断点，断点的设置/取消操作也非常简单。如果想在某一行设置断点，双击该行，即可设置红色的断点标志，如图 1.20 所示。取消断点的操作相同，如果该行已经设置为断点行，双击该行将取消断点。

2) 断点的管理

如果设置了很多断点，就可能存在断点管理的问题。例如，通过逐个地取消全部断点来使程序全速运行将是非常烦琐的事情。为此，μ Vision2 提供了断点管理器。执行菜单命令 Debug→Breakpoints，出现如图 1.21 所示的断点管理器，其中单击 Kill All(取消所有断点)按钮可以一次取消所有已经设置的断点。

```
MyProject.c
01 /**************************** ***********************************
02 程序名称：MyProject.c
03 功能描述：依次点亮以共阴方式连接在P1口上的LED，并无限循环
04 *****************************************************************/
05 #include <reg51.h>
06 void Delay( unsigned int x);     // 函数声明
07 void main( )
08 {
09     for( ; ; ){
10         P1=0x01 ;                // 点亮接在P1.0上的LED
11         Delay( 60000 ) ;         // 调用延时函数
12         P1=0x02 ;
13         Delay( 60000 ) ;
14         P1=0x04 ;
15         Delay( 60000 ) ;
16         P1=0x08 ;
17         Delay( 60000 ) ;
18         P1=0x10 ;
```

图 1.20　断点设置与断点标志

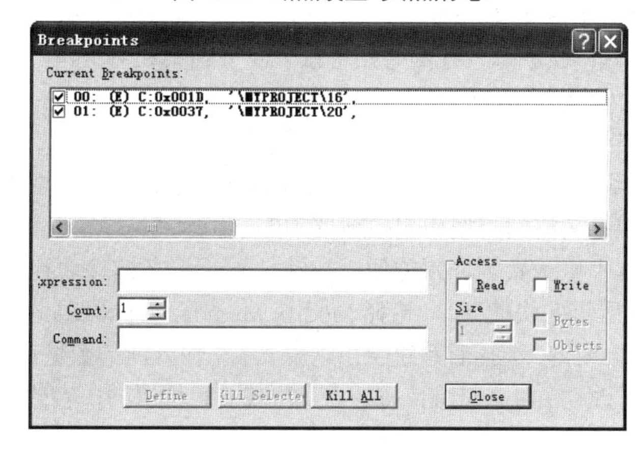

图 1.21　断点管理器

6. 退出软件仿真模式

如果想退出μ Vision2 的软件仿真环境，可以使用下列方法。

(1) 单击图标。

(2) 执行菜单命令 Debug→Start/Stop Debug Session。

1.1.5　存储空间资源的查看和修改

在μ Vision2 的软件仿真环境中，标准 80C51 的所有有效存储空间资源都可以查看和修改。μ Vision2 把存储空间资源分成以下 4 种类型加以管理。

1. 内部可直接寻址 RAM(类型 data，简称 d)

在标准 80C51 中，可直接寻址空间为 0～0x7F 范围内的 RAM 和 0x80～0xFF 范围内的 SFR(特殊功能寄存器)。在μVision2 中把它们组合成空间连续的可直接寻址的 data 空间。data 存储空间可以使用存储器对话框(Memory)进行查看和修改。

在图 1.18 所示的状态下，执行菜单命令 View→Memory Windows 可以打开存储器对话框，如图 1.22 所示。如果该对话框已打开，则会关闭该对话框。

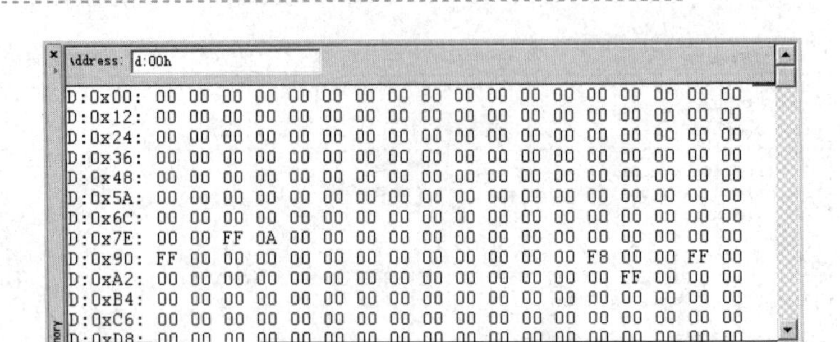

图 1.22　存储器对话框

从存储器对话框中可以看到以下内容。

(1) 存储器地址输入栏 Address：用于输入存储空间类型和起始地址。图 1.22 中，d 表示 data 区域，00h 表示显示起始地址。

(2) 存储器地址栏：显示每一行的起始地址，便于观察和修改，如 D：0x00 和 D：0x12 等。data 区域的最大地址为 0xFF。

(3) 存储器数据区域：数据显示区域，显示格式可以改变。

(4) 存储器窗口组：分成独立的 4 个组(Memory #1、Memory #2、Memory #3、Memory #4)，每个组可以单独定义空间类型和起始地址。单击组标签可以在存储器窗口组之间切换。

在存储器对话框中修改数据非常方便，方法如下：把光标移动到该数据的显示位置，右击，弹出如图 1.23 所示的快捷菜单。选择 Modify Memory at D:0x81 选项，表示要改动 data 区域 0x81 地址的数据内容。选择后系统会出现输入栏，输入新的数值后单击 OK 按钮返回。需要注意的是，有时改动并不一定能完成。例如，0xFF 位置的内容改动就不能正确完成，因为 80C5l 在这个位置没有可操作的单元。

```
Address: d:70h
D:0x70: 00 00 00 00 00 00 00 00 00 00 00 00 00 00 00 00 FF
D:0x81: 0A                         00 00 00 00 00 00 FF 00
D:0x92: 00     Decimal             00 00 F8 00 00 FF 00 00
D:0xA3: 00     Unsigned          ▸ 00 00 00 00 FF 00 00 00
D:0xB4: 00     Signed            ▸ 00 00 00 00 00 00 00 00
D:0xC5: 00                         00 00 00 00 00 00 00 00
D:0xD6: 00     Ascii               00 00 00 00 00 00 00 00
D:0xE7: 00     Float               00 00 00 00 00 00 00 00
D:0xF8: 00     Double              00 00 00 00 00 00 00 00
D:0x09: 00                         00 00 00 00 00 00 00 00
D:0x1A: 00     Modify Memory at D:0x81  00 00 00 00 00 00 00 00
D:0x2B: 00                         00 00 00 00 00 00 00 00
Memory #1  Memory #2  Memory #3  Memory #4
```

图 1.23　在存储器对话框中修改数据

2. 内部可间接寻址 RAM(类型 idata，简称 i)

在标准 80C51 中，可间接寻址空间为 0～0xFF 范围内的 RAM。其中，地址范围 0x00～0x7F 内的 RAM 和地址范围 0x80～0xFF 内的 SFR 既可以间接寻址，又可以直接寻址；地址范围 0x80～0xFF 的 RAM 只能间接寻址。在 μ Vision2 中把它们组合成空间连续的可间接寻址的 idata 空间。

使用存储器对话框同样可以查看和修改 idata 存储空间，操作方法与 data 空间完全相同，只是在存储器地址输入栏 Address 输入的存储空间类型要变为“i”。例如，要显示、修改起始地址为 0x76 的 idata 数据，只需在存储器地址输入栏 Address 内输入“i：0x76”。

3. 外部数据空间 XRAM(类型 xdata，简称 x)

在标准 80C51 中，外部可间接寻址 64KB 地址范围的数据存储器，在 μ Vision2 中把它们组合成空间连续的可间接寻址的 xdata 空间。使用存储器对话框查看和修改 xdata 存储空间的操作方法与 idata 空间完全相同，只是在存储器地址输入栏 Address 内输入的存储空间类型要变为“x”。

4. 程序空间 code(类型 code，简称 c)

在标准 80C51 中，程序空间有 64KB 的地址范围。程序存储器的数据按用途可分为程序代码(用于程序执行)和程序数据(程序使用的固定参数)。使用存储器对话框查看和修改 code 存储空间的操作方法与 idata 空间完全相同，只是在存储器地址输入栏 Address 内输入的存储空间类型要变为“c”。

1.1.6　变量的查看和修改

在工程 MyProject 中，定义了一些变量，例如：

```
data unsigned char LedBuff;
```

该程序行告诉编译器 LedBuff 是一个无符号的字节变量，要求放在 data 空间内。至于存放在 data 空间的位置一般不必关心，只要关心数值就可以了。在 μ Vision2 中，使用“观察”对话框(Watches)可以直接观察和修改变量。

在图 1.18 所示的状态下，执行菜单命令 View→Watch & Call Stack Windows 可以打开“观察”对话框，如图 1.24 所示。如果对话框已经打开，则会关闭该对话框。其中，Name 栏用于输入变量的名称，Value 栏用于显示变量的数值。

在观察对话框底部有 4 个标签，其作用如下。

(1) 显示局部变量观察对话框 Locals：自动显示当前正在使用的局部变量，不需要用户自己添加。

(2) 变量观察对话框 Watch #1、Watch #2：可以根据分类把变量添加到#1 或#2 观察对话框中。

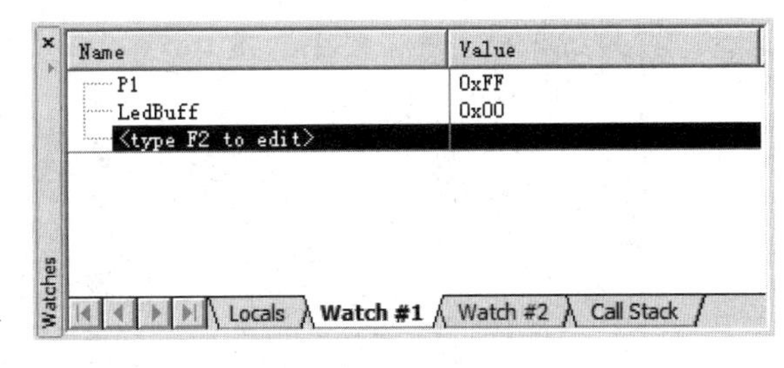

图 1.24　“观察”对话框

(3) 堆栈观察对话框 Call Stack：显示程序执行过程对子程序的调用情况。

1. 变量名称的输入

单击准备添加行(选择该行)的 Name 栏，然后按 F2 键，出现文本输入栏后输入变量的名称，确认正确后按 Enter 键。输入的变量名称必须是文件中已经定义的。在图 1.24 中，LedBuff 是我们自己定义的，而 P1 是头文件 reg52.h 定义的。

2. 变量数值的显示

在 Value 栏，除了显示变量的数值外，用户还可以修改变量的数值，方法是：单击该行的 Value 栏，然后按 F2 键，出现文本输入栏后输入修改的数据，确认正确后按 Enter 键。

注意：除了上述使用方法外，在 Keil μVision2 IDE 中，还可以使用图形化的外围设备菜单 Peripherals 提高调试效率，使用 Show Next State 命令快速找到当前的程序运行指针(黄色箭头)，以及使用命令行等，在这里不再一一赘述，感兴趣的读者可以参阅有关的专业书籍。

1.2 单片机硬件仿真开发工具 Proteus ISIS

Proteus 是英国 Lab Center Electronics 公司推出的用于仿真单片机及其外围设备的 EDA 工具软件。Proteus 与 Keil C51 配合使用，可以在不需要硬件投入的情况下，完成单片机 C 语言应用系统的仿真开发，从而缩短实际系统的研发周期，降低开发成本。

Proteus 具有高级原理布图(ISIS)、混合模式仿真(PROSPICE)、PCB 设计及自动布线(ARES)等功能。Proteus 的虚拟仿真技术(VSM)第一次真正实现了在物理原型出来之前对单片机应用系统进行设计开发和测试。

下面以 Proteus 7 Professional 为例，简要介绍 Proteus ISIS 的使用方法。

1.2.1 Proteus ISIS 的用户界面

启动 Proteus ISIS 后，可以看到如图 1.25 所示的 ISIS 用户界面，与其他常用的软件一样，ISIS 设置有菜单栏、可以快速执行命令的按钮工具栏和各种各样的窗口(如原理图编辑窗口、原理图预览窗口、对象选择窗口等)。

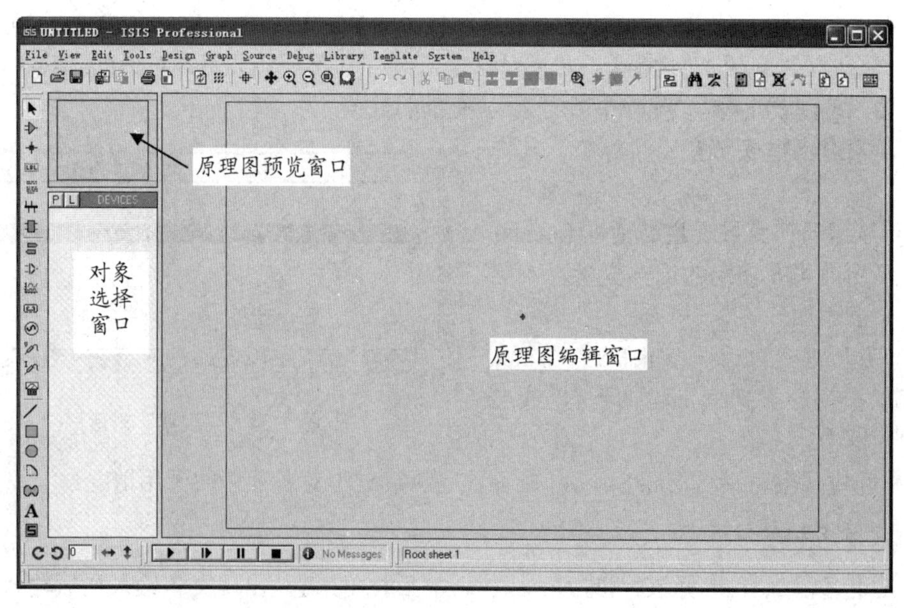

图 1.25 Proteus ISIS 的用户界面

1. 主菜单与主工具栏

Proteus ISIS 提供的主菜单与主工具栏如图 1.26 所示。在图 1.26(a)所示的主菜单中，从左到右依次是 File(文件)、View(视图)、Edit(编辑)、Tools(工具)、Design(设计)、Graph(图形)、Source(源)、Debug(调试)、Library(库)、Template(模板)、System(系统)和 Help(帮助)。利用主菜单中的命令可以完成 ISIS 的所有功能。图 1.26(b)所示的主工具栏由 4 个部分组成：File Toolbar(文件工具栏)、View Toolbar(视图工具栏)、Edit Toolbar(编辑工具栏)和 Design Toolbar(调试工具栏)。通过执行菜单命令 View→Toolbars…可以打开或关闭上述 4 个主工具栏。

File　View　Edit　Tools　Design　Graph　Source　Debug　Library　Template　System　Help

(a) 主菜单

(b) 主工具栏

图 1.26　Proteus ISIS 的主菜单与主工具栏

主工具栏中的每一个按钮都对应一个具体的主菜单命令，表 1-8 给出了这些按钮和菜单命令的对应关系、快捷键及功能。在此未涉及的部分菜单命令将在后面章节讲述，读者也可以参阅有关的专业书籍。

表 1-8　常用的菜单命令与工具按钮

菜单命令	工具按钮	快 捷 键	说　　明
File→New Design…			新建原理图设计
File→Load Design…		Ctrl+O	打开一个已有的原理图设计
File→Save Design		Ctrl+S	保存当前的原理图设计
File→Import Section…			导入部分文件
File→Export Section…			导出部分文件
File→Print…			打印文件
File→Set Area			设置输出区域
Edit→Undo Changes		Ctrl+Z	撤销前一修改
Edit→Redo Changes		Ctrl+Y	恢复前一修改
Edit→Cut to Clipboard			剪切到剪贴板
Edit→Copy to Clipboard			复制到剪贴板
Edit→Paste from Clipboard			粘贴
Block Copy			块复制
Block Move			块移动

续表

菜单命令	工具按钮	快 捷 键	说　明
Block Rotate			块旋转
Block Delete			块删除
Library→Pick Device/Symbol…		P	从设备库中选择设备或符号
Library→Make Device…			制作设备
Library→Packaging Tool…			封装工具
Library→Decompose			释放元件
View→Redraw		R	刷新窗口
View→Grid		G	打开或关闭栅格
View→Origin		O	设置原点
View→Pan		F5	选择显示中心
View→Zoom In		F6	放大
View→Zoom Out		F7	缩小
View→Zoom All		F8	按照窗口大小显示全部
View→Zoom to Area			局部放大
Tools→Wire Auto Router		W	将所选文本复制到剪贴板
Tools→Search and Tag…		T	粘贴剪贴板上的文本
Tools→Property Assignment Tool…		A	设置/取消当前行的书签
Design→Design Explorer		Alt+X	查看详细的元器件列表及网络表
Design→New Sheet			新建图纸
Design→Remove Sheet			移动或删除图纸
Tools→Bill of Materials			生成元器件列表
Tools→Electrical Rule Check…			生成电气规则检查报告
Tools→Netlist to ARES		Alt+A	创建网络表

2. Mode 工具箱

除了主菜单和主工具栏外，Proteus ISIS 在用户界面的左侧还提供了一个非常实用的 Mode 工具箱，如图 1.27 所示。正确、熟练地使用它们，对单片机应用系统电路原理图的绘制及仿真调试均非常重要。

图 1.27　Mode 工具箱

选择 Mode 工具箱中不同的图标按钮，系统将提供不同的操作工具，并在对象选择窗口中显示不同的内容。从左到右，Mode 工具箱中各图标按钮对应的操作如下。

(1) Selection Mode 按钮：对象选择。可以单击任意对象并编辑其属性。

(2) Component Mode 按钮：元器件选择。

(3) Junction Dot Mode 按钮：在原理图中添加连接点。

(4) Wire Label Mode 按钮：为连线添加网络标号(为线段命名)。

(5) Text Script Mode 按钮：在原理图中添加脚本。

(6) Buses Mode 按钮：在原理图中绘制总线。

(7) Subcircuit Mode 按钮：绘制子电路。

(8) Terminals Mode 按钮：在对象选择窗口列出各种终端(如输入、输出、电源和地等)供选择。

(9) Device Pins Mode 按钮：在对象选择窗口列出各种引脚(如普通引脚、时钟引脚、反电压引脚和短接引脚等)供选择。

(10) Graph Mode 按钮：在对象选择窗口列出各种仿真分析所需的图表(如模拟图表、数字图表、噪声图表、混合图表和 A/C 图表等)供选择。

(11) Tape Recorder Mode 按钮：录音机，当对设计电路分割仿真时采用此模式。

(12) Generator Mode 按钮：在对象选择窗口列出各种激励源(如正弦激励源、脉冲激励源、指数激励源和 FILE 激励源等)供选择。

(13) Voltage Probe Mode 按钮：在原理图中添加电压探针。电路进入仿真模式时，可显示各探针处的电压值。

(14) Current Probe Mode 按钮：在原理图中添加电流探针。电路进入仿真模式时，可显示各探针处的电流值。

(15) Virtual Instruments Mode 按钮：在对象选择窗口列出各种虚拟仪器(如示波器、逻辑分析仪、定时/计数器和模式发生器等)供选择。

(16) 2D Graphics Line Mode 按钮：直线按钮，用于创建元器件或表示图表时绘制线。

(17) 2D Graphics Box Mode 按钮：方框按钮，用于创建元器件或表示图表时绘制方框。

(18) 2D Graphics Circle Mode 按钮：圆按钮，用于创建元器件或表示图表时绘制圆。

(19) 2D Graphics Arc Mode 按钮：弧线按钮，用于创建元器件或表示图表时绘制弧线。

(20) 2D Graphics Path Mode 按钮：任意形状按钮，用于创建元器件或表示图表时绘制任意形状的图标。

(21) 2D Graphics Text Mode 按钮：文本编辑按钮，用于插入各种文字说明。

(22) 2D Graphics Symbols Mode 按钮：符号按钮，用于选择各种符号元器件。

(23) 2D Graphics Markers Mode 按钮：标记按钮，用于产生各种标记图标。

3. 方向工具栏

对于具有方向性的对象，Proteus ISIS 还提供了方向工具栏，如图 1.28 所示。从左到右，方向工具栏中各图标按钮对应的操作如下。

图 1.28　方向工具栏

(1) Rotate Clockwise 按钮 C：顺时针方向旋转按钮，以 90°偏置改变元器件的放置方向。

(2) Rotate Anti-Clockwise 按钮：逆时针方向旋转按钮，以-90°偏置改变元器件的放置方向。

(3) X-Mirror 按钮↔：水平镜像翻转按钮，以 *Y* 轴为对称轴，按180°偏置旋转元器件。

(4) Y-Mirror 按钮↕：垂直镜像翻转按钮，以 *X* 轴为对称轴，按180°偏置旋转元器件。

(5) 角度显示窗口 90：用于显示旋转/镜像的角度。

4. 仿真运行工具栏

图 1.29　仿真运行工具栏

为方便用户对设计对象进行仿真运行，Proteus ISIS 还提供了如图 1.29 所示的仿真运行工具栏，从左到右分别是：Play(运行)按钮、Step(单步运行)按钮、Pause(暂停运行)按钮、Stop(停止运行)按钮。

1.2.2　设置 Proteus ISIS 工作环境

Proteus ISIS 的工作环境设置包括编辑环境设置和系统环境设置两个方面。编辑环境设置主要是指模板的选择、图纸的选择、图纸的设置和格点的设置。系统环境设置主要是指 BOM 格式的选择、仿真运行环境的选择、各种文件路径的选择、键盘快捷方式的设置等。

1. 模板设置

绘制电路原理图首先要选择模板，电路原理图的外观信息受模板的控制，如图形格式、文本格式、设计颜色、线条连接点大小和图形等。Proteus ISIS 提供了一些常用的原理图模板，用户也可以自定义原理图模板。

当执行菜单命令 File→New Design…新建一个设计文件时，会打开如图 1.30 所示的对话框，从中可以选择合适的模板(通常选择 DEFAULT 模板)。

选择好原理图模板后，可以通过 Template 菜单的 6 个 Set 命令对其风格进行修改设置。

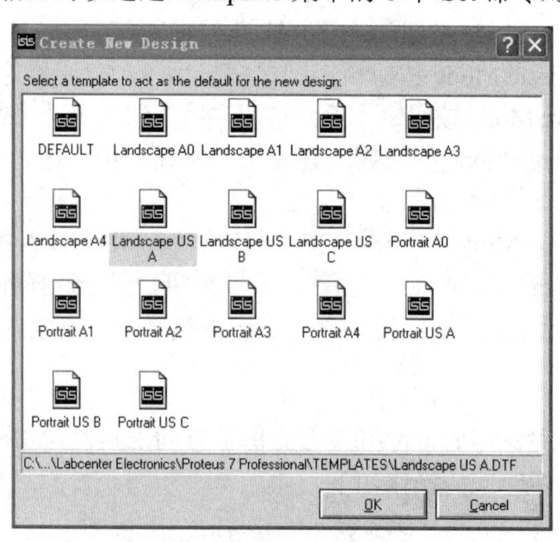

图 1.30　建立新的设计文件

1) 设置模板的默认选项

执行菜单命令 Template→Set Design Defaults…，打开如图 1.31 所示的对话框。通过该对话框，可以设置模板的纸张、格点等项目的颜色，设置电路仿真时正、负、地、逻辑高/低等项目的颜色，设置隐藏对象的显示与否及颜色，还可以设置编辑环境的默认字体等。

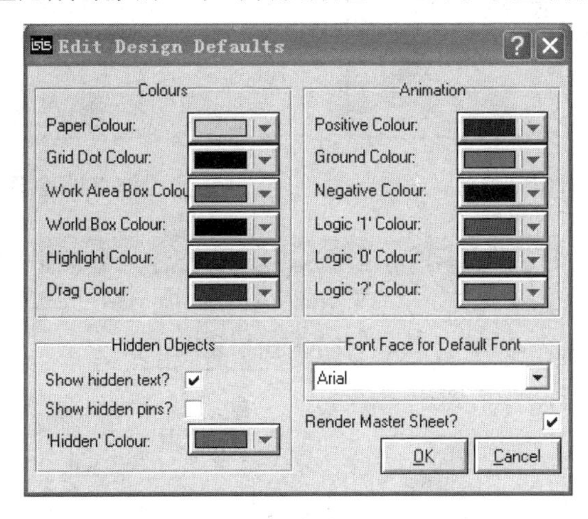

图 1.31　设置模板的默认选项

2) 配置图形颜色

执行菜单命令 Template→Set Graph Colours…，打开如图 1.32 所示的对话框。通过该对话框，可以配置模板的图形轮廓线(Graph Outline)、底色(Background)、图形标题(Graph Title)、图形文本(Graph Text)等，同时也可以对模拟跟踪曲线(Analogue Traces)和不同类型的数字跟踪曲线(Digital Traces)进行设置。

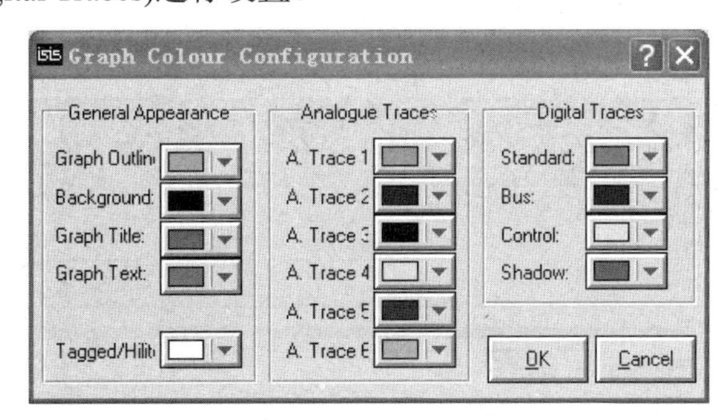

图 1.32　配置图形颜色

3) 编辑图形风格

执行菜单命令 Template→Set Graphics Styles…，打开如图 1.33 所示的对话框。通过该对话框，可以编辑图形的风格，如线型、线宽、线的颜色及图形的填充色等。在 Style 下拉列表框中可以选择不同的系统图形风格。

单击 New 按钮，将打开如图 1.34 所示的对话框。在 New style's name 文本框中输入新图形风格的名称，如 mystyle，单击 OK 按钮确定，将打开如图 1.35 所示的对话框。在该对话框中，可以自定义图形的风格，如颜色、线型等。

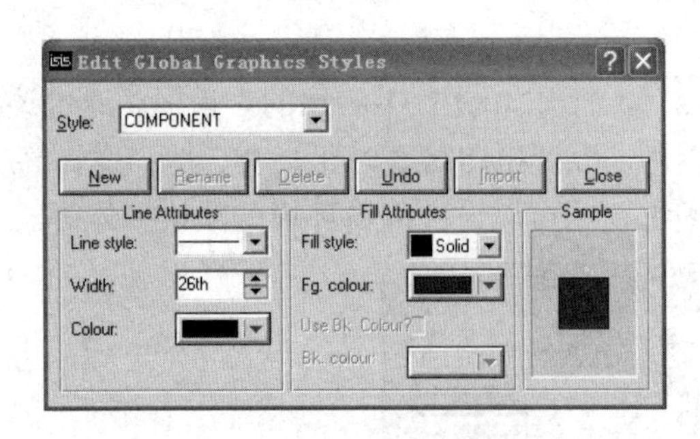

图 1.33　编辑图形风格

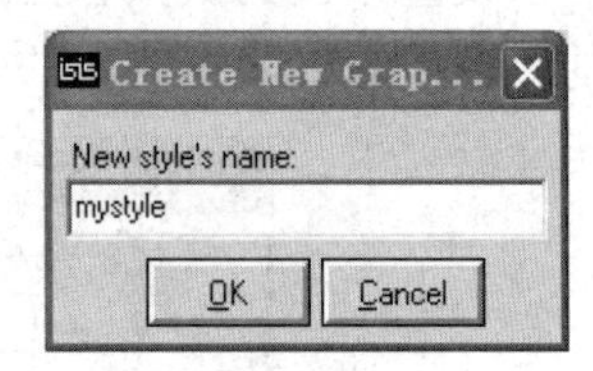

图 1.34　创建新的图形风格

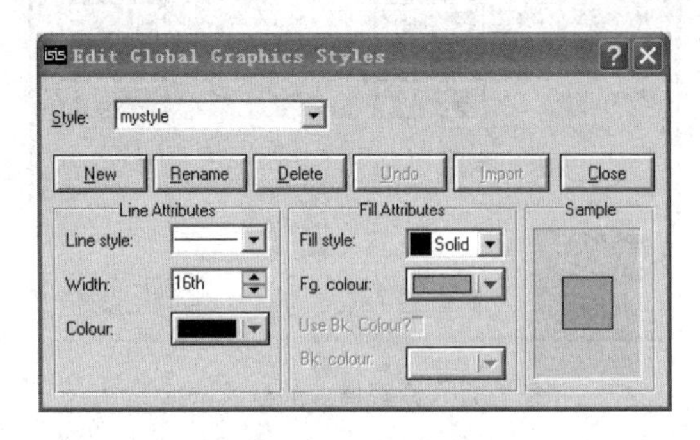

图 1.35　设置新图形的风格

4) 设置全局字体风格

执行菜单命令 Template→Set Text Styles…，打开如图 1.36 所示的对话框。通过该对话框，可以通过 Font face 下拉列表框选择期望的字体，还可以设置字体的高度、颜色及是否加粗、倾斜、加下划线等。在 Sample 区域可以预览更改设置后字体的风格。同理，单击 New 按钮可以创建新的图形文本风格。

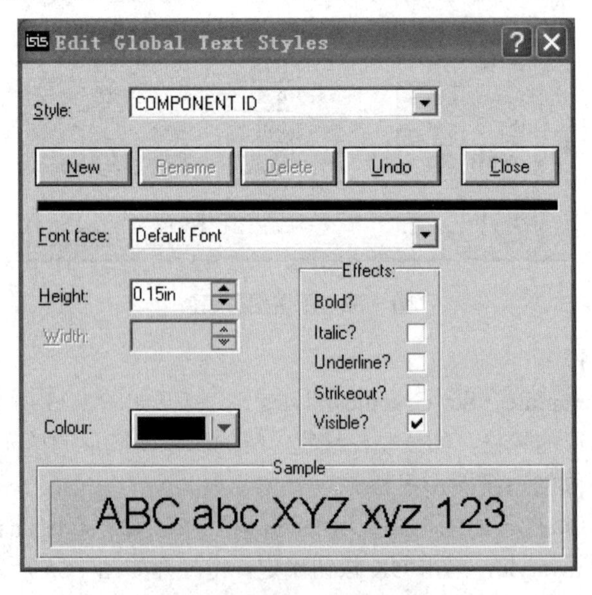

图 1.36　设置全局字体风格

5) 设置图形字体格式

执行菜单命令 Template→Set Graphics Text...，打开如图 1.37 所示的对话框。通过该对话框，可以通过 Font face 列表框选择图形文本的字体类型，在 Text Justification 选项区域可以选择字体在文本框中的水平位置、垂直位置，在 Effects 选项区域可以选择字体的效果，如加粗、倾斜、加下划线等，而在 Character Sizes 选项区域可以设置字体的高度和宽度。

6) 设置交叉点

执行菜单命令 Template→Set Junction Dots...，打开如图 1.38 所示的对话框。通过该对话框，可以设置交叉点的大小、形状。

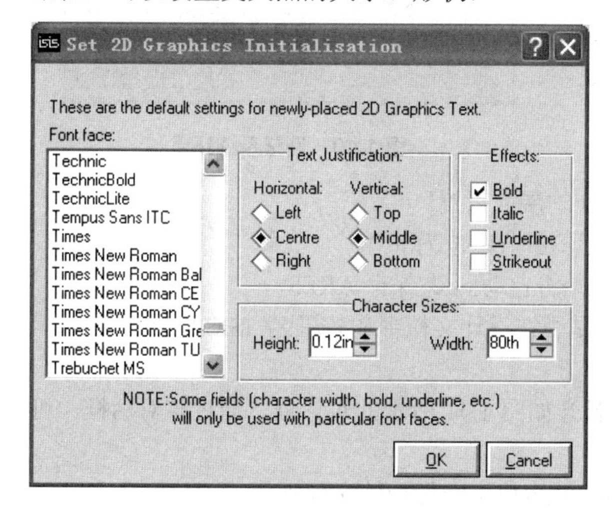

图 1.37　设置图形字体格式

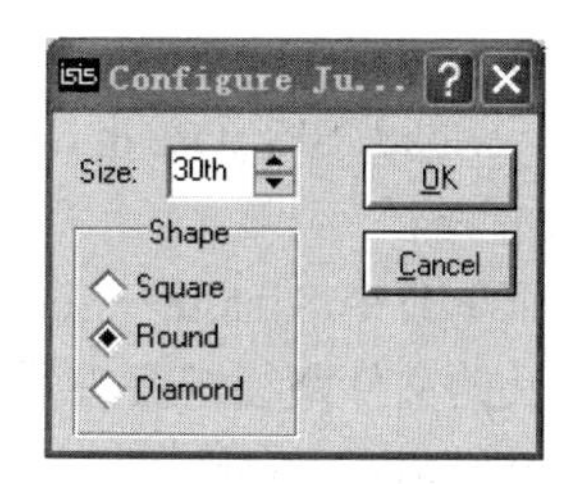

图 1.38　设置交叉点的大小、形状

注意：上述设置只对当前编辑的原理图有效，因此，每次新建设计时都必须根据需要对所选择的模板进行设置。

2. 系统设置

通过 Proteus ISIS 的 System 菜单栏，可以对 Proteus ISIS 进行系统设置。

1) 设置 BOM(Bill Of Materials)

执行菜单命令 System→Set BOM Scripts...，打开如图 1.39 所示的对话框。通过该对话框，可以设置 BOM 的输出格式。

BOM 用于列出当前设计中所使用的所有元器件。Proteus ISIS 可生成 4 种格式的 BOM：HTML 格式、ASCII 格式、Compact CSV 格式和 Full CSV 格式。在 Bill Of Materials Output Format 下拉列表框中，可以对它们进行选择。

另外，执行菜单命令 Tools→Bill Of Materials，也可以对 BOM 的输出格式进行快速选择。

2) 设置系统环境

执行菜单命令 System→Set Environment...，打开如图 1.40 所示的对话框。通过该对话框，可以对系统环境进行设置。

(1) Autosave Time(minutes)：系统自动保存时间设置(单位为 min)。

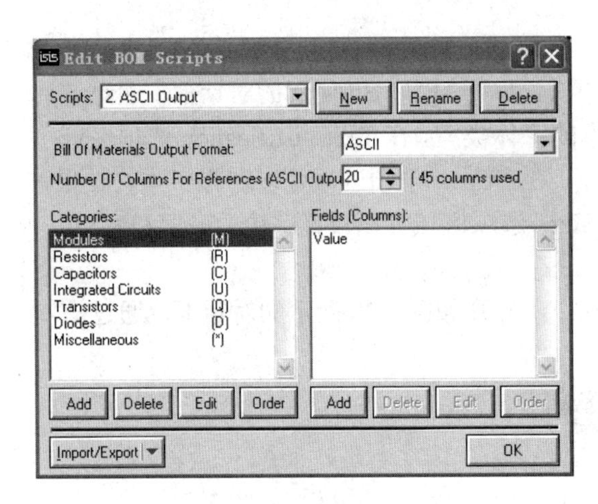

图 1.39　设置 BOM

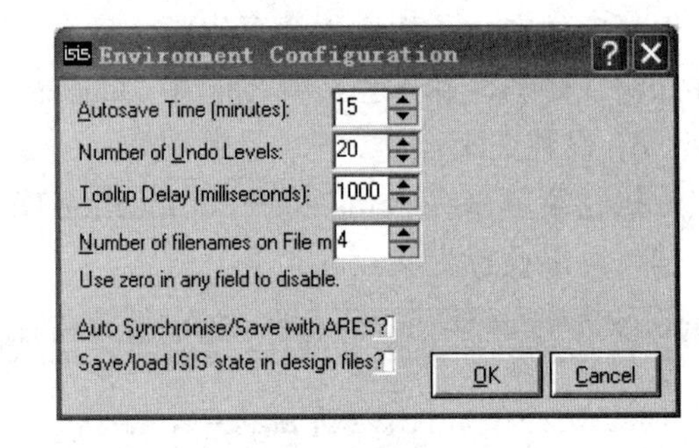

图 1.40　设置系统环境

(2) Number of Undo Levels：可撤销操作的层数设置。

(3) Tooltip Delay(milliseconds)：工具提示延时(单位为 ms)。

(4) Auto Synchronise/Save with ARES：是否自动同步/保存 ARES。

(5) Save/load ISIS state in design files：是否在设计文档中加载/保存 ISIS 状态。

3) 设置路径

执行菜单命令 System→Set Path…，打开如图 1.41 所示的对话框。通过该对话框，可以对所涉及的文件路径进行设置。

(1) Initial folder is taken from Windows：从窗口中选择初始文件夹。

(2) Initial folder is always the same one that was used last：初始文件夹为最后一次所使用过的文件夹。

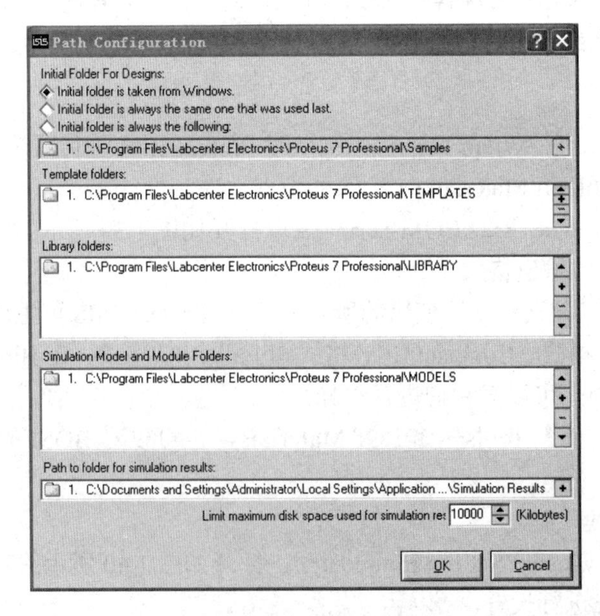

图 1.41　设置路径

(3) Initial folder is always the following：初始文件夹路径为下面文本框中输入的路径。

(4) Template folders：模板文件夹路径。

(5) Library folders：库文件夹路径。

(6) Simulation Model and Module Folders：仿真模型及模块文件夹路径。

(7) Path to folder for simulation results：存放仿真结果的文件夹路径。

(8) Limit maximum disk space used for simulation result(Kilobytes)：仿真结果占用的最大磁盘空间(KB)。

4) 设置图纸尺寸

执行菜单命令 System→Set Sheet Sizes…，打开如图 1.42 所示的对话框。通过该对话框，可以选择 Proteus ISIS 提供的图纸尺寸 A4～A0，也可以选择 User 自己定义图纸的大小。

5) 设置文本编辑器

执行菜单命令 System→Set Text Editor…，打开如图 1.43 所示的对话框。通过该对话框，可以对文本的字体、字形、大小、效果和颜色等进行设置。

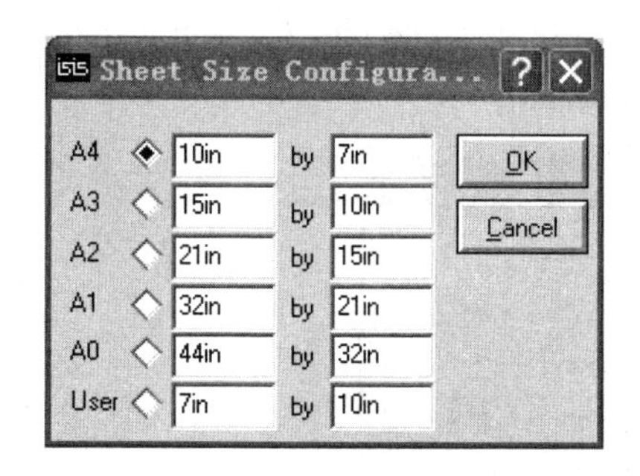

图 1.42　设置图纸尺寸

图 1.43　设置文本编辑器

6) 设置键盘快捷方式

执行菜单命令 System→Set Keyboard Mapping…，打开如图 1.44 所示的对话框。通过该对话框，可以修改系统所定义的菜单命令的快捷方式。

在 Command Groups 下拉列表框中选择相应的选项，在 Available Commands 列表框中选择可用的命令，在该列表框下方的说明栏中显示所选中命令的意义，在 Key sequence for selected command 文本框中显示所选中命令的键盘快捷方式。使用 Assign 和 Unassign 按钮可编辑或删除系统设置的快捷方式。

在 Options 下拉列表框中有 3 个选项，如图 1.45 所示。选择 Reset to default map 选项，即可恢复系统的默认设置；选择 Export to file 选项，可将上述键盘快捷方式导出到文件中；选择 Import from file 选项，则可从文件导入。

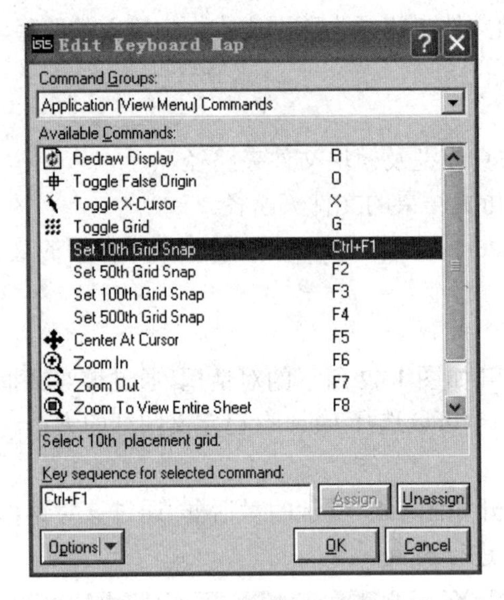

图 1.44　设置键盘快捷方式

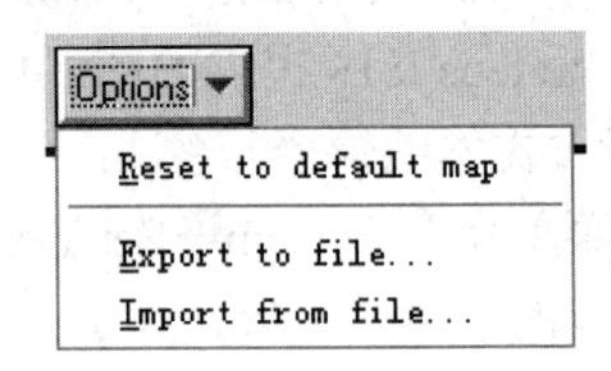

图 1.45　Options 选项

7) 设置仿真画面

执行菜单命令 System→Set Animation Options…，打开如图 1.46 所示的对话框。通过该对话框，可以设置仿真速度(Simulation Speed)、电压/电流的范围(Voltage/Current Ranges)，同时还可以设置仿真电路的其他画面选项(Animation Options)。

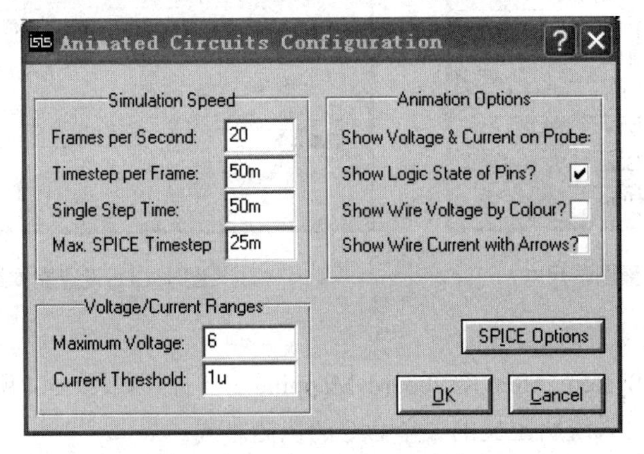

图 1.46　设置 Animation 选项

(1) Show Voltage　&　Current on Probe：是否在探测点显示电压值与电流值。

(2) Show Logic State of Pins：是否显示引脚的逻辑状态。

(3) Show Wire Voltage by Colour：是否用不同颜色表示线的电压。

(4) Show Wire Current with Arrows：是否用箭头表示线的电流方向。

此外，单击 SPICE Options 按钮或执行菜单命令 System→Set Simulator Options…，打开如图 1.47 所示的对话框。通过该对话框，可以通过选择不同的选项卡来进一步对仿真电路进行设置。

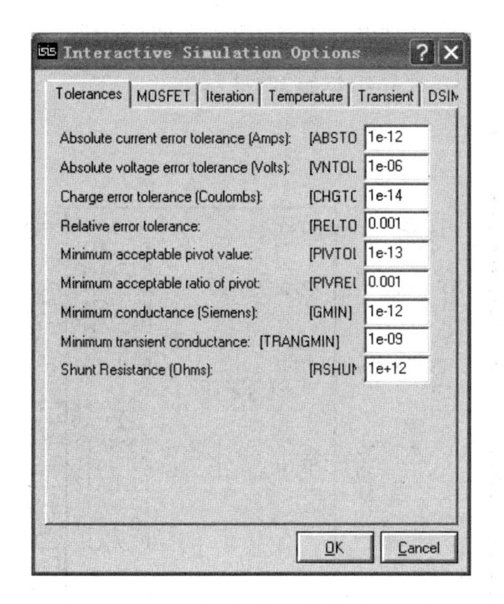

图 1.47　设置交互仿真选项

1.2.3　电路原理图的设计与编辑

在 Proteus ISIS 中，电路原理图的设计与编辑非常方便，具体流程如图 1.48 所示。下面将通过一个实例介绍电路原理图的绘制、编辑的基本方法，更深层或更复杂的方法，读者可以参阅有关的专业书籍。

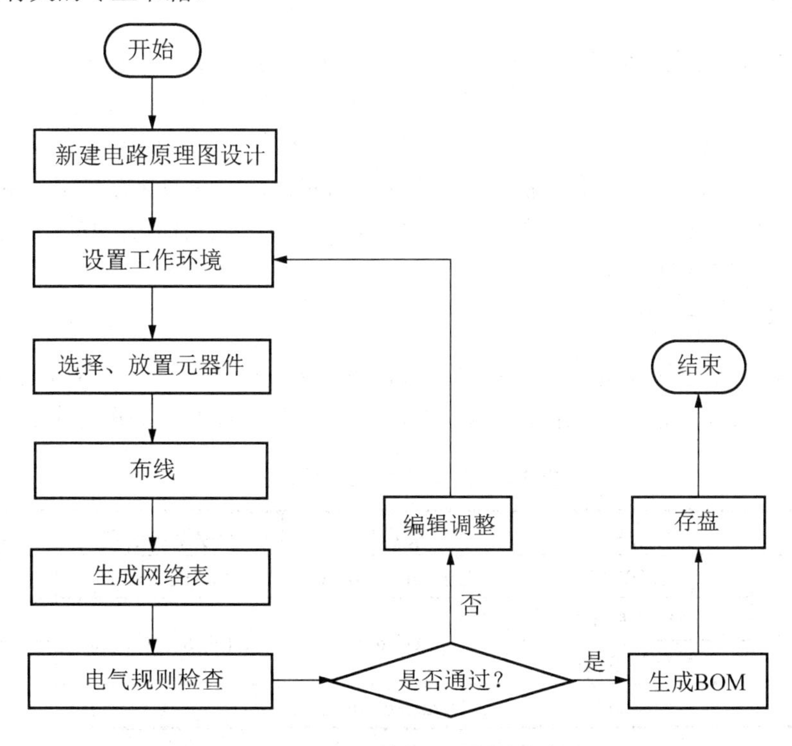

图 1.48　设计编辑原理图的流程

【例 1.2】用 Proteus ISIS 绘制图 1.49 所示的电路原理图。该电路的功能是用 AT89C51 单片机的 P1 口控制 8 个 LED(发光二极管)循环发光。

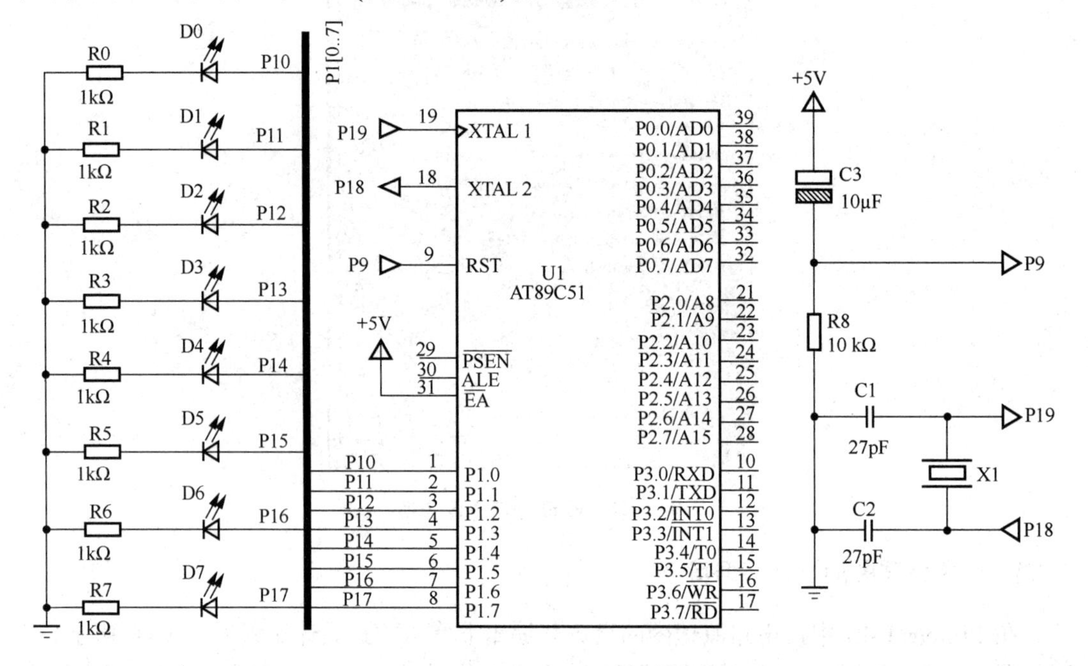

图 1.49 例 1.2 的电路原理图

1. 新建设计文件

执行菜单命令 File→New Design…，在打开的 Create New Design 对话框(图 1.30)中选择 DEFAULT 模板，单击 OK 按钮，进入图 1.25 所示的 ISIS 用户界面。此时，对象选择窗口、原理图编辑窗口、原理图预览窗口均是空白的。单击主工具栏中的“保存”按钮，在打开的 Save ISIS Design File 对话框中，可以选择新建设计文件的保存目录，输入新建设计文件的名称，如 MyDesign，保存类型采用默认值。完成上述工作后，单击“保存”按钮，开始电路原理图的绘制工作。

2. 对象的选择与放置

在图 1.49 所示电路原理图中的对象按属性可分为两大类：元器件(Component)和终端(Terminals)。表 1-9 给出了它们的清单。下面简要介绍这两类对象的选择和放置方法。

表 1-9 图 1.49 涉及的对象清单

对象属性	对象名称	对象所属类	对象所属子类	图中标识
元器件	AT89C51	Microprocessor ICs	8051 Family	U1
	MINRES1K	Resistors	0.6W Metal Film	R0～R7
	MINRES10K			R8
	LED	Optoelectronics	LEDs	D0～D7

续表

对象属性	对象名称	对象所属类	对象所属子类	图中标识
元器件	CERAMIC27P	Capacitors	Ceramic Disc	C1、C2
	GENELECT10U16V		Radial Electrolytic	C3
	CRYSTAL	Miscellaneous		X1
终端	POWER			+5V
	GROUND			
	INPUT			
	OUTPUT			

1) 元器件的选择与放置

Proteus ISIS 的元器件库提供了大量元器件的原理图符号，在绘制原理图之前，必须知道每个元器件的所属类及所属子类，然后利用 Proteus ISIS 提供的搜索功能可以方便地查找到所需元器件。在 Proteus ISIS 中，元器件的所属类共有 40 多种，表 1-10 给出了本书涉及的部分元器件的所属类。

表 1-10　部分元器件列表

所属类名称	对应的中文名称	说　　明
Analog ICs	模拟电路集成芯片	电源调节器、定时器、运算放大器等
Capacitors	电容器	
CMOS 4000 series	4000 系列数字电路	
Connectors	排座，排插	
Data Converters	模/数、数/模转换集成电路	
Diodes	二极管	
Electromechanical	机电器件	风扇、各类电动机等
Inductors	电感器	
Memory ICs	存储器	
Microprocessor ICs	微控制器	51 系列单片机、ARM7 等
Miscellaneous	各种器件	电池、晶体振荡器、熔丝等
Optoelectronics	光电器件	LED、LCD、数码管、光电耦合器等
Resistors	电阻	
Speakers & Sounders	扬声器	
Switches & Relays	开关与继电器	键盘、开关、继电器等
Switching Devices	晶闸管	单向、双向晶闸管元件等
Transducers	传感器	压力传感器、温度传感器等
Transistors	晶体管	晶体管、场效应管等
TTL 74 series	74 系列数字电路	
TTL 74LS series	74 系列低功耗数字电路	

单击对象选择窗口左上角的按钮P或执行菜单命令 Library→Pick Device/Symbol…，都会打开 Pick Devices 对话框，如图 1.50 所示。从结构上看，该对话框共分成 3 列，左侧为查找条件，中间为查找结果，右侧为原理图、PCB 图预览。

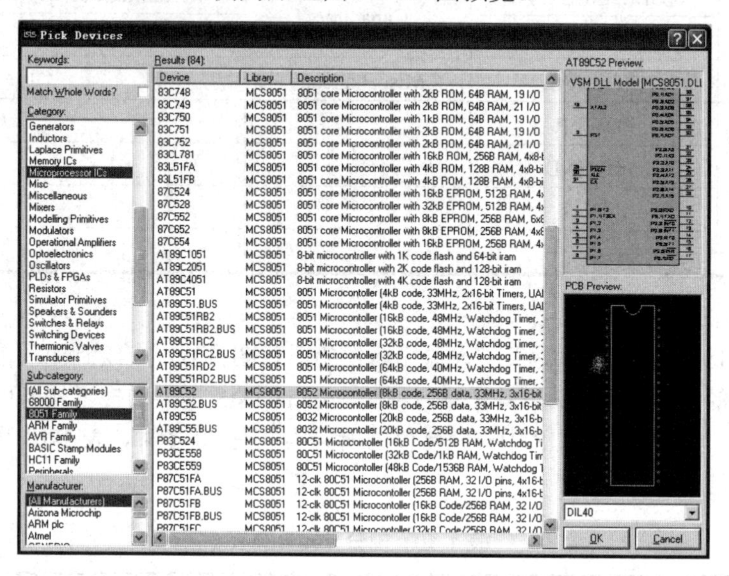

图 1.50　Pick Devices 对话框

(1) Keywords 文本输入框：在此可以输入待查找的元器件的全称或关键字，其下面的 Match Whole Words 选项表示是否全字匹配。在不知道待查找元器件的所属类时，可以采用此法进行搜索。

(2) Category 列表框：在此给出了 Proteus ISIS 中元器件的所属类。

(3) Sub-category 列表框：在此给出了 Proteus ISIS 中元器件的所属子类。

(4) Manufacturer 列表框：在此给出了元器件的生产厂家。

(5) Results 列表框：在此给出了符合要求的元器件的名称、所属库及描述。

(6) PCB Preview 窗格：在此给出了所选元器件的电路原理图预览、PCB 预览及其封装类型。

在图 1.50 所示的 Pick Devices 对话框中，按要求选好元器件(如 AT89C51)后，所选元器件的名称就会出现在对象选择窗口中，如图 1.51 所示。在对象选择窗口中单击 AT89C51 后，AT89C51 的电路原理图就会出现在预览窗口中，如图 1.52 所示。此时还可以通过方向工具栏中的旋转、镜像按钮改变原理图的方向。然后将光标指向编辑窗口的合适位置(光标由指针变为笔形)单击，就会看到 AT89C51 的电路原理图被放置到编辑窗口中。

同理，可以对其他元器件进行选择和放置。

2) 终端的选择与放置

单击 Mode 工具箱中的终端按钮，Proteus ISIS 会在对象选择窗口中给出所有可供选择的终端类型，如图 1.53 所示。其中，DEFAULT 为默认终端，INPUT 为输入终端，OUTPUT 为输出终端，BIDIR 为双向(或输入/输出)终端，POWER 为电源终端，GROUND 为地终端，BUS 为总线终端。

终端的预览、放置方法与元器件类似。Mode 工具箱中其他按钮的操作方法与终端按钮类似，在此不再赘述。

3. 对象的编辑

在放置好绘制原理图所需的所有对象后，可以编辑对象的图形或文本属性。下面以 LED 元器件 D1 为例，简要介绍对象的编辑步骤。

1) 选中对象

将光标指向对象 D1，光标由空心箭头变成手形后，单击即可选中对象 D1。此时，对象 D1 高亮显示，光标为带有十字箭头的手形，如图 1.54 所示。

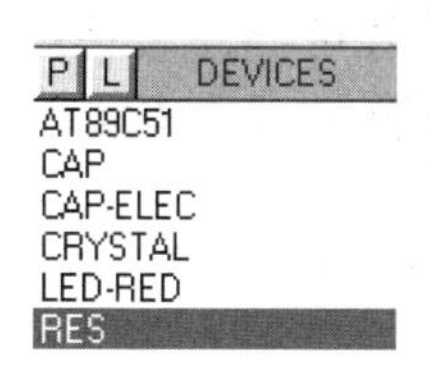

图 1.51　选择元器件

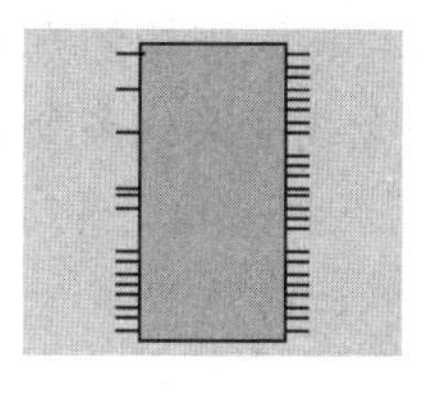

图 1.52　预览窗口

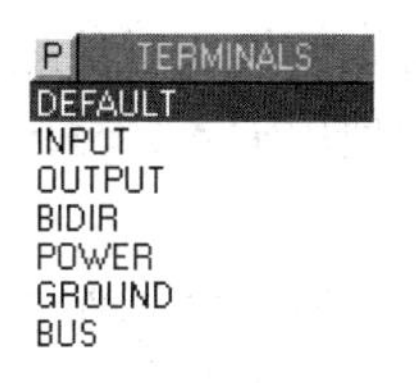

图 1.53　终端选择窗口

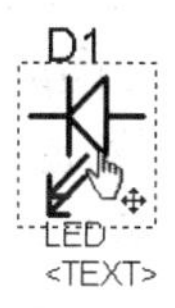

图 1.54　选中对象

2) 移动、编辑、删除对象

选中对象 D1 后，右击，弹出快捷菜单，如图 1.55 所示。通过该快捷菜单可以移动、编辑、删除对象 D1。

(1) Drag Object：移动对象。选择该选项后，对象 D1 会随着光标一起移动，确定位置后，单击即可停止移动。

(2) Edit Properties：编辑对象。选择该选项后，打开 Edit Component 对话框，如图 1.56 所示。在选中对象 D1 后，单击也会弹出这个对话框。

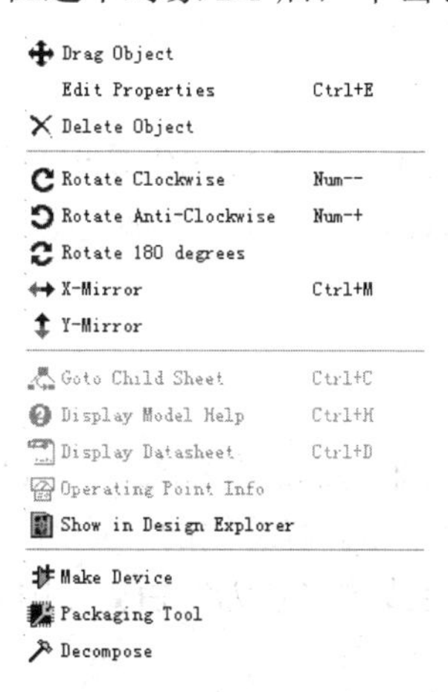

图 1.55　编辑对象的快捷菜单

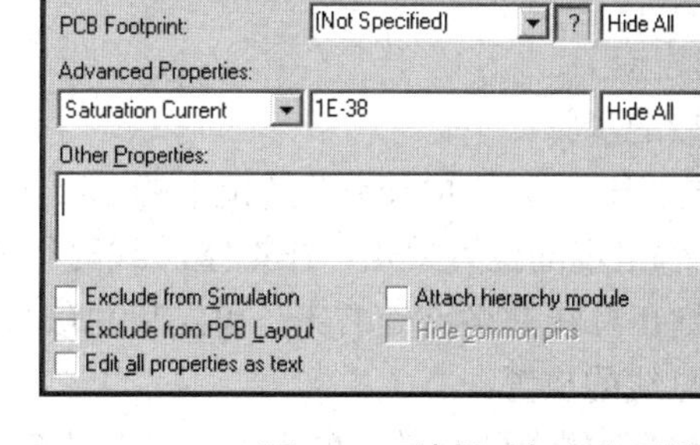

图 1.56　编辑对象文本属性

① Component Referer 文本框：显示默认的元器件在原理图中的参考标识，该标识是可以修改的。

② Component Value 文本框：显示默认的元器件在原理图中的参考值，该值是可以修改的。

③ Hidden 复选项：是否在原理图中显示对象的参考标识、参考值。

④ Other Properties 文本框：用于输入所选对象的其他属性。输入的内容将在图 1.54 中的<TEXT>位置显示。

(3) Delete Object：删除对象。

在图 1.55 所示的快捷菜单中，还可以改变对象 D1 的放置方向。其中，Rotate Clockwise 表示顺时针旋转 90°；Rotate Anti-Clockwise 表示逆时针旋转 90°；Rotate 180 degrees 表示旋转 180°；X-Mirror 表示 *X* 轴镜像；Y-Mirror 表示 *Y* 轴镜像。

4. 布线

完成上述步骤后，可以开始在对象之间布线。按照连接的方式，布线可分为 3 种：两个对象之间的普通连接，使用输入、输出终端的无线连接，多个对象之间的总线连接。

1) 普通连接

在两个对象之间进行连线的步骤如下。

(1) 在第一个对象的连接点处单击。

(2) 拖动鼠标到另一个对象的连接点处单击。在拖动鼠标的过程中，可以在希望拐弯的地方单击，也可以右击放弃此次画线。

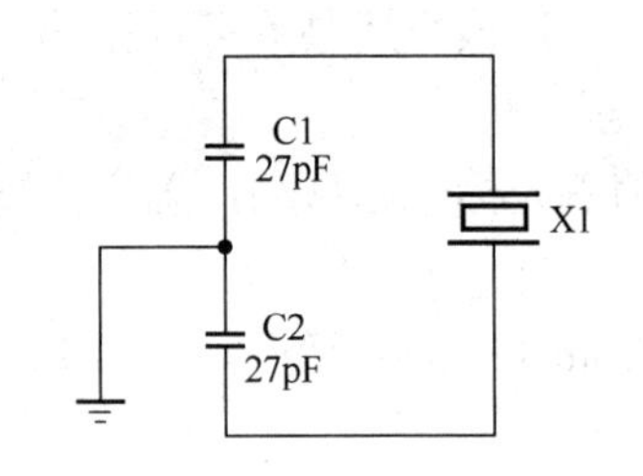

图 1.57 两个对象之间的普通连接

按照上述步骤，分别将 C1、C2、X1 及 GROUND 连接后的时钟电路如图 1.57 所示。

2) 无线连接

在绘制电路原理图时，为了整体布局的合理、简洁，可以使用输入、输出终端进行无线连接，如时钟电路与 AT89C51 之间的连接。无线连接的步骤如下。

(1) 在第一个连接点处连接一个输入终端。

(2) 在另一个连接点处连接一个输出终端。

(3) 利用对象的编辑方法对上面两个终端进行标识，两个终端的标识(Label)必须一致。

按照上述步骤，将 X1 的两端分别与 AT89C52 的 XTAL1、XTAL2 引脚连接后的电路如图 1.58 所示。

3) 总线连接

总线连接的步骤如下。

(1) 放置总线。单击 Mode 工具箱中的 Bus 按钮，在期望总线起始端(一条已存在的总线或空白处)出现的位置单击，在期望总线路径的拐点处单击。若总线的终点为一条已存在的总线，则在总线的终点处右击，可结束总线放置；若总线的终点为空白处，则先单击，后右击结束总线的放置。

(2) 放置或编辑总线标签。单击 Mode 工具箱中的 Wire Label 按钮，在期望放置标签的位置处单击，打开 Edit Wire Label 对话框，如图 1.59 所示。在 Label 选项卡的 String 文本框中输入相应的文本，如 P1［0..7］或 A［8..15］等。如果忽略指定范围，系统将以 0 为底数，将连接到其总线的范围设置为默认范围。单击 OK 按钮，结束文本的输入。

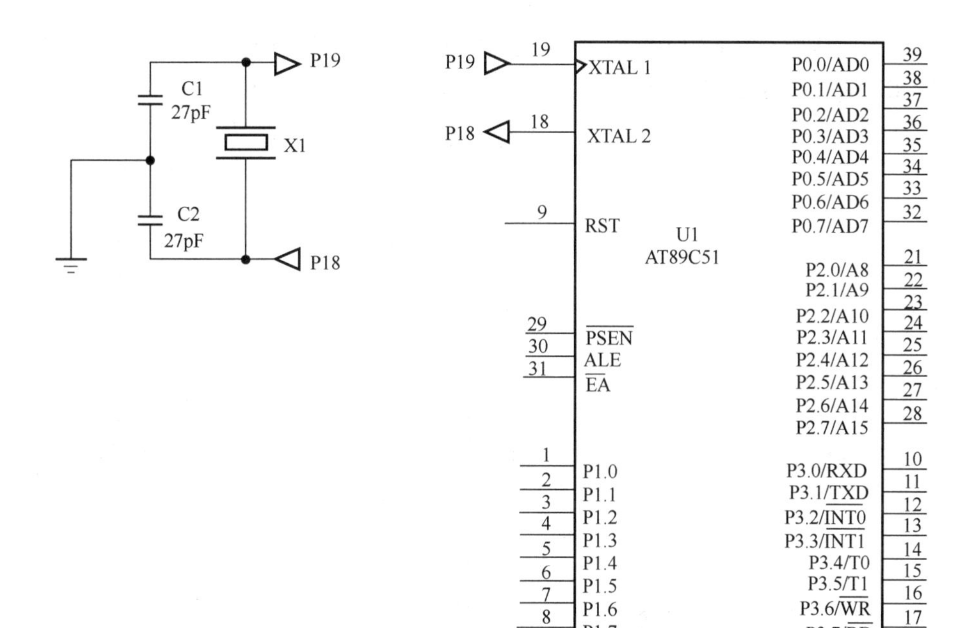

图 1.58　两个对象之间的无线连接

在总线标签上右击，弹出如图 1.60 所示的快捷菜单，在这里可以移动线或总线(Drag Wire)，可以编辑线或总线的风格(Edit Wire Style)，可以删除线或总线(Delete Wire)，也可以放置线或总线标签(Place Wire Label)。

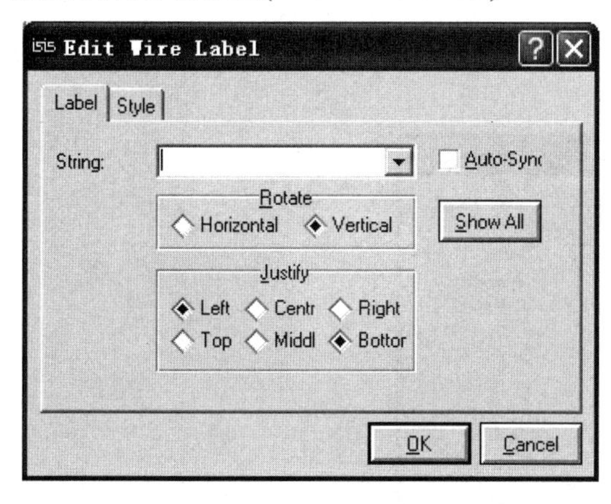

图 1.59　编辑连线标签

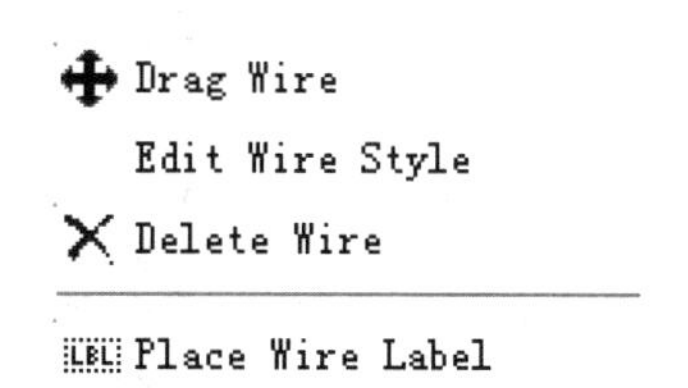

图 1.60　线标签编辑快捷菜单

注意：不可将线标签(Wire Label)放置到除线和总线之外的其他对象上。总线的某一部分只能有一个线标签。ISIS 将自动根据线或总线的走向调整线标签的方位。线标签的方位可以采用默认值，也可以通过 Edit Wire Label 对话框中的 Rotate 选项和 Justify 选项进行调整。

(3) 单线与总线的连接。由对象连接点引出的单线与总线的连接方法与普通连接类似。在建立连接之后，必须对进出总线的同一信号的单线进行同名标注，如图 1.61 所示，以保证信号连接的有效性。在图1.61中，通过总线P1［0..7］将AT89C52的P1.0引脚与D1的负极连接在一起，与总线P1［0..7］相连的两条单线的标签均为P10。

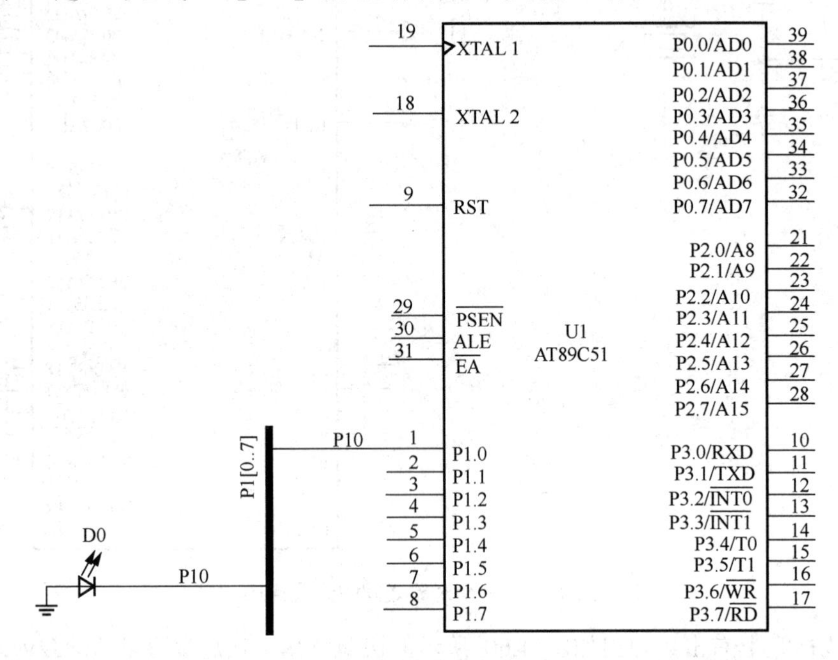

图1.61　单线与总线的连接

5. 添加或编辑文字描述

单击Mode工具箱中的Text Script按钮，在希望放置文字描述的位置单击，打开Edit Script Block对话框，如图1.62所示。

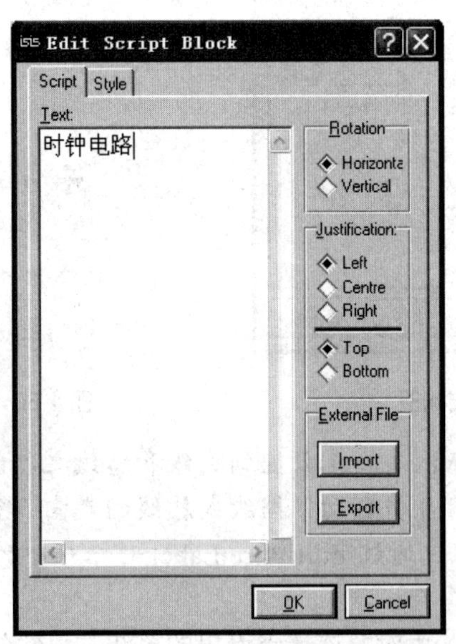

图1.62　添加或编辑文字描述

在 Script 选项卡的 Text 文本框中可以输入相应的描述文字，如时钟电路等。描述文字的放置方位可以采用默认值，也可以通过对话框中的 Rotation 选项和 Justification 选项进行调整。

通过 Style 选项卡，还可以对文字描述的风格做进一步的设置。

6. 电气规则检查

原理图绘制完毕，必须进行电气规则检查(ERC)。执行菜单命令 Tools→Electrical Rule Check…，打开如图 1.63 所示的电气规则检查(ERC)报告单窗口。

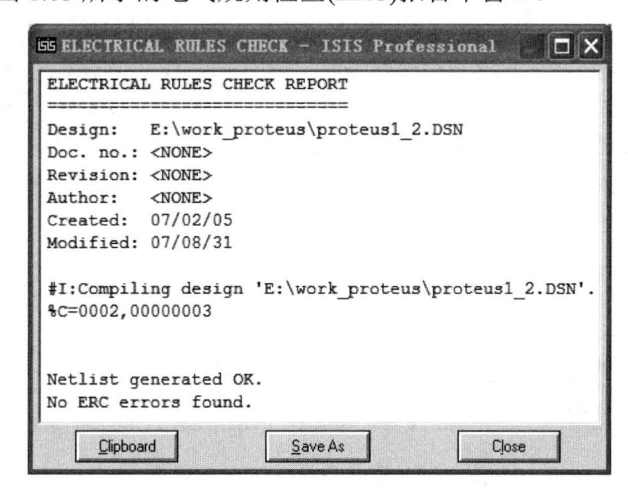

图 1.63　ERC 报告单

在该报告单中，系统提示网络表(Netlist)已生成，并且无 ERC 错误，即用户可执行下一步操作。

所谓网络表，是对一个设计中有电气性连接的对象引脚的描述。在 Proteus ISIS 中，彼此互连的一组元件引脚称为一个网络(Net)。执行菜单命令 Tools→Netlist Compiler…，可以设置网络表的输出形式、模式、范围、深度及格式等。

如果电路设计存在 ERC 错误，必须排除，否则不能进行仿真。

将设计好的原理图文件存盘。同时，可以使用 Tools→Bill of Materials 菜单命令输出 BOM 文档。至此，一个简单的原理图就设计完成了。

1.2.4　Proteus ISIS 与 Keil C51 的联合使用

Proteus ISIS 与 Keil C51 的联合使用可以实现单片机应用系统的软、硬件调试，其中 Keil C51 作为软件调试工具，Proteus ISIS 作为硬件仿真和调试工具。下面介绍如何在 Proteus ISIS 中调用 Keil C51 生成的应用(HEX 文件)进行单片机应用系统的仿真调试。

1. 准备工作

首先，在 Keil C51 中完成 C51 应用程序的编译、链接，并生成单片机可执行的 HEX 文件；然后，在 Proteus ISIS 中绘制电路原理图，并通过电气规则检查。

2. 装入HEX文件

做好准备工作后，还必须把HEX文件装入单片机中，才能进行整个系统的软、硬件联合仿真调试。在Proteus ISIS中，双击原理图中的单片机AT89C51，打开如图1.64所示的对话框。

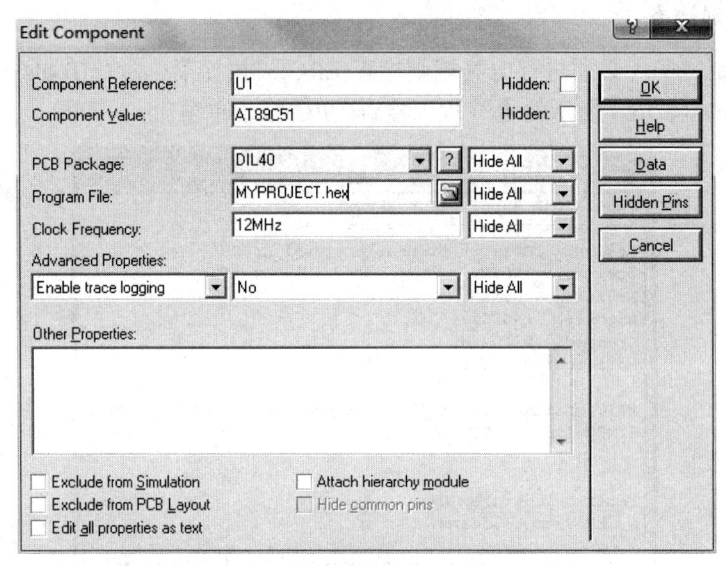

图1.64　Edit Component对话框

单击Program File域的按钮，在打开的Select File Name对话框中，选择好要装入的HEX文件后单击“打开”按钮返回Edit Component对话框，此时在Program File域的文本框中显示HEX文件的名称及存放路径。单击OK按钮，即完成HEX文件的装入过程。

3. 仿真调试

装入HEX文件后，单击仿真运行工具栏上的“运行”按钮，在Proteus ISIS的编辑窗口可以看到单片机应用系统的仿真运行效果。其中，红色方块代表高电平，蓝色方块代表低电平。

如果发现仿真运行效果不符合设计要求，应该单击仿真运行工具栏上的按钮停止运行，然后从软件、硬件两个方面分析原因。完成软、硬件修改后，按照上述步骤重新开始仿真调试，直到仿真运行效果符合设计要求为止。

1.3　本章小结

(1) 与汇编相比，C语言在功能、结构性、可读性、可维护性上有明显的优势，因而易学易用。

(2) Keil C51集成开发环境是德国Keil Software公司开发的基于80C51内核的微处理器软件开发平台，内嵌多种符合当前工业标准的开发工具，可以完成从工程建立和管理、

编译、链接、目标代码生成、软件仿真调试等完整的开发流程。特别是 C51 编译工具在产生代码的准确性和效率方面达到了较高的水平，是单片机 C 语言软件开发的理想工具。

(3) Proteus 是英国 Lab Center Electronics 公司推出的用于仿真单片机及其外围设备的 EDA 工具软件。它具有高级原理布图、混合模式仿真、PCB 设计及自动布线等功能。Proteus 的虚拟仿真技术，第一次真正实现了在物理原型出来之前对单片机应用系统进行设计开发和测试。

(4) Proteus ISIS 与 Keil C51 配合使用，可以在不需要硬件投入的情况下，完成单片机 C 语言应用系统的仿真开发，从而缩短实际系统的研发周期，降低开发成本。其中，Keil C51 作为软件调试工具，Proteus ISIS 作为硬件仿真和调试工具。

1.4　实训：简单的单片机应用系统

1. 实训目的

(1) 熟悉 Keil μVision2 软件的使用方法。

(2) 熟悉 Proteus ISIS 软件的使用方法。

(3) 掌握利用 Proteus ISIS 与 Keil μVision2 进行单片机应用系统的仿真调试方法。

2. 实训设备

一台装有 Keil μVision2 和 Proteus ISIS 的计算机。

3. 实训原理

实训电路原理图如图 1.65 所示。单片机采用 AT89C51，除了基本的时钟电路、复位电路外，仅在 P1 口连接了 1 个蓝色的两位共阴极 7 段数码管(7SEG-MAX2-CC-BLUE)；在引脚 P3.2、P3.3 上分别连接了按键 K1、K2。RX8 为双向的线性电阻网络。

具体控制要求如下。

(1) 当仅按下 K1 键时，数码管循环显示 00→01→…→59→00。

(2) 当仅按下 K2 键时，数码管循环显示 59→58→…→00→59。

(3) 当无键按下或两个键都按下时，数码管循环显示 00。

4. 实训内容

1) 绘制电路图

在 Proteus ISIS 中绘制图 1.65 所示的电路原理图，通过电气规则检查(执行菜单命令 Tools→Electrical Rule Check…，在 Electrical Rule Check 窗口的最后一行显示 No ERC errors found.)后，以文件名 ShiXun1 存盘。

2) 编写源程序

按照实训原理要求编写 C51 源程序，以文件名 ShiXun1.c 存盘。参考程序如下：

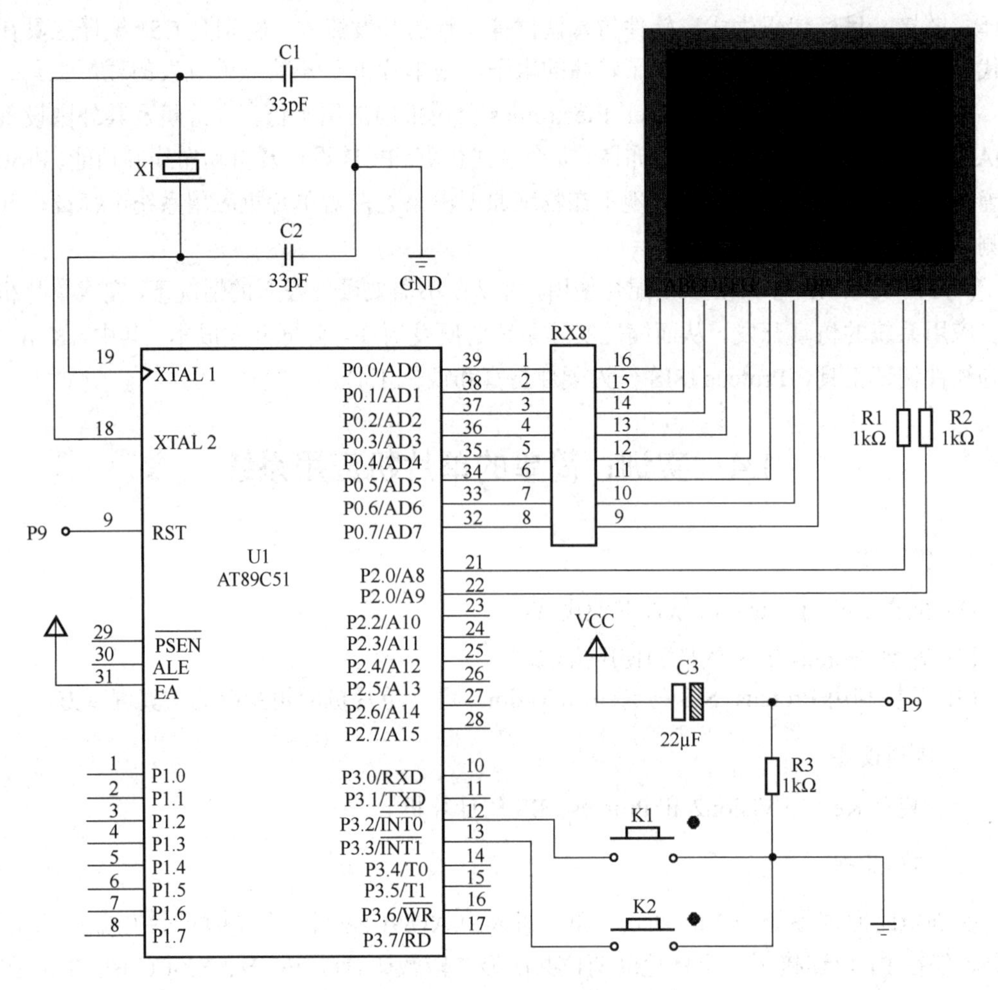

图 1.65　实训电路原理图

```
/*************************************************************************
程序名称：ShiXun1.c
程序功能：按下 K1 键数码管循环显示 00～59；
        按下 K2 键数码管循环显示 59～00。
*************************************************************************/
#include <reg51.h>

void delay( );                                          // 函数声明
void Inc_CNT( );
void Dec_CNT( );

unsigned b[10]={0x3F,0x06,0x5B,0x4F,0x66,
                0x6D,0x7D,0x07,0x7F,0x6F};              //数码 0～9
```

```
/*****************************************************************
函数名称：main( )
函数功能：按下 K1 键数码管循环显示 00～59；
          按下 K2 键数码管循环显示 59～00。
*****************************************************************/
void main( )
{
    unsigned char key;                    // 无符号字符型变量 key 用于存储键值

    P2=0x00;                              // 数码管位选，两位同时选中
    P0=0x3F;                              // 数码管码选，两位同时显示数码 0

    for( ; ; ){
        P3|=0xF3;                         // 扫描 P3 口
        key=P3;                           // 读取键值
        if( key==0xFB)           Inc_CNT( );
        else if( key==0xF7 )     Dec_CNT( );
        else {
            P2=0x00;                      // 数码管位选
            P0=0x3F;                      // 数码管码选
        }
    }
}
/*****************************************************************
函数名称：delay(  )
函数功能：延时 1s
*****************************************************************/
void delay(  )
{
    unsigned char i,j,k;
    for( i=20; i>0; i-- )
        for( j=2; j>0; j-- )
            for( k=250; k>0; k--)   ;
}
/**********************************************************
函数名称：Inc_CNT(  )
函数功能：当按下 K1 键时，数码管循环显示 00～59
**********************************************************/
void Inc_CNT(  )
{
    unsigned char x, y, z;
    for( x=0; x<6; x++ ){
        for( y=0; y<10; y++){
            if( (P3|0xFB)==0xFB ){
                for( z=0; z<22; z++){
                    P2=0xF2;              // 十位
                    P0=b[x];
                    delay( );
```

```
                    P2=0xF1;            // 个位
                    P0=b[y];
                    delay( );
                }
            }
            else {
                    P0 = 0x3F;
                    P2 = 0x00;
                    break;
            }
        }
    }
}
/*******************************************************************
函数名称：Dec_CNT( )
函数功能：当按下 K2 键时，数码管循环显示 59～00
*******************************************************************/
void Dec_CNT( )
{
    unsigned char x,y,z;
    for(x=6;x>0;x--){
        for(y=10;y>0;y--){
            if((P3|0xF3)==0xF7){
                for(z=0;z<22;z++){
                    P2=0xF2;            // 十位
                    P0=b[x-1];
                    delay();
                    P2=0xF1;            // 个位
                    P0=b[y-1];
                    delay();
                }
            }
            else{
                    P0=0x3F;
                    P2=0x00;
                    break;
            }
        }
    }
}
```

3) 生成HEX文件

在Keil μVision2中创建名为ShiXun1的工程，将ShiXun1.c添加到该工程，编译、链接，生成ShiXun1.hex文件。

4) 仿真运行

在Proteus ISIS中，打开设计文件ShiXun1，将ShiXun1.hex装入单片机中，启动仿真，观察系统运行效果是否符合设计要求。

5. 思考与练习

(1) 在 Proteus ISIS 中，如何选择、放置对象？列出图 1.65 所示的对象清单。

(2) 在 Keil μVision2 中，如何生成 HEX 文件？

(3) 如何将 HEX 文件装入单片机中？

(4) 实训中给出的参考程序能否完成实训原理的要求？试画出参考程序中主函数的流程图，找出问题出在什么地方，并思考如何修改。

6. 心得、建议及创新

(1) 心得：(对自己说的话)＿＿＿＿＿＿＿＿

＿＿＿＿＿＿＿＿

＿＿＿＿＿＿＿＿

(2) 建议：(对老师说的话)＿＿＿＿＿＿＿＿

＿＿＿＿＿＿＿＿

＿＿＿＿＿＿＿＿

(3) 创新：(基于实训内容，在软、硬件方面的改进)＿＿＿＿＿＿＿＿

＿＿＿＿＿＿＿＿

＿＿＿＿＿＿＿＿

第2章 单片机C51语言基础

教学提示

随着单片机开发技术的不断发展，目前已有越来越多的人从普遍使用汇编语言逐渐过渡到使用高级语言开发，其中又以C语言为主，市场上几种常见的单片机均有其C语言开发环境。应用于51系列单片机开发的C语言通常简称为C51语言。Keil C51是目前最流行的51系列单片机的C语言程序开发软件。本章重点介绍C51语言对标准ANSI C语言的扩展内容。深入理解并应用这些扩展内容是学习C51语言程序设计的关键。

教学要求

掌握C51语言的基本知识，特别是新增数据类型bit、sbit、sfr、sfr16的使用方法；理解C51语言中关于存储区域的划分；掌握C51语言中指针及绝对地址的使用方法；进一步熟悉Keil C51、Proteus ISIS的使用方法。

2.1 C51语言的基本知识

众所周知，C语言的特点是具有灵活的数据结构和控制结构，表达力强，可移植性好；用C语言编写的程序兼有高级语言和低级语言的优点，表达清楚且效率高。C51语言继承了C语言的绝大部分特性，而且基本语法相同。为了适应51系列单片机本身资源的特点，在数据类型、存储器类型、存储器模型、指针、函数等方面，C51语言对C语言进行了一定的扩展。

本节主要介绍C51语言的基本知识，包括标识符、常量、基本数据类型、存储区域与存储模式等。

2.1.1 标识符

用计算机语言编写程序的目的是处理数据，因此，数据是程序的重要组成部分。然而参与计算的数据的值，特别是计算结果在编程时是不知道的，人们只能用变量表示。用来标识常量名、变量名、函数名等对象的有效字符序列称为标识符(Identifier)。简单地说，标识符就是一个名字。

合法的标识符由字母、数字和下划线组成，并且第一个字符必须为字母或下划线。例如，area、PI、_ini、a_array、s123、P101p都是合法的标识符，而456P、cade-y、w.w、a&b都是非法的标识符。

在C51语言的标识符中，大、小写字母是严格区分的。因此，page 和Page 是两个不

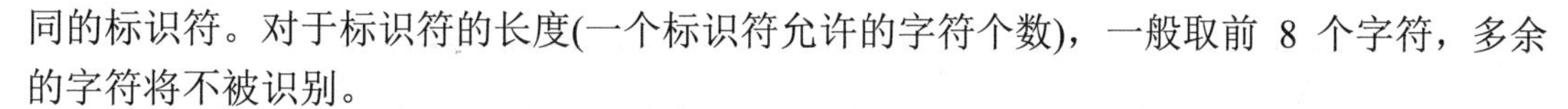

同的标识符。对于标识符的长度(一个标识符允许的字符个数)，一般取前 8 个字符，多余的字符将不被识别。

C51 语言的标识符可以分为 3 类：关键字、预定义标识符和自定义标识符。

1. 关键字

关键字是 C51 语言规定的一批标识符，在源程序中代表固定的含义，不能另作他用。C51 语言除了支持 ANSI 标准 C 语言中的关键字(表 2-1)外，还根据 51 系列单片机的结构特点扩展部分关键字，见表 2-2。

表 2-1　标准 C 语言中的常用关键字

关　键　字	类　　别	用途说明
char	定义变量的数据类型	定义字符型变量
double		定义双精度实型变量
enum		定义枚举型变量
float		定义单精度实型变量
int		定义基本整型变量
long		定义长整型变量
short		定义短整型变量
signed		定义有符号变量，二进制数据的最高位为符号位
struct		定义结构型变量
typedef		定义新的数据类型说明符
union		定义联合型变量
unsigned		定义无符号变量
void		定义无类型变量
volatile		定义在程序执行中可被隐含地改变的变量
auto	定义变量的存储类型	定义局部变量，是默认的存储类型
const		定义符号常量
extern		定义全局变量
register		定义寄存器变量
static		定义静态变量
break	控制程序流程	退出本层循环或结束 switch 语句
case		switch 语句中的选择项
continue		结束本次循环，继续下一次循环
default		switch 语句中的默认选择项
do		构成 do…while 循环语句
else		构成 if…else 选择语句
for		for 循环语句

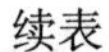

续表

关 键 字	类 别	用途说明
goto	控制程序流程	转移语句
if		选择语句
return		函数返回
switch		开关语句
while		while 循环语句
sizeof	运算符	用于测试表达式或数据类型所占用的字节数

表 2-2 C51 语言中新增的常用关键字

关 键 字	用 途	说 明
bdata	定义数据存储区域	可位寻址的片内数据存储器(20H～2FH)
code		程序存储器
data		可直接寻址的片内数据存储器
idata		可间接寻址的片内数据存储器
pdata		可分页寻址的片外数据存储器
xdata		片外数据存储器
compact	定义数据存储模式	指定使用片外分页寻址的数据存储器
large		指定使用片外数据存储器
small		指定使用片内数据存储器
bit	定义数据类型	定义一个位变量
sbit		定义一个位变量
sfr		定义一个 8 位的 SFR
sfr16		定义一个 16 位的 SFR
interrupt	定义中断函数	声明一个函数为中断服务函数
reentrant	定义再入函数	声明一个函数为再入函数
using	定义当前工作寄存器组	指定当前使用的工作寄存器组
-at-	地址定位	为变量进行存储器绝对地址空间定位
-task-	任务声明	定义实时多任务函数

2. 预定义标识符

预定义标识符是指 C51 语言提供的系统函数的名称(如 printf、scanf)和预编译处理命令(如 define、include)等。

C51 语言语法允许用户把这类标识符另作他用，但将使这些标识符失去系统规定的原意。因此，为了避免误解，建议用户不要把预定义标识符另作他用。

3. 自定义标识符

由用户根据需要定义的标识符，一般用来给变量、函数、数组或文件等命名。

程序中使用的自定义标识符除要遵循标识符的命名规则外，还应做到“见名知意”，即选择具有相关含义的英文单词或汉语拼音，以增加程序的可读性。

如果自定义标识符与关键字相同，程序在编译时将给出出错信息；如果自定义标识符与预定义标识符相同，系统并不报错。

2.1.2　常量

在程序运行过程中其值始终不变的量称为常量。在 C51 语言中，可以使用整型常量、实型常量、字符型常量。

1. 整型常量

整型常量又称为整数。在 C51 语言中，整数可以用十进制、八进制和十六进制形式来表示。但是，C51 中数据的输出形式只有十进制和十六进制两种，并且在 Keil μVision2 中的 Watches 对话框中可以切换，如图 2.1 所示。

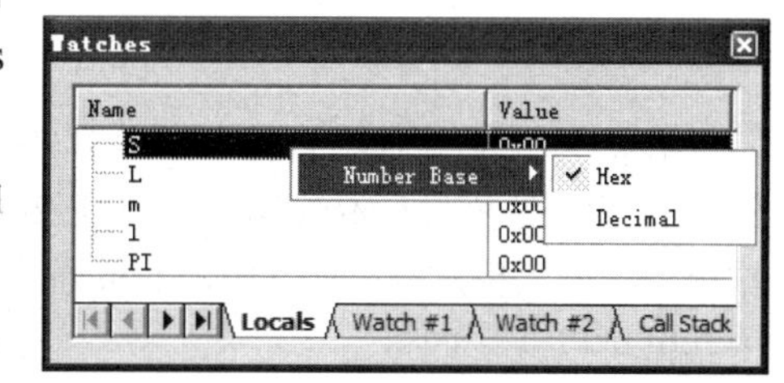

图 2.1　C51 中数据输出形式选择

(1) 十进制数：用一串连续的数字来表示，如 12、-1、0 等。

(2) 八进制数：用数字 0 开头，如 010、-056、011 等。

(3) 十六进制数：用数字 0 和字母 x 或 X 开头，如 0x5A、-0x9C 等。

例如，下列程序片段的执行结果为 sum=497(或 0x1F1)。

```
int  i=123, j=0123, k=0x123, sum;
sum = i + j + k;
```

在 C51 语言中，还可以用一个“特别指定”的标识符来代替一个常量，称为符号常量。符号常量通常用#define 命令定义，如

```
#define  PI  3.14159            // 定义符号常量 PI=3.14159
```

定义了符号常量 PI，就可以用下面的语句计算半径为 r 的圆的面积 S 和周长 L。

```
S = PI*r*r;                     // 在程序中引用符号常量 PI
L = 2*PI*r;                     // 在程序中引用符号常量 PI
```

2. 实型常量

实型常量又称实数。在 C51 语言中，实数有两种表示形式，均采用十进制数，默认格式输出时最多只保留 6 位小数。

(1) 小数形式：由数字和小数点组成。例如，0.123、.123、123.、0.0 等都是合法的实型常量。

(2) 指数形式：小数形式的实数 E[±]整数。例如，2.3026 可以写成 0.23026E1，或 2.3026E0，或 23.026E -1。

3. 字符型常量

用单引号括起来的一个 ASCII 字符集中的可显示字符称为字符常量。例如，‘A’‘a’‘9’‘#’‘%’都是合法的字符常量。

C51 语言规定，所有字符常量都可作为整型常量来处理。字符常量在内存中占一个字节，存放的是字符的 ASCII 代码值。因此，字符常量‘A’的值可以是 65 或 0x41，字符常量‘a’的值可以是 97 或 0x61。

例如，下列程序片段的执行结果为 z=16(或 0x10)。

```
unsigned char  x='A', y='a';
unsigned z;
z=(y-x)/2;
```

2.1.3 基本数据类型

数据类型是指变量的内在存储方式，即存储变量所需的字节数以及变量的取值范围。C51 语言中变量的基本数据类型见表 2-3，其中 bit、sbit、sfr、sfr16 为 C51 语言新增的数据类型，可以更加有效地利用 51 系列单片机的内部资源。所谓变量，是指在程序运行过程中其值可以改变的量。

表 2-3 C51 语言中变量的基本数据类型

数据类型	占用的字节数	取值范围
unsigned char	单字节	0～255
signed char	单字节	-128～+127
unsigned int	双字节	0～65 535
signed int	双字节	-32 768～+32 767
unsigned long	四字节	0～4 294 967 295
signed long	四字节	-2 147 483 648～+2 147 483 647
float	四字节	±1.175 494E-38～±3.402 823E+38
*	1～3 字节	对象的地址
bit	位	0 或 1
sbit	位	0 或 1
sfr	单字节	0～255
sfr16	双字节	0～65 535

变量应该先定义后使用。变量的定义格式如下：

数据类型 变量标识符[=初值]

变量定义通常放在函数的开头部分，但也可以放在函数的外部或复合语句的开头。以 unsigned int 为例，变量的定义方式主要有以下 3 种。

```
unsigned int k;                    // 定义变量 k 为无符号整型
unsigned int i, j, k;              // 定义变量 i, j, k 为无符号整型
```

```
unsigned int i=6, j;            // 定义变量的同时给变量赋初值，变量初始化
```

当在一个表达式中出现不同数据类型的变量时，必须进行数据类型转换。C51 语言中数据类型的转换有两种方式：自动类型转换和强制类型转换。

(1) 自动类型转换。不同数据类型的变量在运算时，由编译系统自动将它们转换成同一数据类型，再进行运算。自动转换规则如下：

bit → char → int → long → float

signed → unsigned

自左至右数据长度增加，即参加运算的各个变量都转换为它们之中数据最长的数据类型。

当赋值运算符左右两侧类型不一致时，编译系统会按上述规则，自动把右侧表达式的类型转换成左侧变量的类型，再赋值。

(2) 强制类型转换。根据程序设计的需要，可以进行强制类型转换。强制类型转换利用强制类型转换符将一个表达式强制转换成所需要的类型。其格式如下：

(类型) 表达式

例如，(int) 5.87 = 5。

注意：无论是自动转换还是强制转换，都局限于某次运算，并不改变数据说明时对变量规定的数据类型。

【例 2.1】 数据类型转换。

```
/*********************************************************
程序名称：L2-1.c
程序功能：数据类型转换演示
*********************************************************/
#include <reg51.h>
void  main( )
{
   float x=3.5, y, z, l ;
   unsigned int i=6,  j ;

   j=x+i ;                          // 结果为整型
   y=x+i ;                          // 结果为实型
   l=i+(int)5.8 ;                   // 将 5.8 强制转换为整型，结果为实型
   z=(float)i+5.8 ;                 // 将 i=6 强制转换为实型，结果为实型
}
```

在 Keil μVision2 的 Watches 窗口中可以观察程序运行的结果。

下面重点介绍 C51 语言中新增的数据类型 bit、sbit、sfr 和 sfr16。为了方便讲解，给出一个简单的、基于 AT89C51 的、用 Proteus ISIS 绘制的单片机应用系统原理图，如图 2.2 所示。在该单片机应用系统中，除了必需的时钟电路、复位电路外，仅在 P1 口，以共阴极方式连接了 8 个红色 LED 发光二极管，RP1 为排阻。

1. bit

在 51 系列单片机的内部 RAM 中，可以位寻址的单元主要有两大类：低 128B 中的位

寻址区(20H～2FH)，高128B中的可位寻址的SFR，有效的位地址共210个(其中位寻址区有128个，可位寻址的SFR中有82个)，见表2-4。

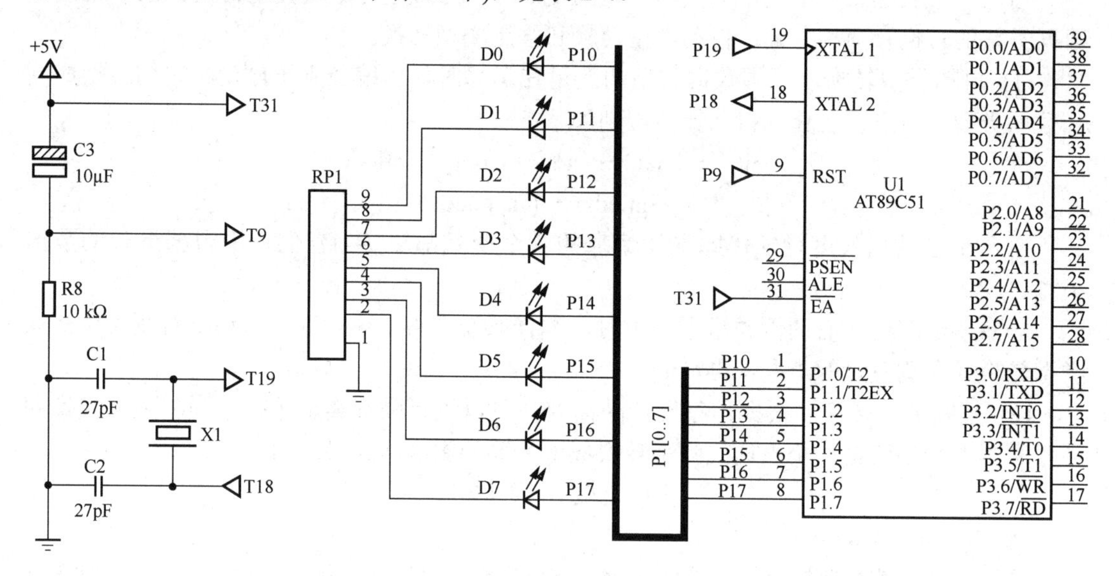

图2.2 某单片机应用系统原理图

表2-4 51单片机片内RAM中可位寻址的单元

类 别	单元名称	单元地址	MSB←			位地址				→LSB
位寻址区		20H	07H	06H	05H	04H	03H	02H	01H	00H
		21H	0FH	0EH	0DH	0CH	0BH	0AH	09H	08H
		22H	17H	16H	15H	14H	13H	12H	11H	10H
		23H	1FH	1EH	1DH	1CH	1BH	1AH	19H	18H
		24H	27H	26H	25H	24H	23H	22H	21H	20H
		25H	2FH	2EH	2DH	2CH	2BH	2AH	29H	28H
		26H	37H	36H	35H	34H	33H	32H	31H	30H
		27H	3FH	3EH	3DH	3CH	3BH	3AH	39H	38H
		28H	47H	46H	45H	44H	43H	42H	41H	40H
		29H	4FH	4EH	4DH	4CH	4BH	4AH	49H	48H
		2AH	57H	56H	55H	54H	53H	52H	51H	50H
		2BH	5FH	5EH	5DH	5CH	5BH	5AH	59H	58H
		2CH	67H	66H	65H	64H	63H	62H	61H	60H
		2DH	6FH	6EH	6DH	6CH	6BH	6AH	69H	68H
		2EH	77H	76H	75H	74H	73H	72H	71H	70H
		2FH	7FH	7EH	7DH	7CH	7BH	7AH	79H	78H

续表

类　别	单元名称	单元地址	MSB←			位地址				→LSB
可位寻址的 SFR	P0	80H	87H	86H	85H	84H	83H	82H	81H	80H
	TCON	88H	8FH	8EH	8DH	8CH	8BH	8AH	89H	88H
	P1	90H	97H	96H	95H	94H	93H	92H	91H	90H
	SCON	98H	9FH	9EH	9DH	9CH	9BH	9AH	99H	98H
	P2	A0H	A7H	A6H	A5H	A4H	A3H	A2H	A1H	A0H
	IE	A8H	AFH	—	—	ACH	ABH	AAH	A9H	A8H
	P3	B0H	B7H	B6H	B5H	B4H	B3H	B2H	B1H	B0H
	IP	B8H	—	—	—	BCH	BBH	BAH	B9H	B8H
	PSW	D0H	D7H	D6H	D5H	D4H	D3H	D2H	—	D0H
	ACC	E0H	E7H	E6H	E5H	E4H	E3H	E2H	E1H	E0H
	B	F0H	F7H	F6H	F5H	F4H	F3H	F2H	F1H	F0H

关键字 bit 可以定义存储于位寻址区中的位变量。位变量的值只能是 0 或 1。bit 型变量的定义方法如下：

```
bit flag ;                          // 定义一个位变量 flag
bit flag=1 ;                        // 定义一个位变量 flag 并赋初值 1
```

Keil C51 编译器对关键字 bit 的使用有如下限制。

(1) 不能定义位指针。例如

```
bit *P ;                            // 非法定义，关键字 bit 不能定义位指针
```

(2) 不能定义位数组。例如

```
bit P[8] ;                          // 非法定义，关键字 bit 不能定义位数组
```

(3) 用“#pragma disable”说明的函数和用“using n”明确指定工作寄存器组的函数，不能返回 bit 类型的值。

【例 2.2】 基于图 2.2 所示的单片机应用系统，编写程序使发光二极管 D0 闪烁。

```
/************************************************************
程序名称：L2-2.c
程序功能：使用位变量 flag，控制图 2.2 中的发光二极管 D0 闪烁
************************************************************/
#include <reg51.h>
void main( )
{
    unsigned int i;                 // 定义无符号整型变量 i，用于循环延时
    bit flag = 1;                   // 定义位变量 flag，用于控制 D0 的开、关

    P1=0x00;                        // 关闭接在 P1 口的所有发光二极管
    do{
        if( flag==1 ) {             // 如果 flag=1，则打开 D0，并清零 flag
```

```
            P1=0x01;
            flag=0;
        }
        else {                              // 如果 flag≠1，则关闭 D0，并置位 flag
            P1=0x00;
            flag=1;
        }

        for( i=0; i<10000; i-- ) ; // 空循环，用于延时
    }while(1);
}
```

2. sbit

关键字 sbit 用于定义存储在可位寻址的 SFR 中的位变量，为了区别于 bit 型位变量，称用 sbit 定义的位变量为 SFR 位变量。SFR 位变量的值只能是 0 或 1。51 系列单片机中 SFR 位变量的存储范围见表 2-4。

SFR 位变量的定义通常有以下 3 种用法。

(1) 使用 SFR 的位地址：

sbit 位变量名 = 位地址

(2) 使用 SFR 的单元名称：

sbit 位变量名 =SFR 单元名称^变量位序号

(3) 使用 SFR 的单元地址：

sbit 位变量名 =SFR 单元地址^变量位序号

例如，下列 3 种方式均可以定义 P1 口的 P1.2 引脚。

```
sbit  P1_2 = 0x92 ;          // 0x92 是 P1.2 的位地址值
sbit  P1_2 = P1^2 ;          // P1.2 的位序号为 2，需事先定义好特殊功能寄存器 P1
sbit  P1_2 = 0x90^2 ;        // 0x90 是 P1 的单元地址
```

【例 2.3】 基于图 2.2 所示的单片机应用系统，编写程序使发光二极管 D0、D1、D2 同时闪烁。

```
/************************************************************
程序名称：L2-3.c
程序功能：使用 sbit 型位变量，控制图 2.2 中的发光二极管 D0、D1、D2 同时闪烁
************************************************************/
#include <reg51.h>

sbit P1_0=0x90;                 // 定义 P1 口的 P1.0 引脚
sbit P1_1=P1^1;                 // 定义 P1 口的 P1.1 引脚
sbit P1_2=0x90^2;               // 定义 P1 口的 P1.2 引脚

void main( )
{
    unsigned int i;             // 定义无符号整型变量 i，用于循环延时
    P1=0x00;                    // 关闭接在 P1 口的所有发光二极管
```

```
    do{
        P1_0 = ~P1_0;          // 将 sbit 型变量 P1_0 取反
        P1_1 = ~P1_1;          // 将 sbit 型变量 P1_1 取反
        P1_2 = ~P1_2;          // 将 sbit 型变量 P1_2 取反

        for( i=0; i<10000; i-- ) ;
    }while( 1 );
}
```

在 Keil μVision2 中的 Parallel Port 1 对话框和 Memory 对话框均可以观察程序运行的结果，如图 2.3 所示。如果将 Keil μVision2 生成的 HEX 文件装入图 2.2 中的 AT89C51 中，则可以在 Proteus ISIS 中看到硬件仿真结果。

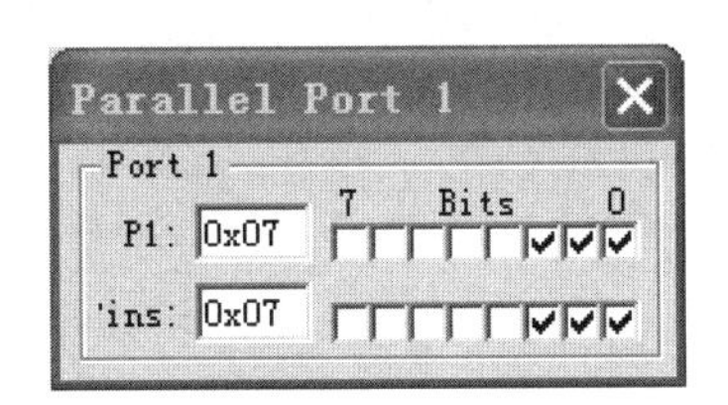

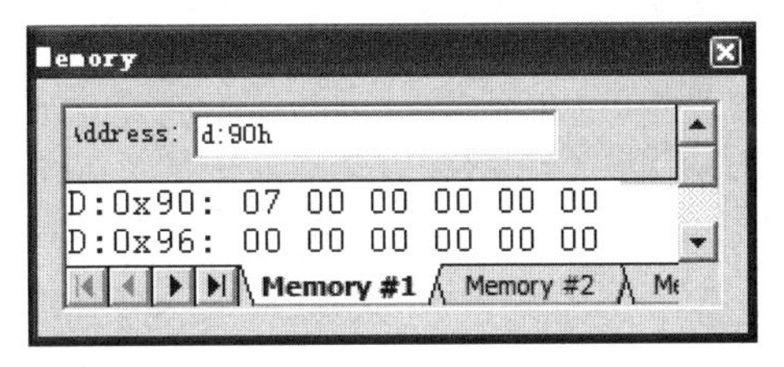

图 2.3　例 2.3 软件仿真结果

3. sfr

利用 sfr 型变量可以访问 51 系列单片机内部所有的 8 位特殊功能寄存器。51 系列单片机内部共有 21 个 8 位特殊功能寄存器，其中 11 个是可以位寻址的(表 2-4)，10 个是不可以位寻址的(表 2-5)。

表 2-5　51 系列单片机中不可位寻址的 SFR

SFR 名称	SFR 地址	SFR 名称	SFR 地址
SP	81H	TL0	8AH
DPL	82H	TH0	8BH
DPH	83H	TL1	8CH
PCON	87H	TH1	8DH
TMOD	89H	SBUF	99H

sfr 型变量的定义方法如下：

sfr　变量名　=　某个 SFR 地址

【例 2.4】 基于图 2.2 所示的单片机应用系统，编写程序使发光二极管 D0、D2、D4、D6 同时闪烁。

```
/*************************************************************************
程序名称：L2-4.c
程序功能：使用 sfr 型变量和 sbit 型变量，
控制图 2.2 中的发光二极管 D0、D2、D4、D6 同时闪烁
*************************************************************************/
#include <reg51.h>
```

```
sfr PortP1 =0x90 ;                    // 定义sfr型变量PortP1并指向P1
sbit P1_0=PortP1^0 ;                  // 定义P1口的P1.0引脚
sbit P1_2=PortP1^2 ;                  // 定义P1口的P1.2引脚
sbit P1_4=PortP1^4 ;                  // 定义P1口的P1.4引脚
sbit P1_6=PortP1^6 ;                  // 定义P1口的P1.6引脚

void main( )
{
    unsigned int i;                   // 定义无符号整型变量i，用于循环延时
    P1=0x00;                          // 关闭接在P1口的所有发光二极管
    while( 1 ){
        P1_0 = !P1_0;                 // 将P1_0取反
        P1_2 = !P1_2;                 // 将P1_2取反
        P1_4 = !P1_4;                 // 将P1_4取反
        P1_6 = !P1_6;                 // 将P1_6取反
        for( i=0 ; i<10000 ; i-- ) { ; }
    }
}
```

事实上，Keil C51编译器已经在相关的头文件中对51系列单片机内部的所有sfr型变量和sbit型变量进行了定义，在编写C51程序时可以直接引用，如本例中的“reg51.h”。打开头文件“reg51.h”，可以看到以下内容。

```
/*-----------------------------------------------------------------------
reg51.h

Header file for generic 80C51 and 80C31 microcontroller.
Copyright (c) 1988-2002 Keil Elektronik GmbH and Keil Software, Inc.
All rights reserved.
-----------------------------------------------------------------------*/

#ifndef __REG51_H__
#define __REG51_H__

/*  BYTE Register  */
sfr P0      = 0x80;                   // 定义8位特殊功能寄存器
sfr P1      = 0x90;
sfr P2      = 0xA0;
sfr P3      = 0xB0;
sfr PSW     = 0xD0;
sfr ACC     = 0xE0;
sfr B       = 0xF0;
sfr SP      = 0x81;
sfr DPL     = 0x82;
sfr DPH     = 0x83;
sfr PCON    = 0x87;
sfr TCON    = 0x88;
sfr TMOD    = 0x89;
```

```
sfr TL0     = 0x8A;
sfr TL1     = 0x8B;
sfr TH0     = 0x8C;
sfr TH1     = 0x8D;
sfr IE      = 0xA8;
sfr IP      = 0xB8;
sfr SCON    = 0x98;
sfr SBUF    = 0x99;

/*  BIT Register  */
/*  PSW   */
sbit CY     = 0xD7;                 // 定义 PSW 中的标志位
sbit AC     = 0xD6;
sbit F0     = 0xD5;
sbit RS1    = 0xD4;
sbit RS0    = 0xD3;
sbit OV     = 0xD2;
sbit P      = 0xD0;

/*  TCON  */
sbit TF1    = 0x8F;                 // 定义 TCON 中的标志位
sbit TR1    = 0x8E;
sbit TF0    = 0x8D;
sbit TR0    = 0x8C;
sbit IE1    = 0x8B;
sbit IT1    = 0x8A;
sbit IE0    = 0x89;
sbit IT0    = 0x88;

/*  IE   */
sbit EA     = 0xAF;                 // 定义 IE 中的标志位
sbit ES     = 0xAC;
sbit ET1    = 0xAB;
sbit EX1    = 0xAA;
sbit ET0    = 0xA9;
sbit EX0    = 0xA8;

/*  IP   */
sbit PS     = 0xBC;                 // 定义 IP 中的标志位
sbit PT1    = 0xBB;
sbit PX1    = 0xBA;
sbit PT0    = 0xB9;
sbit PX0    = 0xB8;

/*  P3  */
sbit RD     = 0xB7;                 // 定义 P3 口引脚的第二功能
sbit WR     = 0xB6;
sbit T1     = 0xB5;
sbit T0     = 0xB4;
```

```
    sbit INT1   = 0xB3;
    sbit INT0   = 0xB2;
    sbit TXD    = 0xB1;
    sbit RXD    = 0xB0;

    /*  SCON  */
    sbit SM0    = 0x9F;                // 定义SCON中的标志位
    sbit SM1    = 0x9E;
    sbit SM2    = 0x9D;
    sbit REN    = 0x9C;
    sbit TB8    = 0x9B;
    sbit RB8    = 0x9A;
    sbit TI     = 0x99;
    sbit RI     = 0x98;

    #endif
```

因此，只要在程序的开头添加了 #include <reg51.h>，对 reg51.h 中已经定义了的 sfr 型、sbit 型变量，如无特殊需要则不必重新定义，直接引用即可。值得注意的是，在 reg51.h 中未给出 4 个 I/O 口(P0～P3)的引脚定义。

4. sfr16

与 sfr 类似，sfr16 可以访问 51 系列单片机内部的 16 位特殊功能寄存器(如定时器 T0 和 T1)，在此不再赘述。

2.1.4 存储区域与存储模式

51 系列单片机应用系统的存储器结构如图 2.4 所示，包括 5 个部分：片内程序存储器(片内 ROM)、片外程序存储器(片外 ROM)、片内数据存储器(片内 RAM)、片内特殊功能寄存器(SFR)、片外数据存储器(片外 RAM)。

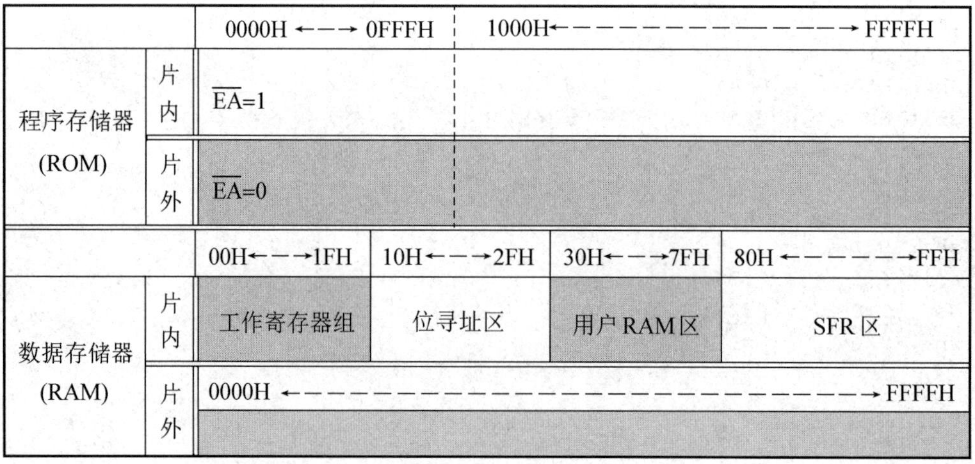

<table>
<tr><td colspan="2"></td><td colspan="2">0000H ←—→ 0FFFH</td><td colspan="2">1000H←——————→ FFFFH</td></tr>
<tr><td rowspan="2">程序存储器
(ROM)</td><td>片内</td><td colspan="4">$\overline{EA}$=1</td></tr>
<tr><td>片外</td><td colspan="4">$\overline{EA}$=0</td></tr>
<tr><td colspan="2"></td><td>00H←—→1FH</td><td>10H←—→2FH</td><td>30H←—→7FH</td><td>80H ←———→FFH</td></tr>
<tr><td rowspan="2">数据存储器
(RAM)</td><td>片内</td><td>工作寄存器组</td><td>位寻址区</td><td>用户RAM区</td><td>SFR区</td></tr>
<tr><td>片外</td><td colspan="4">0000H ←——————————→ FFFFH</td></tr>
</table>

图 2.4 51 单片机应用系统的存储器结构

从图 2.4 中可以看出，51 系列单片机应用系统存储器的编址情况具体如下。

(1) 片内、片外统一编址的 64KB 程序存储器(用 16 位地址)。其中，当引脚 $\overline{EA}=1$ 时，使用片内的 0000H～0FFFH；当引脚 $\overline{EA}=0$ 时，使用片外的 0000H～0FFFH。

(2) 片内 RAM 与 SFR 统一编址的 256B 数据存储器(用 8 位地址)。其中，低 128B 又分为工作寄存器组(00H～1FH)、位寻址区(10H～2FH)、用户 RAM 区(30H～7FH) 3 部分。

(3) 片外 64KB 数据存储器(16 位地址)。

1. 存储区域

针对 51 系列单片机应用系统存储器的结构特点，Keil C51 编译器把数据的存储区域分为 6 种：data、bdata、idata、xdata、pdata、code，见表 2-6。在使用 C51 语言进行程序设计时，可以把每个变量明确地分配到某个存储区域中。由于对内部存储器的访问比对外部存储器的访问快许多，因此应当将频繁使用的变量存放在片内 RAM 中，而把较少使用的变量存放在片外 RAM 中。

表 2-6　C51 语言中变量的存储区域

存储区域	说　明
data	片内 RAM 的低 128B，可直接寻址，访问速度最快
bdata	片内 RAM 的低 128B 中的位寻址区(10H～2FH)，既可以字节寻址，又可以位寻址
idata	片内 RAM(256B，其中低 128B 与 data 相同)，只能间接寻址
xdata	片外 RAM(最多 64KB)
pdata	片外 RAM 中的 1 页或 256B，分页寻址
code	程序存储区(最多 64KB)

有了存储区域的概念后，变量的定义格式变为

数据类型　[存储区域]　变量名称

【例 2.5】 存储区域的使用。

```
/*********************************************************************
程序名称：L2-5.c
程序功能：理解存储区域的概念及使用方法
*********************************************************************/
#include <reg51.h>
void main( )
{
    unsigned char data x1;       // 在 data 区定义无符号字符型变量 x1

    unsigned char bdata x2;      // 在 bdata 区定义无符号字符型变量 x2，可位寻址

    unsigned int bdata x3;       // 在 bdata 区定义无符号整型变量 x3，可位寻址

    bit flag;                    // 在 bdata 区定义位变量 flag，可位寻址
```

```
    x1=0x1F;
    x2=x1+0xE0;
    x3=x1*x2;

    if(x3^10&&x2^5) flag=1;
    else flag=0;              // 如果x3的第10位和x2的第5位均为1，则flag=1;
                                 否则flag=0

    for( ; ; ) ;              // 原地踏步，目的是完整地观察程序的调试运行结果
}
```

在Keil μVision2中的Watches对话框中可以看到例2.5的单步仿真运行结果，如图2.5(a)所示。在图2.5(b)所示的Memory对话框中可以看到：x2占用的是位寻址区的20H单元，x3占用的是位寻址区的21H、22H单元，flag占用的是位寻址区的23H单元的第0位。

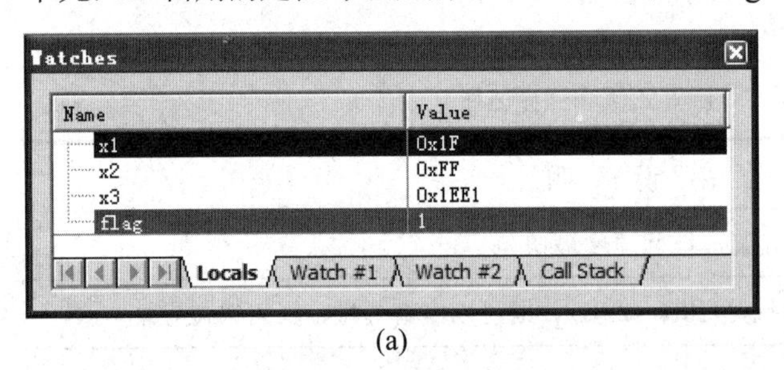

(a)

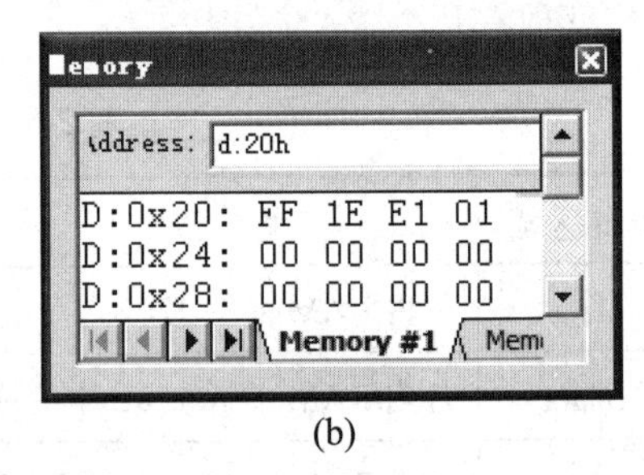

(b)

图2.5 例2.5的运行结果

在使用存储区域时，还应该注意以下几点。

(1) 标准变量和用户自定义变量都可以存储在data区中，只要不超过data区范围即可。由于51系列单片机没有硬件报错机制，当设置在data区的内部堆栈溢出时，程序会莫名其妙地复位。为此，要根据需要声明足够大的堆栈空间以防止堆栈溢出。

(2) Keil C51编译器不允许在bdata区中声明float和double型的变量。

(3) 对pdata和xdata的操作是相似的。但是，对pdata区的寻址要比对xdata区的寻址快，因为对pdata区的寻址只需装入8位地址，而对xdata区的寻址需装入16位地址，所以要尽量把外部数据存储在pdata区中。

(4) 程序存储区的数据是不可改变的，编译的时候要对程序存储区中的对象进行初始化，否则就会产生错误。

2. *存储模式*

存储模式用于决定没有明确指定存储类型的变量、函数参数等的默认存储区域。Keil C51编译器提供的存储模式共有3种：Small、Compact、Large。具体使用哪一种模式，可以在Target设置界面中的Memory Mode下拉列表框中进行选择。

(1) Small模式：没有指定存储区域的变量、参数都默认存放在data区域内。其优点是访问速度快；缺点是空间有限，只适用于小程序。

(2) Compact模式：没有指定存储区域的变量、参数都默认存放在pdata区域内。具体

存放在哪一页可由 P2 口指定，在 STARTUP.A51 文件中说明，也可用 pdata 指定。其空间比 Small 模式大，速度比 Small 模式慢，比 Large 模式快，是一种中间状态。

(3) Large 模式：没有指定存储区域的变量、参数都默认存放在 xdata 区域内。其优点是空间大，可存变量多；缺点是速度较慢。

2.2　运算符与表达式

C51 语言的语句都是由表达式构成的，而表达式是由运算符和运算对象构成的，其中运算符是表达式的核心。

C51 语言的运算符种类十分丰富，将除了输入、输出和流控制以外的几乎所有基本操作都作为一种“运算”来处理。表 2-7 给出了部分常用运算符。其中，运算类型中的“目”是指运算对象。当只有一个运算对象时，称为单目运算符；当运算对象为两个时，称为双目运算符；当运算对象为 3 个时，称为三目运算符。

把参加运算的数据(常量、变量、库函数和自定义函数的返回值)用运算符连接起来的有意义的算式称为表达式。例如

```
a + b * c
a + cos( x ) / y
a != b
a << 2
```

凡是表达式都有一个值，即运算结果。当不同的运算符出现在同一表达式中时，运算的先后次序取决于运算符的优先级及运算符的结合性。

(1) 优先级：运算符按优先级分为 15 级，见表 2-7。

当运算符的优先级不同时，优先级高的运算符先运算。

当运算符的优先级相同时，运算次序由结合性决定。

表 2-7　运算符的优先级和结合性

优　先　级	运　算　符	运算符功能	运算类型	结合方向
1	() []	圆括号、函数参数表 数组元素下标	括号运算符	从左至右
2	! ~ ++、-- + - * & (类型名) sizeof	逻辑非 按位取反 自增 1、自减 1 求正 求负 间接运算符 求地址运算符 强制类型转换 求所占字节数	单目运算符	从右至左

续表

优 先 级	运 算 符	运算符功能	运算类型	结合方向
3	*、/、%	乘、除、整数求余	双目算术运算符	从左至右
4	+、-	加、减		
5	<<、>>	向左移位、向右移位	双目移位运算符	
6	<、<=、>、>=	小于、小于等于、大于、大于等于	双目关系运算符	
7	==、!=	恒等于、不等于		
8	&	按位与	双目位运算符	
9	^	按位异或		
10	|	按位或		
11	&&	逻辑与	双目逻辑运算符	
12	||	逻辑或		
13	？ ：	条件运算	三目条件运算符	从右至左
14	=、+=、-=、*=、/=、%=、&=、|=等	简单赋值、复合赋值(计算并赋值)	双目赋值运算符	从右至左
15	，	顺序求值	顺序运算符	从左至右

(2) 结合性：运算符的结合性分为从左至右、从右至左两种。例如：

```
a * b /c                        // 从左至右
a += a -= a * a                 // 从右至左
```

2.2.1 算术运算符与算术表达式

算术运算符共有7个：+、-、*、/、%、++、--。其中，+、-、*、/、%为双目算术运算符，++、--为单目算术运算符。

1. 双目算术运算符

在使用双目算术运算符+、-、*、/、%时，应注意以下几点。

(1) 乘法运算符“*”不能省略，也不能写成“×”或“.”。

(2) 对于除法运算符“/”，当运算对象均为整数时，结果也为整数，小数部分被自动舍去；当运算对象中有一个是实数时，则结果为双精度实数。例如

```
2/5                             // 结果为0
2.0/5                           // 结果为0.400000
```

(3) 求余运算符“%”仅适用于整型和字符型数据。求余运算的结果符号与被除数相同，其值等于两数相除后的余数。例如：

```
1%2                                 // 结果为 1
1%(-2)                              // 结果为 1
(-1)%2                              // 结果为-1
```

2. 单目算术运算符

单目算术运算符++、--又称为自增自减运算符，是 C51 语言最具特色的运算符，也是学习 C51 语言的一个难点。在使用自增自减运算符时，应注意以下几点。

(1) ++、--的运算结果是使运算对象的值增 1 或减 1。例如

```
i++                                 // 相当于 i = i+1
i--                                 // 相当于 i = i-1
```

(2) ++、--是单目运算符，运算对象可以是整型或实型变量，但不能是常量或表达式。例如，++3、(i+j) --等都是非法的。

(3) ++、--既可用作前缀运算符，也可用作后缀运算符。

```
++i                                 // 前缀，先加后用：先将 i 的值加 1，然后使用 i
i++                                 // 后缀，先用后加：先使用 i，然后将 i 的值加 1
--i                                 // 前缀，先减后用：先将 i 的值减 1，然后使用 i
i--                                 // 后缀，先用后减：先使用 i，然后将 i 的值减 1
```

(4) 不要在一个表达式中对同一个变量进行多次诸如++i 或 i++等运算。例如

```
i++ * ++i + i-- * --i
```

这种表达式不仅可读性差，而且不同的编译系统对这样的表达式将做不同的解释，进行不同的处理，因而所得结果也各不相同。

【例 2.6】 自增自减运算符的使用。

```
/*************************************************
程序名称：L2-6.c
程序功能：演示++、--运算符的使用
*************************************************/
#include <reg51.h>
void main( )
{
    unsigned int  i=3, j, k;
    j=(++i) + 5;                // 前缀，先加后用
    k=(i++) + 6;                // 后缀，先用后加
}
```

在 Keil μVision2 中的 Watches 对话框中可以看到例 2.6 的运行结果，如图 2.6 所示。

3. 算术表达式

用算术运算符把参加运算的数据(常量、变量、库函数和自定义函数的返回值)连接起来的有意义的算式称为算术表达式。例如

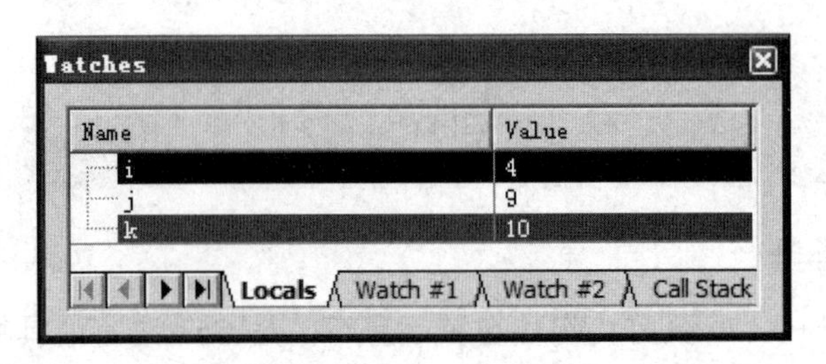

图 2.6　例 2.6 的运行结果

```
10/5*3
(x+r)*8-(a+b)/7
sin(x)+sin(y)
```

在 C51 语言中，算术表达式的求值规律与数学中的四则运算规律类似，其运算规则和要求如下。

(1) 在表达式中，可使用多层、配对的圆括号。运算时从内层圆括号开始，由内向外依次计算表达式的值。例如

```
((i-5)*y+6)/2.0
```

(2) 在表达式中，按运算符优先级顺序求值。若运算符的优先级相同，则按规定的结合方向运算。例如

```
2*3%4 = (2*3)%4 = 2
```

2.2.2　赋值运算符与赋值表达式

从表 2-7 中可以看出，双目的赋值运算符有两种：简单赋值运算符(=)和复合赋值运算符(+=、-=、*=、/=等)。它们的优先级均为 14 级，结合性都是从右至左。

1. 简单赋值运算符与简单赋值表达式

在 C51 语言中，符号“=”称为简单赋值运算符。由简单赋值运算符组成的表达式称为简单赋值表达式。其一般形式为

变量名=表达式

赋值运算的功能是：先求出“=”右边表达式的值，然后把此值赋给“=”左边的变量，确切地说，是把数据放入以该变量为标识的存储单元中。在程序中，可以多次给一个变量赋值，因为每赋一次值，与它对应的存储单元中的数据就被更新一次。例如

```
a=10                    // 将 10 赋给变量 a
b=12+a                  // 将(12+a)的值赋给变量 b
a=a+10                  // 将(a+10)的值赋给变量 a
```

在使用赋值运算符时，应该注意以下几点。

(1) “=”与数学中的“等于号”是不同的，其含义不是等同的关系，而是进行“赋予”的操作。例如

```
i = i + 1
```

是合法的赋值语言表达式。

(2) “=”的左侧只能是变量，不能是常量或表达式。例如

```
a + b = c
```

是不合法的赋值表达式。

(3) “=”右边的表达式也可以是一个合法的赋值表达式。例如

```
a = b = 7 + 1
```

(4) 赋值表达式的值为其最左边变量所得到的新值。例如

```
a = ( b = 3 )                          // 该表达式的值是 3
x = ( y = 6 ) + 3                      // 该表达式的值是 9
z = ( x = 16 ) * ( y = 4 )             // 该表达式的值是 64
```

2. 复合赋值运算符与复合赋值表达式

在赋值运算符之前加上其他运算符可以构成复合赋值运算符。由复合赋值运算符组成的表达式称为复合赋值表达式。

C51 语言规定可以使用多种复合赋值运算符，其中，+=、−=、*=、/=比较常用(注意：两个符号之间不可以有空格)，功能如下。

```
a += b                                 // 等价于 a = a + b
a -= b                                 // 等价于 a = a - b
a *= b                                 // 等价于 a = a * b
a /= b                                 // 等价于 a = a / b
```

例如，若 a=8，则表达式 a += a−= a+a 的值为−16。计算过程如下。

(1) 先计算 a+a，值为 16(注意：a 的值并没有发生改变)。

(2) 再计算 a−=16，值为−8(注意：a 的值同时变为−8，即此时 a=−8)。

(3) 最后计算 a+=−8，值为−16。

3. 赋值运算中的数据类型转换

如果赋值运算符两边的数据类型不相同，系统将自动进行类型转换，即把赋值运算符右边表达式的类型转换为左边变量的类型，然后赋值。例如

```
int  a = 8, b;
double  x = 16.5;
b = x / a + 3;
```

结果变量 b 的值为 5。

【例 2.7】 演示简单赋值运算符、复合赋值运算符、自增自减运算符的使用。

```
/**********************************************************************
程序名称：L2-7.c
程序功能：演示简单赋值运算符、复合赋值运算符、自增自减运算符的使用
**********************************************************************/
#include <reg51.h>
#include <stdio.h>
```

```
/**************************************************************
函数名称：YanShi( void )
函数功能：熟悉简单赋值运算符、复合赋值运算符、自增自减运算符的使用
**************************************************************/
void YanShi( )
{
    int x=3, y=3, z=3;
    x += y *= z;
    printf( "(1) %d,%d,%d\n", x, y, z );
    x++;
    y++;
    --z;
    printf( "(2) %d,%d,%d\n", x, y, z );
    x=5;
    y=x++;
    x=5;
    z=++x;
    printf( "(3) %d,%d,%d\n", x, y, z );
    --y;
    z=++x * 7;
    printf( "(4) %d,%d,%d\n", x, y, z );
    z=x++ * 8;
    printf( "(5) %d,%d,%d\n", x, y, z );
    x=8;
    printf( "(6) %d,%d,%d\n", x, x++, ++x );
}
/**************************************************************
函数名称：Serial_Init( )
函数功能：初始化单片机的串行口，以便观察程序运行结果
**************************************************************/
void Serial_Init( )
{
    SCON = 0x50;              // 串行口以方式1工作
    TMOD |= 0x20;             // 定时器T1以方式2工作
    TH1 = 0xF3;               // 波特率为2400bit/s时T1的初值
    TR1 = 1;                  // 启动T1
    TI = 1;                   // 允许发送数据
}
/********************************************************************
函数名称：main( )
函数功能：主函数
调用函数：Serial_Init( )，YanShi( )
********************************************************************/
void main( )
{
    Serial_Init( );
    YanShi( );
}
```

在 Keil μVision2 中建立名为 MyProject 的工程，单片机选择 AT89C51，输入上述程序并以文件名 L2-7.c 存盘。然后将 L2-7.c 添加到 MyProject 中，通过编译、链接后，启动仿真，打开 Serial #1 窗口，单步运行，在 Serial #1 窗口中即可观察到程序运行的结果，如图 2.7 所示。

图 2.7　例 2.7 的运行结果

2.2.3　关系运算符、逻辑运算符及其表达式

无论是关系运算还是逻辑运算，其结果都会得到一个逻辑值。逻辑值只有两个，在很多高级语言中都用“真”和“假”来表示。

由于没有专门的“逻辑值”，C51 语言规定：当关系成立或逻辑运算结果为非零值(整数或负数)时为“真”，用“1”表示；否则为“假”，用“0”表示。

1. *关系运算符与关系表达式*

所谓关系运算，实际上是“比较运算”，即将两个数进行比较，判断比较的结果是否符合指定的条件。在 C51 语言中有 6 种关系运算符：<、<=、>、>=、==、!=。

注意：由两个字符组成的运算符之间不能加空格。

用关系运算符将两个表达式连接起来的式子称为关系表达式。其一般形式为

表达式 1　关系运算符　表达式 2

其中，表达式可以是 C51 语言中任意合法的表达式。例如，若 a=2，b=3，c=4，则

```
a + b > 3 * c                  // 结果为 0
(a=b) < (b=10%c)               // 结果为 0
(a<=b) == (b>c)                // 结果为 0
'A' != 'a'                     // 结果为 1
```

2. *逻辑运算符与逻辑表达式*

C51 语言中有 3 种逻辑运算符：&&、|| 和! 。其运算规则见表 2-8。用逻辑运算符将关系表达式或其他运算对象连接起来的式子称为逻辑表达式。

表 2-8　逻辑运算规则

逻辑运算符	含　义	运算规则	说　明
&&	与运算	0&&0=0，0&&1=0，1&&0=0，1&&1=1	全真则真
||	或运算	0||0=0，0||1=1，1||0=1，1||1=1	一真则真
!	非运算	!1=0，!0=1	非假则真，非真即假

注意：数学中常用的逻辑关系 $x \leqslant a \leqslant y$，C51语言的正确写法为

```
(x<=a)&&(a<=y)
```

或

```
x<=a && a<=y
```

【例2.8】 演示关系运算符、逻辑运算符的使用。

```
/***************************************************
程序名称：L2-8.c
程序功能：演示关系运算符、逻辑运算符的使用
***************************************************/
#include  <reg51.h>
#include  <stdio.h>
/***************************************************
函数名称：Serial_Init( )
函数功能：初始化单片机的串行口，以便观察程序运行结果
***************************************************/
void Serial_Init( )
{
    SCON = 0x50;           // 串行口以方式1工作
    TMOD |= 0x20;          // 定时器T1以方式2工作
    TH1 = 0xF3;            // 波特率为2400时T1的初值
    TR1 = 1;               // 启动T1
    TI = 1;                // 允许发送数据
}
/***************************************************
函数名称：main( )
函数功能：主函数，演示关系运算符、逻辑运算符的使用
调用函数：Serial_Init( )
***************************************************/
void  main( )
{
    int x1, x2, x3=100;

    Serial_Init( );

    x1=5>3>2;
    x2=(5>3)&&(3>2);
    printf( "(1) %d,%d,%d\n", x1, x2, !x3 );
    (5>3) && (x1=3);
    (5<3) && (x2=5);
    (5>3) || (x3=7);
    printf( "(2) %d,%d,%d\n", x1, x2, x3 );
}
```

在Keil μVision2中建立名为MyProject的工程，单片机选择AT89C51，输入上述程序并以文件名L2-8.c存盘。然后将L2-8.c添加到MyProject中，通过编译、链接后，启动仿

真，打开 Serial #1 窗口，单步运行，在 Serial #1 窗口中即可观察到程序运行的结果，如图 2.8 所示。

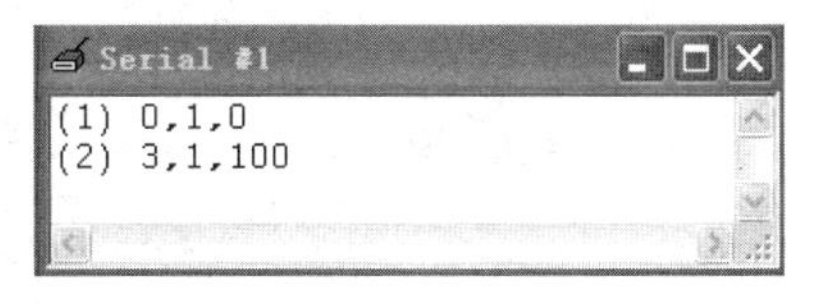

图 2.8　例 2.8 的运行结果

用逻辑表达式可以表示复杂的条件，如“判断一个整型变量 *a* 是否在大于 1 小于 10 的范围内，并且不是 6 的整倍数”可表示为

```
(a >1 && a<10 ) && ( a%6 != 0 )
```

2.2.4　条件运算符与条件表达式

条件运算符“?　:”是 C51 语言中唯一的一个三目运算符。它需要 3 个运算对象。由条件运算符和 3 个运算对象构成的表达式称为条件表达式。其一般形式为

表达式 1 ? 表达式 2 ：表达式 3

条件表达式的执行过程是：先计算表达式 1，若表达式 1 的值非零，则计算表达式 2，并把表达式 2 的值作为整个表达式的值；否则，计算表达式 3，并把表达式 3 的值作为整个表达式的值，如图 2.9 所示。

例如，条件表达式“(a>b)? a : b”的执行过程是：当 $a>b$ 时，表达式取 *a* 的值，否则取 *b* 的值。其作用就是求 *a* 和 *b* 中的较大者。

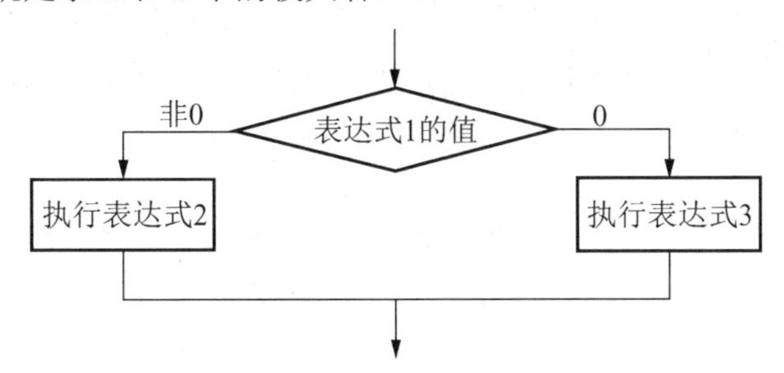

图 2.9　条件表达式执行流程图

【例 2.9】 编程求解下列数学函数。

$$y=\begin{cases} x & -10\leqslant x<0 \\ x^2 & 0\leqslant x<10 \\ x^3 & x<-10 或 x\geqslant 10 \end{cases}$$

```
/*********************************************************************
程序名称：L2-9.c
程序功能：演示条件运算符的使用
*********************************************************************/
#include  <reg51.h>
#include  <stdio.h>
/*********************************************************************
函数名称：Serial_Init( )
函数功能：初始化单片机的串行口，以便观察程序运行结果
*********************************************************************/
```

```
void Serial_Init( )
{
    SCON = 0x50;              // 串行口以方式 1 工作
    TMOD |= 0x20;             // 定时器 T1 以方式 2 工作
    TH1 = 0xF3;               // 波特率为 2400 时 T1 的初值
    TR1 = 1;                  // 启动 T1
    TI = 1;                   // 允许发送数据
}
/***********************************************************************
函数名称：main( )
函数功能：主函数，演示条件运算符的使用
调用函数：Serial_Init( )
***********************************************************************/
void  main( )
{
    int  x, y;
    Serial_Init( );

    printf( "please input a integer : \n"  ) ;
    scanf( "%d" , &x );

    y=( x>=10||x<-10 )?( x*x*x ):(  ( x<10 )?x:( x*x ) );

    printf("x=%d, y=%d\n", x, y );
    while( 1 ) ;              // 原地踏步，等待
}
```

在 Keil μVision2 中建立名为 MyProject 的工程，单片机选择 AT89C51，输入上述程序并以文件名 L2-9.c 存盘。然后将 L2-9.c 添加到 MyProject 中，通过编译、链接后，启动仿真，打开 Serial #1 窗口，全速运行，当 Serial #1 窗口中出现 please input a integer :时，在 Serial #1 窗口中输入“5”并按 Enter 键，即可观察到程序运行的结果，如图 2.10 所示。

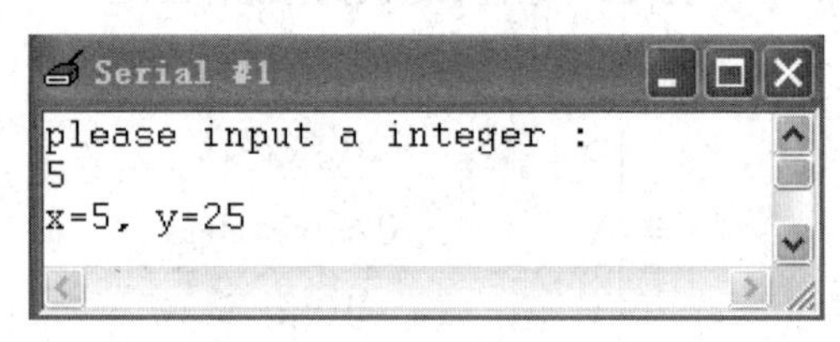

图 2.10　例 2.9 的运行结果

2.2.5　逗号运算符与逗号表达式

逗号运算符“，”是 C51 语言提供的一种特殊运算符，用逗号运算符将两个或多个表达式连接起来的式子称为逗号表达式。其一般形式为

表达式 1，表达式 2，……，表达式 n

逗号表达式的执行过程是：将逗号表达式中的各表达式按从左到右的顺序依次求值，并将最右面的表达式结果作为整个表达式的最后结果。

【例 2.10】　逗号运算符的使用。

```
/*************************************************************************
程序名称：L2-10.c
程序功能：熟悉逗号运算符与逗号表达式的使用
*************************************************************************/
#include <reg51.h>
#include <stdio.h>
/*************************************************************************
函数名称：Serial_Init( )
函数功能：初始化单片机的串行口，以便观察程序运行结果
*************************************************************************/
void Serial_Init( )
{
    SCON = 0x50;                // 串行口以方式 1 工作
    TMOD |= 0x20;               // 定时器 T1 以方式 2 工作
    TH1 = 0xF3;                 // 波特率为 2400 时 T1 的初值
    TR1 = 1;                    // 启动 T1
    TI = 1;                     // 允许发送数据
}
/*************************************************************************
函数名称：main( )
函数功能：主函数，演示条件运算符的使用
调用函数：Serial_Init( )
*************************************************************************/
void main( )
{
    unsignced int x, y, z, w;
    Serial_Init( );
    x = (z=2*3, z*6);
    y = (w=123, w++, w+=100);
    printf("x=%d\n  y=%d\n  z=%d\n  w=%d\n", x, y, z, w );
    while( 1 ) ;                // 原地踏步，等待
}
```

在 Keil μVision2 中建立名为 MyProject 的工程，单片机选择 AT89C51，输入上述程序并以文件名 L2-10.c 存盘。然后将 L2-10.c 添加到 MyProject 中，通过编译、链接后，启动仿真，打开 Serial #1 窗口，全速运行，在 Serial #1 窗口中即可观察到程序运行的结果，如图 2.11 所示。

图 2.11　例 2.10 的运行结果

2.3 指针与绝对地址访问

指针是C语言中一种重要的数据类型，合理地使用指针，可以有效地表示数组等复杂的数据结构，直接处理内存地址。Keil C51 语言除了支持 C 语言中的一般指针(Generic Pointer)外，还根据51系列单片机的结构特点，提供了一种新的指针数据类型——存储器指针(Memory_Specific Pointer)。

在进行51系列单片机应用系统程序设计时，经常会碰到如何直接操作系统中各个存储器地址空间的问题。为此，Keil C51 语言提供了多种访问绝对地址的方法。

2.3.1 指针

Keil C51 支持一般指针和存储器指针。

1. 一般指针

一般指针的声明和使用与C语言基本相同，不同的是还可以定义指针本身的存储区域。一般指针的定义格式如下

数据类型 *[存储区域] 变量名;

例如

```
long  *ptr;
// ptr 为一个指向 long 型数据的指针，而 ptr 本身按存储模式存放

char *xdata Xptr;
// Xptr 为一个指向 char 型数据的指针，而 Xptr 本身存放在 xdata 区域中

int   *data Dptr;
// Dptr 为一个指向 int 型数据的指针，而 Dptr 本身存放在 data 区域中

long  *code Cptr;
// Cptr 为一个指向 long 型数据的指针，而 Cptr 本身存放在 code 区域中
```

指针 ptr、Xptr、Dptr、Cptr 所指向的数据可存放于任何存储区域中。一般指针本身在存放时要占用3B。

【例 2.11】 一般指针的定义与使用。

```
/*************************************************************************
程序名称：L2-11.c
程序功能：定义存储在 data 区域中的一般指针，并分别指向 data、xdata、code 区域中的变量
*************************************************************************/
#include <reg51.h>

char *data c_ptr;   // 定义存储在 data 区域中的 c_ptr、i_ptr、l_ptr
int *data i_ptr;
long *data l_ptr;
```

```
void main ( )
{
    // 定义存储在 data 区域中的变量 dj、dk、dl
    char data dj;
    int data dk;
    long data dl;

    // 定义存储在 xdata 区域中的变量 xj、xk、xl
    char xdata xj;
    int xdata xk;
    long xdata xl;

    // 定义存储在 code 区域中的变量 cj、ck、cl，并赋初值
    char code cj = 9;
    int code ck = 357;
    long code cl = 123456789;

    // 将存储在 data 区域的指针指向 data 区域中的变量
    c_ptr = &dj;
    i_ptr = &dk;
    l_ptr = &dl;

    // 将存储在 data 区域的指针指向 xdata 区域中的变量
    c_ptr = &xj;
    i_ptr = &xk;
    l_ptr = &xl;

    // 将存储在 data 区域的指针指向 code 区域中的变量
    c_ptr = &cj;
    i_ptr = &ck;
    l_ptr = &cl;
}
```

在 Keil C51 集成开发环境中，输入上述源程序并命名为 L2-11.c，建立名为 MyProject 的工程并将 L2-11.c 加入其中，编译、链接后进入调试状态，执行菜单命令 View→Watch & Call Stack Window 或单击按钮打开变量观察对话框，并将 3 个指针变量 c_ptr、i_ptr、l_ptr 添加到 Watch #1 中。单步运行，可以观察到指针所指向的变量的地址与内容。图 2.12 所示为程序单步运行结束后的结果，此时 c_ptr、i_ptr、l_ptr 分别指向 cj、ck、cl。

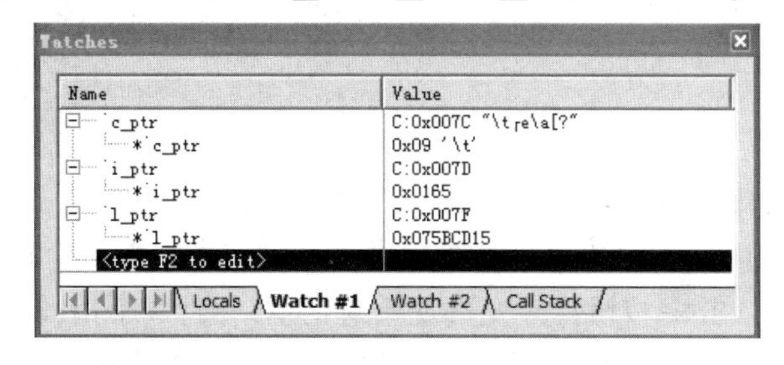

图 2.12　指针所指向的变量的地址与内容

从图 2.12 中可以看出，cj 的地址为 code 区的 0x007C，内容为 0x09；ck 的地址为 code 区的 0x007D，内容为 0x0165；cl 的地址为 code 区的 0x007F，内容为 0x075BCD15。

2. 存储器指针

基于存储器的指针在说明时既可以指定指针本身的存储区域，又可以指定指针所指向变量的存储区域。存储器指针的定义格式如下

数据类型　[存储区域 1]　*[存储区域 2]　变量名;

其中，“存储区域 1”为指针所指向变量的存储区域；“存储区域 2”为指针本身的存储区域。例如

```
char data * str;
// str 指向 data 区域中的 char 型变量，本身按默认模式存放
int xdata * data pow;
// pow 指向 xdata 区域中的 int 型变量，本身存放在 data 区域中
```

存放存储器指针只需 1～2B，因此，运行速度要比一般指针快。但是，在使用存储器指针时，必须保证指针不指向所声明的存储区域以外的地方，否则会产生错误。

【例 2.12】 存储器指针的定义与使用。

```
/*************************************************************************
程序名称：L2-12.c
程序功能：存储器指针的定义与使用
*************************************************************************/
#include <reg51.h>

char data *d_ptr;                    // d_ptr 为指向 data 区数据的指针
int xdata *x_ptr;                    // x_ptr 为指向 xdata 区数据的指针
long code *c_ptr;                    // c_ptr 为指向 code 区数据的指针

long code array1[ ] ={ 1L, 10L };
// array1 为存储在 code 区域的 long 型数组

void main ( )
{
    char data array2[10];            // array2 为存储在 data 区的 char 型数组
    int xdata array3[1000];          // array3 为存储在 xdata 区的 int 型数组

    d_ptr = &array2[0];              // d_ptr 指向 array2 的首地址
    x_ptr = &array3[0];              // x_ptr 指向 array3 的首地址
    c_ptr = &array1[0];              // c_ptr 指向 array1 的首地址
}
```

在 Keil C51 集成开发环境中，输入上述源程序并命名为 L2-12.c，建立名为 MyProject 的工程并将 L2-12.c 加入其中，编译、链接后进入调试状态，执行菜单命令 View→Watch & Call Stack Window 或单击按钮打开变量观察对话框，并将 3 个指针变量 d_ptr、x_ptr、c_ptr 添加到 Watch #1 中。全速运行，可以观察到指针所指向的变量的地址与内容，如图 2.13 所示。

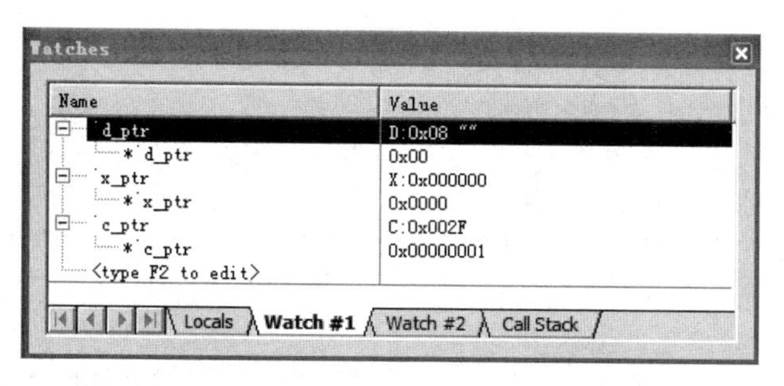

图 2.13　指针所指向的变量的地址与内容

注意：由于程序 L2-12.c 使用了大容量数组，因此必须将工程的存储模式(Memory Model)设置为 Large，否则运行时会报错。

2.3.2　绝对地址访问

Keil C51 语言允许在程序中指定变量存储的绝对地址，常用的绝对地址的定义方法有两种：采用关键字“_at_”定义变量的绝对地址，采用存储器指针指定变量的绝对地址。

1. 采用关键字_at_

用关键字“_at_”定义变量的绝对地址的一般格式如下：

数据类型 [存储区域] 标识符 _at_ 地址常数

(1)“数据类型”除了可以使用 int、char、float 等基本类型外，也可以使用数组、结构等构造数据类型。

(2)“存储区域”可以是 Keil C51 编译器能够识别的所有类型，如 idata、data、xdata 等。如果该选项省略，则按编译模式 Small、Compact 或 Large 规定的默认存储方式确定变量的存储区域。

(3)“标识符”为要定义的变量名。

(4)“地址常数”为所定义变量的绝对地址，必须位于有效的存储区域内。

例如

```
int xdata FLAG _at_ 0x8000;
// int 型变量 FLAG 存储在片外 RAM 中，首地址为 0x8000
```

利用关键字“_at_”定义的变量称为“绝对变量”。由于对绝对变量的操作就是对存储区域绝对地址的直接操作，因此在使用绝对变量时应注意以下问题。

(1) 绝对变量必须是全局变量，即只能在函数外部定义。

(2) 绝对变量不能被初始化。

(3) 函数及 bit 型变量不能用“_at_”进行绝对地址定位。

2. 采用存储器指针

利用存储器指针也可以指定变量的绝对存储地址，其方法是先定义一个存储器指针变量，然后对该变量赋以指定存储区域的绝对地址值。

【例 2.13】 利用存储器指针进行变量的绝对地址定位。

```
/*********************************************************************
程序名称：L2-13.c
程序功能：存储器指针的定义与使用
*********************************************************************/
#include <reg51.h>

char xdata TMP _at_ 0x1000;

void main( )
{
    char xdata *cx_ptr;
    char data *cd_ptr;

    cx_ptr = 0x2000;
    cd_ptr = 0x35;

    *cx_ptr = 0xBB;
    *cd_ptr = 0xAA;
    TMP = *cx_ptr;
}
```

在 Keil C51 集成开发环境中，输入上述源程序并命名为 L2-13.c，建立名为 MyProject 的工程并将 L2-13.c 加入其中，编译、链接后进入调试状态，分别打开变量观察对话框、存储器观察对话框。单步运行，在变量观察对话框可以观察到存储器指针所指向的绝对地址及其内容，如图 2.14(a)所示；在存储器观察对话框可以观察到绝对变量 TMP 的内容，如图 2.14(b)所示。

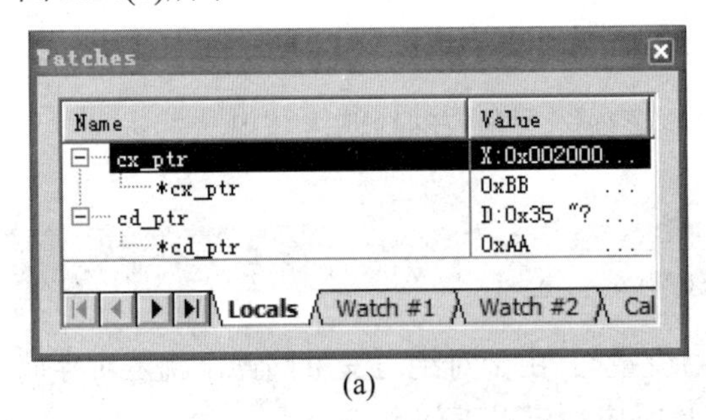

(a)

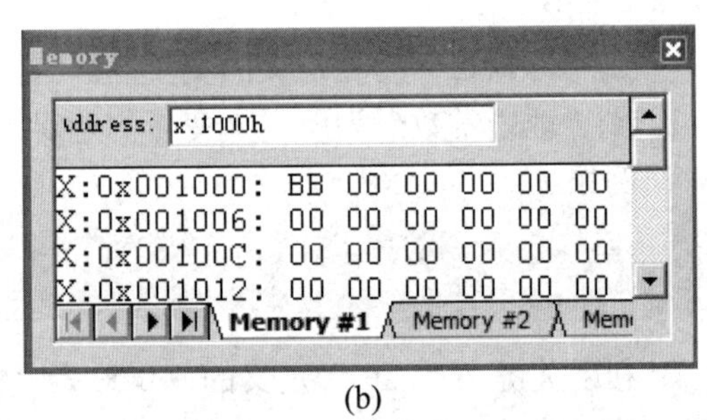

(b)

图 2.14 例 2.13 的单步调试运行结果

2.4 本章小结

(1) 合法的标识符由字母、数字和下划线组成，并且第一个字符必须为字母或下划线。C51 语言的标识符可以分为 3 类：关键字、预定义标识符和用户标识符。

(2) 在程序运行过程中其值始终不变的量称为常量。在 C51 语言中，可以使用整型常量、实型常量、字符型常量。

(3) 在程序运行过程中其值可以改变的量称为变量。存储变量所需的字节数及变量的取值范围，即变量的内在存储方式称为数据类型。为了更加有效地利用 51 系列单片机的内部资源，C51 语言扩展了 4 种基本数据类型，即 bit、sbit、sfr、sfr16。

(4) 凡是合法的表达式都有一个值，即运算结果。当不同的运算符出现在同一表达式中时，运算的先后次序取决于运算符的优先级及运算符的结合性。

(5) 51 系列单片机应用系统的存储器分为 5 个区域：片内程序存储器、片外程序存储器、片内数据存储器、片内特殊功能寄存器、片外数据存储器。针对 51 系列单片机应用系统存储器的结构特点，Keil C51 编译器把数据的存储区域分为 6 种类型：data、bdata、idata、xdata、pdata、code。

(6) C51 语言除了支持 C 语言中的一般指针外，还支持存储器指针。

(7) C51 语言提供了多种访问绝对地址的方法。

2.5 实训：发光二极管流水广告灯

1. 实训目的

(1) 熟悉 Keil μVision2 软件的使用方法。

(2) 熟悉 Proteus ISIS 软件的使用方法。

(3) 掌握利用 Proteus ISIS 与 Keil μVision2 进行单片机应用系统的仿真调试方法。

2. 实训设备

一台装有 Keil μVision2 和 Proteus ISIS 的计算机。

3. 实训原理

实训电路如图 2.15 所示，在单片机 AT89C51 的 P1 口、以共阴极方式连接了 8 个红色 LED 发光二极管 D0～D7，振荡器频率为 12MHz。具体控制要求如下。

(1) 开始，8 个发光二极管全暗。

(2) 延时 1s 后，按 D0→D1→D2→D3→D4→D5→D6→D7 顺序依次点亮 8 个发光二极管，时间间隔为 100ms。

(3) 延时 1s 后，按 D7→D6→D5→D4→D3→D2→D1→D0 顺序依次点亮 8 个发光二极管，时间间隔为 100ms。

(4) 延时 1s 后，按 D0→D2→D4→D6→D1→D3→D5→D7 顺序依次点亮 8 个发光二极管，时间间隔为 100ms。

(5) 延时 1s 后，按 D1→D3→D5→D7→D0→D2→D4→D6 顺序依次点亮 8 个发光二极管，时间间隔为 100ms。

(6) 重复步骤(1)～(5)。

延时可以用空循环来实现，也可以用定时器来实现。由于振荡器频率为 12MHz，所以 1 个机器周期为 1μs 。延时 1s 需要循环 10^6 次，延时 100ms 需要循环 10^5 次。

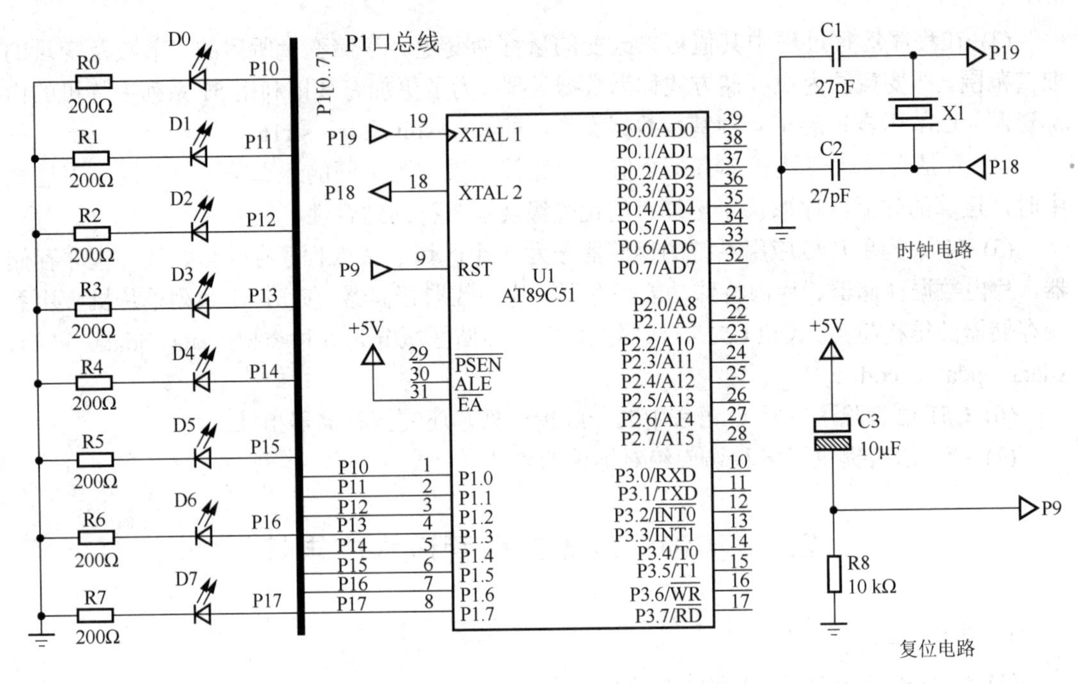

图 2.15 实训电路原理图

4. 实训内容

1) 绘制电路图

在 Proteus ISIS 中绘制图 2.15 所示的电路原理图，通过电气规则检查后，以文件名 ShiXun2 存盘。

2) 编写源程序

按照实训原理要求编写 C51 源程序，以文件名 ShiXun2.c 存盘。参考程序如下：

```
/*********************************************************
程序名称：ShiXun2.c
程序功能：按不同方式点亮接在 P1 口上的 8 个发光二极管
*********************************************************/
#include <reg51.h>

void DelayXs ( unsigned char x );
void Disp( unsigned char * ptr );

unsigned char Disp1[8]={ 0x01,  0x03,  0x07,  0x0F,
                         0x1F,  0x3F,  0x7F,  0x0FF };
unsigned char Disp2[8]={ 0x80,  0x0C0, 0x0E0, 0x0F0,
                         0x0F8, 0x0FC, 0x0FE, 0x0FF };
unsigned char Disp3[8]={ 0x01,  0x05,  0x15,  0x55,
                         0x57,  0x5F,  0x7F,  0x0FF };
unsigned char Disp4[8]={ 0x02,  0x0A,  0x2A,  0x0AA,
                         0x0A3, 0x0AF, 0x0BF, 0x0FF };
/*********************************************************
```

```
函数名称：main( )
函数功能：主函数，控制亮灯方式
调用函数：Disp( unsigned char * ptr),
        DelayXs ( unsigned char x )
*********************************************************/
void main( )
{
    unsigned char *PTR;
    for( ; ; ){
        P1 = 0x00;
        DelayXs( 20 );
        PTR = &Disp1;
        Disp( PTR );

        P1 = 0x00;
        DelayXs( 20 );
        PTR = &Disp2;
        Disp( PTR );

        P1 = 0x00;
        DelayXs( 20 );
        PTR = &Disp3;
        Disp( PTR );

        P1 = 0x00;
        DelayXs( 20 );
        PTR = &Disp4;
        Disp( PTR );
    }
}
/*********************************************************
函数名称：DelayXs ( unsigned char x )
函数功能：x=20，延时 1s；x=1，延时 50ms
*********************************************************/
void DelayXs ( unsigned char x )
{
    unsigned char i, j;
    for( ; x>=1; x-- )
        for( i=200; i>0; i-- )
            for( j=250; j>0; j-- ) ;
}
/*********************************************************
函数名称：Disp( unsigned char * ptr )
函数功能：按指定方式亮灯，时间间隔为 50ms
调用函数：DelayXs ( unsigned char x )
*********************************************************/
void Disp( unsigned char * ptr )
{
    unsigned char k;
```

```
        for( k=0; k<8; k++ )
        {
            P1 = *ptr;
            DelayXs(2);
            ptr++;
        }
    }
```

3) 生成HEX文件

在Keil μVision2中创建名为ShiXun2的工程，将ShiXun2.c添加到工程中，编译、链接，生成ShiXun2.hex文件。

4) 仿真运行

在Proteus ISIS中，打开设计文件ShiXun2，将ShiXun2.hex装入单片机中，启动仿真，观察系统运行效果是否符合设计要求。

5. 思考与练习

(1) C51语言对标识符有哪些规定？

(2) C51语言中的标识符分为几类？在使用时应该注意哪些事项？

(3) C51语言中新增的数据类型有哪些？其功能是什么？

(4) Keil C51编译器把数据的存储区域分为几种类型？分别对应51系列单片机应用系统存储器区域的哪个部分？

(5) 如何使用存储器指针？

(6) C51语言常用的访问绝对地址的方法有哪几种？

(7) 基于图2.15，要求发光二极管的点亮次序(其中D0D7表示同时点亮发光二极管D0、D7)如下：

① D0D7→D1D6→D2D5→D3D4，时间间隔为100ms。

② D3D4→D2D5→D1D6→D0D7，时间间隔为100ms。

应如何修改程序？

6. 心得、建议及创新

(1) 心得：(对自己说的话)____

(2) 建议：(对老师说的话)____

(3) 创新：(基于实训内容，在软、硬件方面的改进)________________________

第 3 章　单片机 C51 语言程序设计基础

教学提示

C51 语言程序是由函数组成的。函数是 C51 语言的基本模块。用 C51 语言设计程序就是编写函数。从来源看，函数可分为用户自定义函数和标准库函数两大类。在一个 C51 语言程序中有且只能有一个名为 main 的主函数。C51 语言程序的执行部分是由语句组成的。程序的各种主要功能都是由语句实现的。C 语言的语句可分为流程控制语句、表达式语句、复合语句、空语句。本章重点介绍 C51 语言中语句的使用方法及 C51 语言中新增的函数类型——中断函数和重入函数。

教学要求

掌握 C51 语言基本语句的使用方法，包括赋值语句、函数调用语句、复合语句、空语句；掌握 C51 语言分支语句的使用方法，包括 if 语句、switch 语句；掌握 C51 语言循环语句的使用方法，包括 while 语句、do－while 语句、for 语句；掌握辅助控制语句 break、continue 的使用方法；理解中断函数和重入函数的使用方法；掌握常用标准库函数的使用方法。

3.1　语句与流程控制

作为结构化程序设计语言的一种，C51 语言同样具有顺序、分支、循环 3 种基本结构，并提供了丰富的可执行语句形式来实现这 3 种基本结构。C51 语言的可执行语句通常分为两大类：基本语句和流程控制语句。

3.1.1　基本语句

基本语句主要用于顺序结构程序的编写，包括赋值语句、函数调用语句、复合语句、空语句等。在 C51 语言中，语句的结束符为分号。

1. 赋值语句

在任何合法的赋值表达式的尾部加上一个分号就构成了赋值语句。赋值语句的一般形式为

变量 = 表达式;

例如，“a=b+c”是赋值表达式，而“a=b+c;”则是赋值语句。

赋值语句的作用是先计算赋值号右边表达式的值，然后将该值赋给赋值号左边的变量。例如

```
unsigned int  a;                // 定义无符号整型变量 a
a = 3 * 5;                      // a 的值为 15
a = 3 * a;                      // a 的值为 45
```

赋值语句是一种可执行语句，应当出现在函数的可执行部分。

2. 函数调用语句

在 C51 语言中，若函数仅进行某些操作而不返回函数值，这时函数的调用可作为一条独立的语句，称为函数调用语句。其一般形式为

函数名(实际参数表)；

例如

```
DelayTime( 10000 );
printf( "hello!\n" );
```

【例 3.1】 从键盘输入一个 3 位整数，将其反向输出。例如，输入 127，输出应为 721。

```
/*********************************************************************
程序名称：L3-1.c
程序功能：演示赋值语句、函数调用语句的使用
*********************************************************************/
#include <reg51.h>
#include <stdio.h>
/*********************************************************************
函数名称：Serial_Init( void )
函数功能：初始化单片机的串行口，以便在 Serial #1 窗口中观察程序运行结果
*********************************************************************/
void Serial_Init( void )
{
    SCON = 0x50;                // 串行口以方式 1 工作
    TMOD |= 0x20;               // 定时器 T1 以方式 2 工作
    TH1 = 0xF3;                 // 波特率为 2400 时 T1 的初值
    TR1 = 1;                    // 启动 T1
    TI = 1;                     // 允许发送数据
}
/*********************************************************************
函数名称：main( void )
函数功能：主函数，从键盘输入一个 3 位整数，将其反向输出
调用函数：Serial_Init( )
*********************************************************************/
void main( void )
{
    int  x, x1, x2, x3;         // x1, x2, x3 分别为 x 的个、十、百位数码
    Serial_Init( );
    printf("please input an integer( 100~999): \n");
    scanf("%d", &x );
    x1=x%10;                    // 求个位数码
    x2=(x%100)/10;              // 求十位数码
    x3=x/100;                   // 求百位数码
```

```
    x=x1*100+x2*10+x3;        // 重新组装
    printf("%0d\n", x );
    while( 1 ) ;              // 原地踏步，等待
}
```

在 Keil μVision2 中建立名为 MyProject 的工程，单片机选择 AT89C51，输入上述程序并以文件名 L3-1.c 存盘。然后将 L3-1.c 添加到 MyProject 中，通过编译、链接后，启动仿真，打开 Serial #1 窗口，全速运行，当 Serial #1 窗口中出现 please input an integer(100～999) :时，在 Serial #1 窗口中输入“123”并按 Enter 键，在 Serial #1 窗口中即可观察到程序运行的结果，如图 3.1 所示。

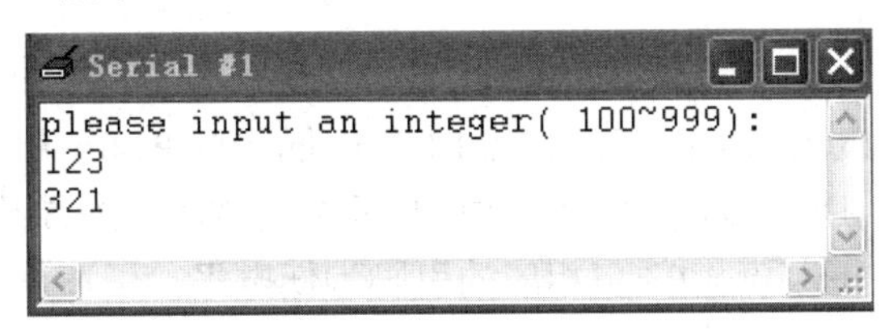

图 3.1　例 3.1 的运行结果

3. 复合语句

在 C51 语言中，把多条语句用一对大括号括起来组成的语句称为复合语句。复合语句又称为“语句块”，其一般格式为

```
{ 语句 1; 语句 2; …; 语句 n;}
```

注意：大括号之后不再加分号。例如:

```
{  LedBuff=0x20;    P1=LedBuff;     DelayTime( 10000 );     }
```

复合语句虽然可由多条语句组成，但它是一个整体，相当于一条语句，凡可以使用单一语句的位置都可以使用复合语句。在复合语句内，不仅可以有执行语句，还可以有变量定义(或说明)语句。

4. 空语句

如果一条语句只有语句结束符号“;”则称为空语句。例如

```
;
```

空语句在执行时不产生任何动作，但仍有一定的作用。例如，预留位置或用来作为空循环体。但是，在程序中随意加分号也会导致逻辑上的错误，需要慎用。

例如，若单片机应用系统的振荡器频率 f_{osc} 为 12MHz，则下面的函数 Delay1s (void) 可延时 1s。

```
void Delay1s ( void )
{
    unsigned char i, j, k;
    for( i=0; i>20; i-- )
        for( i=200; i>0; i-- )
```

```
        for( k=250; k>0; k-- );
}
```

由振荡器频率为12MHz可以计算出1个机器周期为1μs，因此，延时1s需要循环10^6次。

3.1.2 分支语句

C51语言的流程控制语句主要用于编写具有分支结构或循环结构的程序，包括分支语句(if、if-else、if-else-if、switch)、循环语句(while、do-while、for)和辅助控制语句(break、continue)。

本节主要介绍分支语句。为了便于理解，图3.2给出一个用Proteus ISIS绘制的简单的单片机应用系统：单片机采用AT89C51，在P1口的低4位P1.0～P1.3、以共阳极方式连接了4个红色发光二极管(D0～D3)；在P3口的中间4位P3.2～P3.5连接了4个具有锁定功能的按键(K1～K4)，按下某键，P3口相应的引脚为低电平。

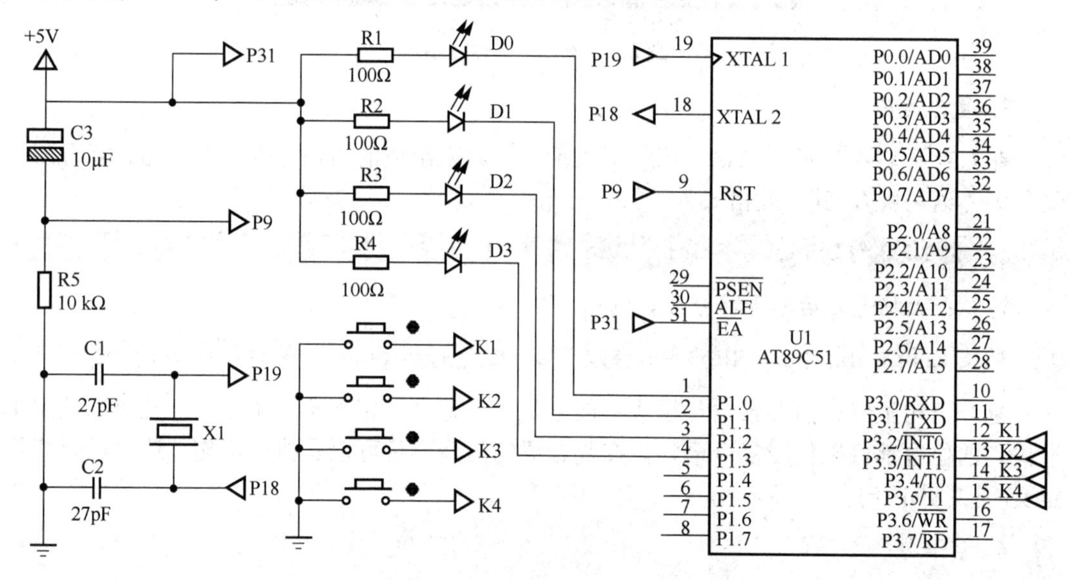

图3.2 简单的单片机应用系统

1. if语句

if语句的一般形式为

```
if ( 表达式 ) 语句;
```

其中，if是C51语言的关键字，表达式两侧的圆括号不可少，最后的语句可以是C51语言任意合法的语句。

图3.3给出了if语句的执行过程：先计算表达式，如果表达式的值为真(非0)，则执行其后的语句；否则，顺序执行if语句后的下一条语句。可见，if语句是一种单分支语句。

【例3.2】 基于图3.2，编写程序实现下列功能：按下K1键，发光二极管全亮；弹起K1键后，发光二极管全灭。

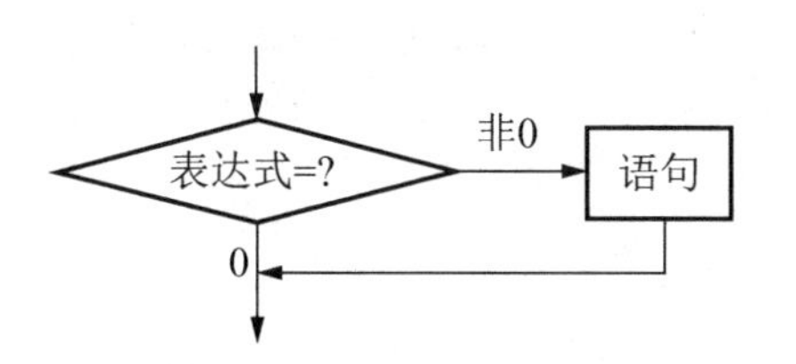

图 3.3　if 语句的执行过程

```
/***********************************************************************
程序名称：L3-2.c
程序功能：演示 if 语句的使用方法
***********************************************************************/
#include <reg51.h>
sbit K1=P3^2;                          // 定义 K1 键接在 P3.2 引脚上
void main( )
{
    while( 1 ){
        P3|=0xc3;                      // 读取 K1 键的键值
        if( K1==0 ) P1=0xF0;           // 如果 K1 键是按下的，则点亮所有发光二极管
        if( K1==1 ) P1=0xFF;           // 如果 K1 键是弹起的，则熄灭所有发光二极管
    }
}
```

将 Keil C51 编译器产生的目标文件 L3-2.hex 写入图 3.2 中的 AT89C51 单片机，在 Proteus ISIS 中可以观察到程序的仿真运行效果。

2. if-else 语句

if-else 语句的一般形式为

```
if( 表达式 )        语句 1;
else                语句 2;
```

其中，语句 1、语句 2 可以是 C51 语言中任意合法的语句。

注意：else 不是一条独立的语句，只是 if 语句的一部分，在程序中 else 必须与 if 配对，共同组成一条 if - else 语句。

图 3.4 给出了 if-else 语句的执行过程：先计算表达式，如果表达式的值为真(非 0)，则执行语句 1；否则，执行语句 2。可见，if-else 语句是一种二分支语句。

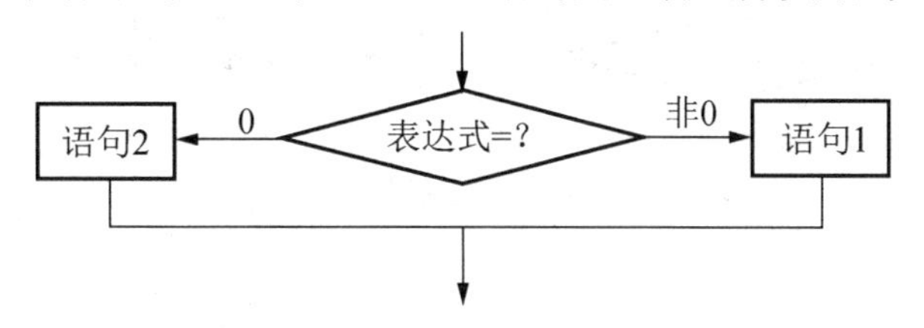

图 3.4　if-else 语句的执行过程

【例 3.3】 基于图 3.2，编写程序实现下列功能：开机后，全部发光二极管全灭；只有当 K1 键与 K2 键同时按下，发光二极管才全亮，否则发光二极管全灭。

```
/*************************************************************************
程序名称：L3-3.c
程序功能：演示 if-else 语句的使用方法
*************************************************************************/
#include <reg51.h>

sbit K1=P3^2;                          // 定义 K1 键接在 P3.2 引脚上
sbit K2=P3^3;                          // 定义 K2 键接在 P3.3 引脚上

void main( )
{
    while( 1 ){
        P3|=0xc3;                      // 读取 K1 键、K2 键的键值
        if( (K1|K2)==0 )P1=0xF0;  // 若 K1 键、K2 键被同时按下，则点亮所有发光二极管
        else             P1=0xFF;  // 否则熄灭所有发光二极管
    }
}
```

将 Keil C51 编译器产生的目标文件 L3-3.hex 写入图 3.2 中的 AT89C51 单片机，在 Proteus ISIS 中可以观察到程序的仿真运行效果。

3. if-else-if 语句

if-else-if 语句的一般形式为

```
if( 表达式 1 )              语句 1;
else if( 表达式 2 )         语句 2;
else                        语句 3;
```

if-else-if 语句又称为嵌套的 if-else 语句，其中，语句 1、语句 2、语句 3 可以是 C51 语言中任意合法的语句。图 3.5 给出了 if-else-if 语句的执行过程。可见，只要一直嵌套下去，if-else-if 语句是可以实现多分支程序设计要求的。

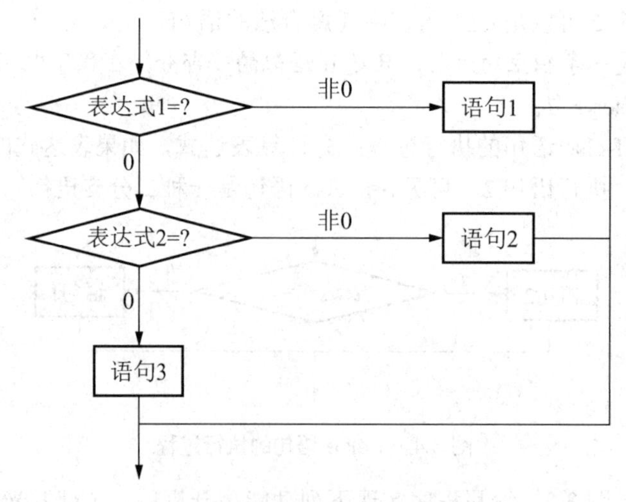

图 3.5 if-else-if 语句的执行过程

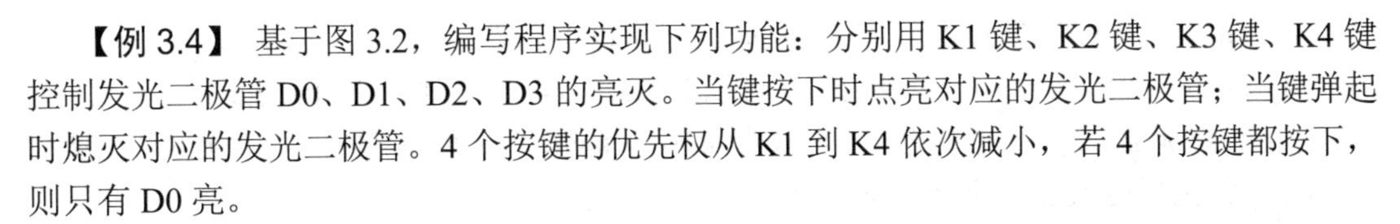

【例 3.4】 基于图 3.2，编写程序实现下列功能：分别用 K1 键、K2 键、K3 键、K4 键控制发光二极管 D0、D1、D2、D3 的亮灭。当键按下时点亮对应的发光二极管；当键弹起时熄灭对应的发光二极管。4 个按键的优先权从 K1 到 K4 依次减小，若 4 个按键都按下，则只有 D0 亮。

```
/*********************************************************************
程序名称：L3-4.c
程序功能：演示 if-else-if 语句的使用方法
*********************************************************************/
#include <reg51.h>

sbit K1=P3^2;                                          // 定义 4 个按键对应的引脚
sbit K2=P3^3;
sbit K3=P3^4;
sbit K4=P3^5;

void main( )
{
    while( 1 ){
        P3|=0xC3;
        if( K1==0 )                        P1=0xFE;    // 按下 K1 键点亮 D0
        else if( K2==0 )                   P1=0xFD;    // 按下 K2 键点亮 D1
              else if( K3==0 )             P1=0xFB;    // 按下 K3 键点亮 D2
                    else if( K4==0 )  P1=0xF7;         // 按下 K4 键点亮 D3
                          else             P1=0xFF;    // 无键按下时熄灭 D0～D3
    }
}
```

将 Keil C51 编译器产生的目标文件 L3-4.hex 写入图 3.2 中的 AT89C51 单片机，在 Proteus ISIS 中可以观察到程序的仿真运行效果。

4. switch 语句

当程序中有多个分支时，可以使用嵌套的 if-else 语句实现，分支越多，if-else 语句嵌套的层数就越多，这不可避免地会使程序变得冗长而且可读性降低。为此，C51 语言提供了 switch 语句直接处理多分支选择。

switch 语句的一般形式为

```
switch ( 表达式 )
{
    case  常量表达式 1 :  语句 1;
    case  常量表达式 2 :  语句 2;
                ⋮
    case  常量表达式 n :  语句 n;
    default :             语句 n+1;
}
```

switch 语句又称为开关语句，在使用时应注意以下几点。

(1) switch 后面括号内的“表达式”可以是C51语言中任意合法的表达式。

(2) case 后面的“常量表达式”的类型必须与 switch 后面括号内的“表达式”的类型相同。各常量表达式的值应该互不相同。

(3) default 代表所有 case 之外的选择。default 可以出现在 switch 语句体中任何标号的位置上，也可以没有或省略。

(4) 语句1～语句 n+1 可以是C51语言中任意合法的语句。必要时，case 标号后的语句可以省略不写。

(5) case 与常量表达式之间一定要有空格。例如，“case 10：”不能写成“case10：”。

switch 语句的执行过程是：首先计算表达式的值，当表达式的值与某一个 case 后面的常量表达式相等时，就执行此 case 后面的所有语句，直到 switch 语句结束；若表达式的值与所有常量表达式的值都不匹配，就执行 default 后面的语句，直到 switch 语句结束，如图3.6所示。

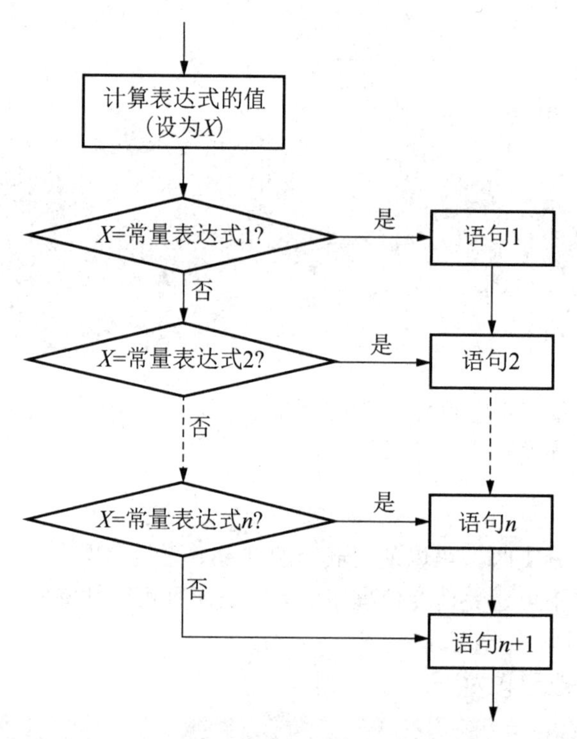

图3.6　switch 语句的执行过程

【例 3.5】 基于图3.2，编写程序实现下列功能：开机后，全部 LED 不亮。发光二极管 D0 的亮灭仅受 K1 键控制，与其他按键无关，即不管其他按键处在什么状态，只要按下 K1 键就点亮 D0，弹起 K1 键 D0 就熄灭。同理，要求 D1 的亮灭仅受 K2 键控制，D2 的亮灭仅受 K3 键控制，D3 的亮灭仅受 K4 键控制。

```
/*********************************************************************
程序名称：L3-5.c
```

```
程序功能：演示 switch 语句的使用方法
*******************************************************************/
#include <reg51.h>

sbit D0=P1^0;                          // 定义发光二极管 D0～D3 所对应的引脚
sbit D1=P1^1;
sbit D2=P1^2;
sbit D3=P1^3;

void main( )
{
    unsigned char KEY;                 // 定义无符号字符型变量 KEY，用于存放键值
    while( 1 ){
        P3|=0xFF;                      // P3 口用于输入时，须先置 1
        KEY=P3;                        // 读 P3 口上的按键状态，即键值
        switch( KEY )
{
            case 0xFB: D0=0;           // 若按下 K1 键则点亮 D0
            case 0xF7: D1=0;           // 若按下 K2 键则点亮 D1
            case 0xEF: D2=0;           // 若按下 K3 键则点亮 D2
            case 0xDF: D3=0;           // 若按下 K4 键则点亮 D3
            default:  P1=0xFF;         // 若无键按下或同时按下多个键，则熄灭 D0～D3
        }
        P1&=0xFF;
    }
}
```

将 Keil C51 编译器产生的目标文件 L3-5.hex 写入图 3.2 中的 AT89C51 单片机，在 Proteus ISIS 中可以观察到程序的仿真运行效果。当按下 K1 键时，D0～D3 被依次点亮，并存在闪烁现象；当按下 K2 键时，D1～D3 被依次点亮，并存在闪烁现象；当按下 K3 键时，D2、D3 被依次点亮，并存在闪烁现象；当按下 K4 键时，D3 被点亮，并存在闪烁现象。可见，程序 L3-5.c 并未达到例 3.5 的设计要求。

5. *在 switch 语句中使用 break 语句*

为了解决例 3.5 中存在的问题，必须在 switch 语句中使用 break 语句，即在每个语句的后面添加一条“break;”语句。break 语句又称为间断语句，其作用是使程序的执行立即跳出 switch 语句，从而使 switch 语句真正起到分支的作用。

使用 break 语句后，switch 语句的一般格式如下：

```
switch ( 表达式 )
{
    case  常量表达式 1:    语句 1;  break;
    case  常量表达式 2:    语句 2;  break;
              ⋮
    case  常量表达式 n:    语句 n;  break;
    default:               语句 n+1;
}
```

使用 break 语句后，switch 语句的执行过程如图 3.7 所示。

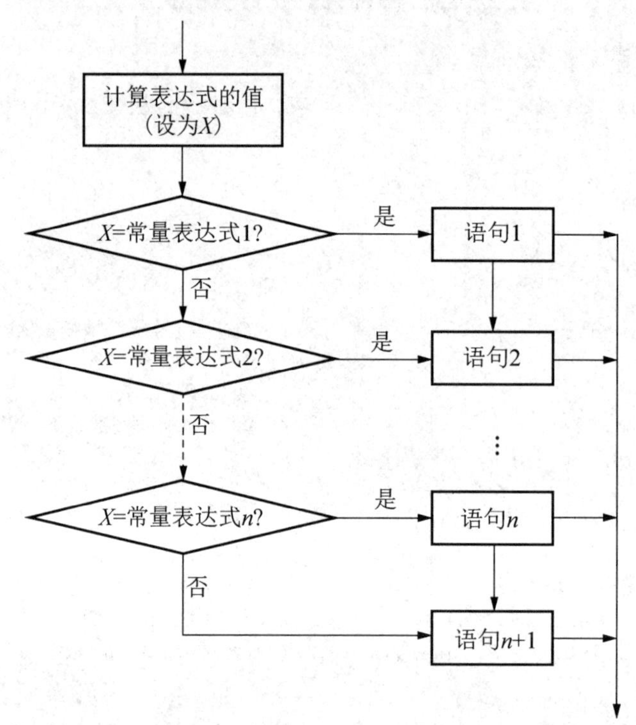

图 3.7 使用 break 语句后 switch 语句的执行过程

【例 3.6】 在 switch 语句中使用 break 语句，对例 3.5 进行改写。

```
/*********************************************************************
程序名称：L3-6.c
程序功能：演示如何在 switch 语句中使用 break 语句
*********************************************************************/
#include <reg51.h>

sbit D0=P1^0;                      // 定义发光二极管 D0～D3 所对应的引脚
sbit D1=P1^1;
sbit D2=P1^2;
sbit D3=P1^3;

void main( )
{
    unsigned char KEY;             // 定义无符号字符型变量 KEY，用于存放键值
    while( 1 ){
        P3|=0xFF;                  // P3 口用于输入时，须先置 1
        KEY=P3;                    // 读 P3 口上的按键状态，即键值
        switch( KEY ){
            case 0xFB: D0=0; break; // 若按下 K1 键则点亮 D0
            case 0xF7: D1=0; break; // 若按下 K2 键则点亮 D1
            case 0xEF: D2=0; break; // 若按下 K3 键则点亮 D2
```

```
            case 0xDF: D3=0; break; // 若按下 K4 键则点亮 D3
            default:  P1=0xFF;       // 若无键按下或同时按下多个键，则熄灭 D0～D3
        }
        P1&=0xFF;
    }
}
```

将 Keil C51 编译器产生的目标文件 L3-6.hex 写入图 3.2 中的 AT89C51 单片机，在 Proteus ISIS 中可以观察到程序的仿真运行效果完全符合设计要求。

3.1.3 循环语句

在程序设计中经常会遇到需要重复执行的操作，如延时、累加、累乘、批量数据传递等，利用循环结构来处理各类重复操作既简单又方便。C51 语言中提供了 3 种语句来实现循环结构，分别是 while 语句、do-while 语句和 for 语句。其中，while 语句又称为“当”型循环，do-while 语句又称为“直到”型循环。

1. while 语句

while 语句的一般形式为

```
while( 表达式 ) 循环体
```

其中，“表达式”可以是 C51 语言中任意合法的表达式，其作用是控制循环体是否执行；“循环体”是循环语句中需要重复执行的部分，可以是一条简单的可执行语句，也可以是用大括号括起来的复合语句。while 语句的执行过程如图 3.8 所示。

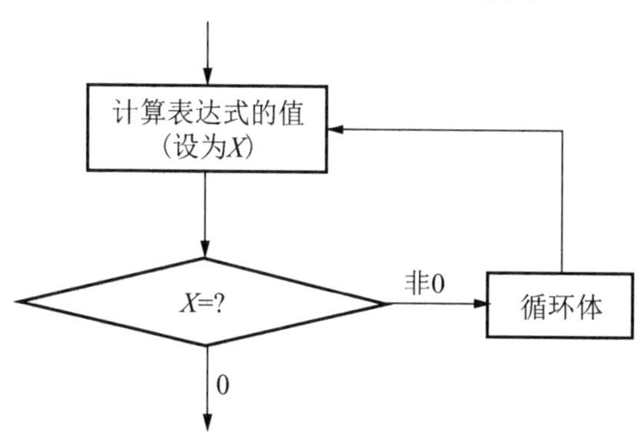

图 3.8 while 语句的执行过程

(1) 计算表达式的值(设为 X)。

(2) 若 X 为非 0，则执行循环体转至步骤(1)；若 X 为 0，则退出 while 循环。

while 语句的特点是：先判断，后执行。

【例 3.7】 基于图 3.2，编写程序实现下列功能：开机后，全部发光二极管不亮；按下 K1 键，D0 闪烁；松开 K1 键，D0 停止闪烁并熄灭。

```
/**********************************************************************
程序名称：L3-7.c
```

```
程序功能：理解、掌握 while 语句的使用方法
*********************************************************************/
#include <reg51.h>

void DelayX( unsigned int x );

sbit D0=P1^0;                  // 定义发光二极管 D0 所对应的引脚
sbit K1=P3^2;                  // 定义按键 K1 所对应的引脚
/*********************************************************************
函数名称：main( )
函数功能：主函数
调用函数：DelayX( unsigned int x )
*********************************************************************/
void main( )
{
    while( 1 ){
        P3|=0xFF;
        while( K1==0 ){        // 若按下 K1 键，D0 闪烁
            D0=!D0;
            DelayX( 1000 ); // 延时 1s
            P3|=0xFF;
        }
        D0=1;                  // 若松开 K1 键，D0 停止闪烁并熄灭
    }
}
/*********************************************************************
函数名称：DelayX( unsigned int x )
函数功能：延时，若 fosc=12MHz，则延时 xms
*********************************************************************/
void DelayX( unsigned int x )
{
    unsigned int y=0;
    while( x>0 ){
        while( y<1000 ) y++;
        x--;
    }
}
```

将Keil C51编译器产生的目标文件L3-7.hex写入图3.2中的AT89C51单片机，在Proteus ISIS中可以观察到程序的仿真运行效果完全符合设计要求。

从程序L3-7.c中可以看出，在使用while 语句时，应注意以下几点。

(1) 要定义循环控制变量，如变量 x、y、K1。

(2) 要确定循环变量的初值、终值、增量(步长)。例如，y 的初值为0，终值为255，步长为1。

(3) 要保证每执行一次循环体，循环控制变量的值按增量向终值靠近一些，即要避免死循环。例如，每循环一次，y 的值加1，逐步向终值靠近。

2. do-while 语句

do-while 语句的一般形式为

```
do  循环体  while( 表达式 ) ;
```

其中，“表达式”可以是 C51 语言中任意合法的表达式，其作用是控制循环体是否执行；“循环体”可以是 C51 语言中任意合法的可执行语句；最后的“;”不可丢，表示 do-while 语句结束。do-while 语句的执行过程如图 3.9 所示。

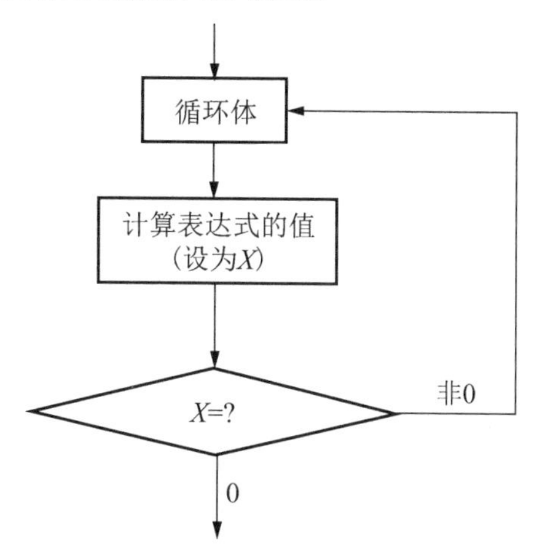

图 3.9　do-while 语句的执行过程

(1) 执行循环体中的语句。

(2) 计算表达式的值(设为 X)。若 X 为非 0，则转步骤(1)；若 X 为 0，则退出 while 循环。

do-while 语句的特点是：先执行，后判断。

【例 3.8】 基于图 3.2 编写程序，用 do-while 语句实现例 3.7 的功能。

```
/*********************************************************************
程序名称：L3-8.c
程序功能：理解、掌握 do-while 语句的使用方法
*********************************************************************/
#include <reg51.h>

void DelayX( unsigned int x );

sbit D0=P1^0;                    // 定义发光二极管 D0 所对应的引脚
sbit K1=P3^2;                    // 定义按键 K1 所对应的引脚
/*********************************************************************
函数名称：main( )
函数功能：主函数
调用函数：DelayX( unsigned int x )
*********************************************************************/
void main(  )
{
```

```
    do{
        P3|=0xFF;
        do{
            if( K1==0 ) D0=!D0;      // 若按下 K1 键，D0 闪烁
            else D0=1;               // 若松开 K1 键，D0 熄灭
            DelayX( 1000 );          // 延时 1000ms
            P3|=0xFF;
        }while( K1==0 );             // 若松开 K1 键，D0 停止闪烁
    }while( 1 );
}
/*************************************************************************
函数名称：DelayX( unsigned int x )
函数功能：延时。若 fosc=12MHz，则延时 xms
*************************************************************************/
void DelayX( unsigned int x )
{
    unsigned int y=0;
    do{
        do y++; while( y<1000 );
        x--;
    }while( x>0 );
}
```

将 Keil C51 编译器产生的目标文件 L3-8.hex 写入图 3.2 中的 AT89C51 单片机，在 Proteus ISIS 中可以观察到程序的仿真运行效果完全符合设计要求。

3. for 语句

for 语句的一般形式为

```
for( 表达式 1; 表达式 2; 表达式 3 )    循环体
```

其中，“表达式 1”“表达式 2”“表达式 3”可以是 C51 语言中任意合法的表达式，3 个表达式之间用“;”隔开，其作用是控制循环体是否执行；循环体可以是 C51 语言中任意合法的可执行语句。

for 语句的典型应用形式为

```
for( 循环变量初值; 循环条件; 循环变量增值 )    循环体
```

for 语句的执行过程如图 3.10 所示。

(1) 计算表达式 1 的值。

(2) 计算表达式 2 的值(设为 X)。若 X 为非 0，转至步骤(3)；若 X 为 0，转至步骤(5)。

(3) 执行一次循环体。

(4) 计算表达式 3 的值，转至步骤(2)。

(5) 结束循环，执行 for 循环之后的语句。

在使用 for 语句时应注意以下两点。

(1) for 语句中的表达式可以部分或全部省略，但两个“;”不可省略。例如

```
for( ; ; )  D0= !D0;
```

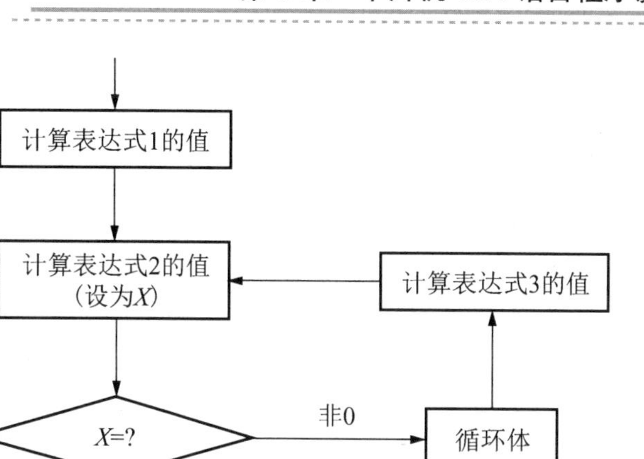

图 3.10　for 语句的执行过程

3 个表达式均被省略，因缺少条件判断，循环将会无限制地执行，形成无限循环(通常称为死循环)。

(2) 所谓省略，只是在 for 语句中的省略。实际上是把所需表达式放在 for 的循环体中或 for 的语句前面。例如，下面几种 for 语句的表达方式是等价的。

表达方式 1(正常情况)：

```
sum=0;
for( i=1;i<=100;i++ )       sum+=I;
```

表达方式 2（省略表达式 1）：

```
sum=0;
i=1 ;
for(      ;i<=100;i++ )       sum+=i;
```

表达方式 3（省略表达式 3）：

```
sum=0;
for( i=1;i<=100;      )       { sum+=i;i++ ;}
```

表达方式 4（省略表达式 1 和表达式 3）：

```
sum=0;
i=1;
for(      ;i<=100;      )       { sum+=i;i++ ;}
```

【例 3.9】 基于图 3.2 编写程序，用 for 语句实现例 3.7 的功能。

```
/**********************************************************************
程序名称：L3-9.c
程序功能：理解、掌握 for 语句的使用方法
**********************************************************************/
#include <reg51.h>
```

```
void DelayX( unsigned int x );

sbit D0=P1^0;             // 定义发光二极管 D0 所对应的引脚
sbit K1=P3^2;             // 定义按键 K1 所对应的引脚
/*********************************************************************
函数名称：main( )
函数功能：主函数
调用函数：DelayX( unsigned int x )
*********************************************************************/
void main( )
{
    for( ; ; ){            // 若按下 K1 键，D0 闪烁；若松开 K1 键，D0 停止闪烁并熄灭
        P3|=0xFF;
        for( ; K1==0; ){
            D0=!D0;
            DelayX( 10000 );
            P3|=0xFF;
        }
        D0=1;
    }
}
/*********************************************************************
函数名称：DelayX( unsigned int x )
函数功能：延时。若 fosc=12MHz，则延时 xms
*********************************************************************/
void DelayX( unsigned int x )
{
    unsigned int y=0;
    do{
        do y++; while( y<1000 );
        x--;
    }while( x>0 );
}
```

将 Keil C51 编译器产生的目标文件 L3-9.hex 写入图 3.2 中的 AT89C51 单片机，在 Proteus ISIS 中可以观察到程序的仿真运行效果完全符合设计要求。

4. 循环的嵌套

在一个循环体内又完整地包含了另一个循环称为循环嵌套。前面介绍的 3 种循环都可以互相嵌套，循环的嵌套可以有多层，但每一层循环在逻辑上必须是完整的。

在编写程序时，嵌套循环的书写要采用缩进形式，使程序层次分明，例如：

```
for( i=1;i<=10;i++ )                    // 外层循环
{
        ...
    for( j=1;j<=10;j++ )                // 中层循环
    {
```

```
            ...
        for( k=1;k<=10;k++ )            // 内层循环
        {
        循环语句
        }
            ...
    }
        ...
}
```

在进行循环嵌套时，应注意以下几点。

(1) 内外循环的循环变量不应相同。

(2) 内外循环不应交叉。

(3) 只能从循环体内转移到循环体外，反之不行。

【例 3.10】 利用双层循环输出 9×9 乘法表。

```
/*********************************************************
程序名称：L3-10.c
程序功能：演示循环嵌套的使用方法
*********************************************************/
#include <reg51.h>
#include <stdio.h>

void Serial_Init( );
/*********************************************************
函数名称：main( )
函数功能：主函数，以下三角形式输出 9×9 乘法表
调用函数：Serial_Init( )
*********************************************************/
void main( )
{
    int  i, j;                          // 定义循环控制变量
    Serial_Init( );
    for( i=1; i<10; i++ ) {
          for( j=1; j<=i; j++ )   printf( "%5d", i*j );
          printf( "\n" );
    }
    while( 1 ) ;                        // 原地踏步，等待
}
/*********************************************************
函数名称：Serial_Init( )
函数功能：初始化单片机的串行口，以便在 Serial #1 窗口中观察程序运行结果
*********************************************************/
void Serial_Init( )
{
    SCON = 0x50;                        // 串行口以方式 1 工作
    TMOD |= 0x20;                       // 定时器 T1 以方式 2 工作
    TH1 = 0xF3;                         // 波特率为 2400 时 T1 的初值
```

```
    TR1 = 1;                                // 启动T1
    TI = 1;                                 // 允许发送数据
}
```

在Keil μVision2中建立名为MyProject的工程，单片机选择AT89C51，输入上述程序并以文件名L3-10.c存盘。然后将L3-10.c添加到MyProject中，通过编译、链接后，启动仿真，打开Serial #1窗口，全速运行，在Serial #1窗口中即可观察到程序运行的结果，如图3.11所示。

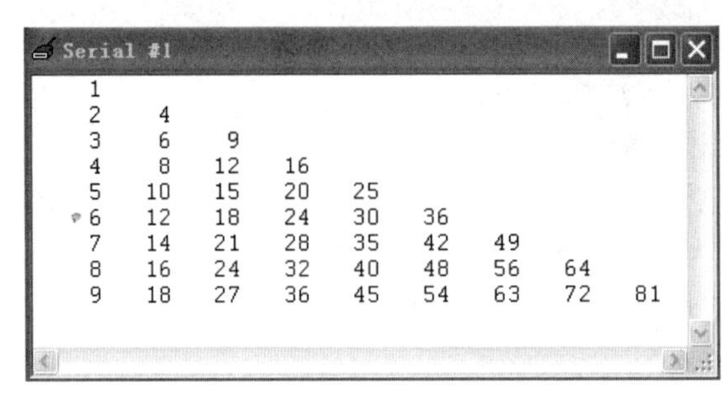

图3.11　例3.10的运行结果

5. 几种循环的比较

(1) 3种循环可相互替代处理同一问题。

(2) do-while循环至少执行一次循环体，而while及for循环则不然。

(3) while及do-while循环多用于循环次数不可预知的情况，而for循环多用于循环次数可以预知的情况。

3.1.4　辅助控制语句

在循环过程中，有时不一定要执行完所有的循环后才终止，每次循环也不一定要执行完循环体中的所有语句，可能在一定的条件下跳出循环或进入下一轮循环。

为了方便对程序流程的控制，除了前面介绍的流程控制语句外，C51语言还提供了两种辅助控制语句：break和continue语句。

1. break语句

break语句的一般形式为

```
break;
```

break语句的功能是：①终止所在的switch语句；②跳出本层循环体，从而提前结束本层循环。

【例3.11】 求其平方数小于100的所有整数。

```
/**********************************************************************
程序名称：L3-11.c
程序功能：演示break语句的使用方法
**********************************************************************/
#include <reg51.h>
```

```
#include <stdio.h>

void Serial_Init( );
/***********************************************************************
函数名称：main( )
函数功能：主函数，演示 break 语句的使用方法
调用函数：Serial_Init( )
***********************************************************************/
void main( )
{
    int  i, j;
    Serial_Init( );
    for( i=1; i<=40; i++ ){
        j=i*i;
          if( j>=100 )    break;
        printf("%d", i );
    }
    printf( "\n-----end-----" );
    while( 1 ) ;                     // 原地踏步，等待
}
/***********************************************************************
函数名称：Serial_Init( )
函数功能：初始化单片机的串行口，以便在 Serial #1 窗口中观察程序运行结果
***********************************************************************/
void Serial_Init( )
{
    SCON = 0x50;                     // 串行口以方式 1 工作
    TMOD |= 0x20;                    // 定时器 T1 以方式 2 工作
    TH1 = 0xF3;                      // 波特率为 2400 时 T1 的初值
    TR1 = 1;                         // 启动 T1
    TI = 1;                          // 允许发送数据
}
```

在 Keil μVision2 中建立名为 MyProject 的工程，单片机选择 AT89C51，输入上述程序并以文件名 L3-11.c 存盘。然后将 L3-11.c 添加到 MyProject 中，通过编译、链接后，启动仿真，打开 Serial #1 窗口，全速运行，在 Serial #1 窗口中即可观察到程序运行的结果，如图 3.12 所示。

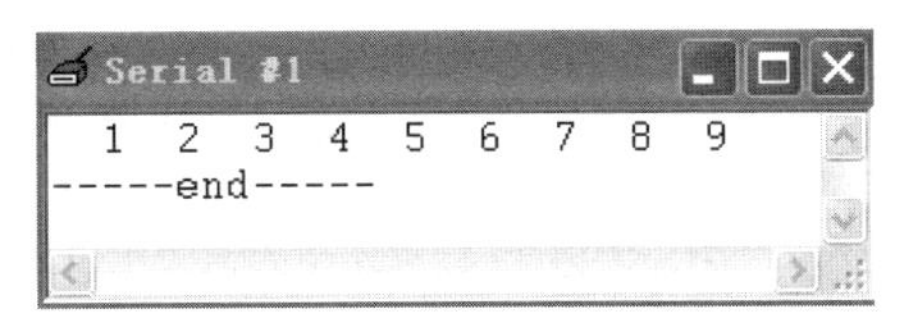

图 3.12　例 3.11 的运行结果

2. continue 语句

continue 语句的一般形式为

```
continue;
```

continue 语句的功能是：用于循环体内结束本次循环，接着进行下一次循环的判定。

【例 3.12】 求 1～100 之间不能被 3 整除的数。

```
/*********************************************************************
程序名称：L3-12.c
程序功能：演示 continue 语句的使用方法
********************************************************************/
#include <reg51.h>
#include <stdio.h>

void Serial_Init( );
/*********************************************************************
函数名称：main(  )
函数功能：主函数，演示 continue 语句的使用方法
调用函数：Serial_Init( )
*********************************************************************/
void main(  )
{
    int  i, j=0;
    Serial_Init( );
    for( i=1; i<=200; i++)  {
        if( i%3==0 )  continue;
        printf("%d", i );
        if( ++j % 10 == 0 )   printf("\n"); // 每行输出 10 个数
    }
    while( 1 ) ;                                // 原地踏步，等待
}
/*********************************************************************
函数名称：Serial_Init(  )
函数功能：初始化单片机的串行口，以便在 Serial  #1 窗口中观察程序运行结果
*********************************************************************/
void Serial_Init(  )
{
    SCON = 0x50;                                // 串行口以方式 1 工作
    TMOD |= 0x20;                               // 定时器 T1 以方式 2 工作
    TH1 = 0xF3;                                 // 波特率为 2400 时 T1 的初值
    TR1 = 1;                                    // 启动 T1
    TI = 1;                                     // 允许发送数据
}
```

在 Keil μVision2 中建立名为 MyProject 的工程，单片机选择 AT89C51，输入上述程序并以文件名 L3-12.c 存盘。然后将 L3-12.c 添加到 MyProject 中，通过编译、链接后，启动仿真，打开 Serial #1 窗口，全速运行，在 Serial #1 窗口中即可观察到程序运行的结果，如图 3.13 所示。

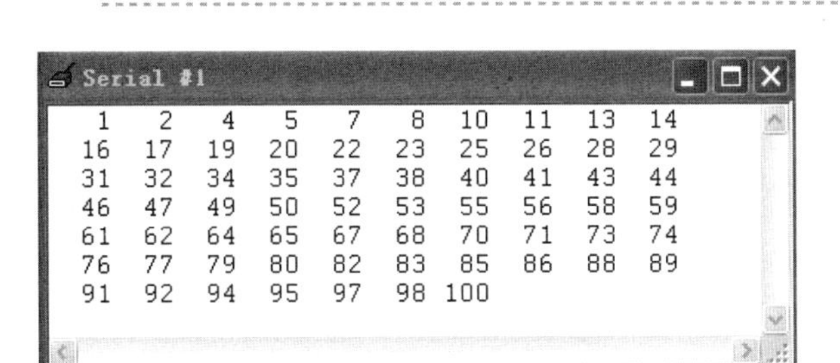

图 3.13　例 3.12 的运行结果

3.2　函　　数

从前面的程序举例中可以看出，C51 语言程序是由一个个函数构成的。所谓函数，是指可以被其他程序调用的具有特定功能的一段相对独立的程序。引入函数的主要目的有两个：一是为了解决代码的重复，二是结构化模块化编程的需要。

C51 语言中函数定义的一般格式如下：

```
    [return_type] funcname([args])[{small | compact | large}] [reentrant]
[interrupt n][using n]
    {
        局部变量定义
        可执行语句
    }
```

其中，大括号以外的部分称为函数头；大括号以内的部分称为函数体。如果函数体内无语句，则称之为空函数。空函数不执行任何操作，定义它的目的只是为了以后程序功能的扩充。函数头中各部分的含义如下。

(1) return_type：函数返回值的类型，即函数类型(默认为 int)。

(2) funcname：函数名。在同一程序中，函数名必须唯一，并符合标识符的命名规则。

(3) args：函数的参数列表。参数可有可无。若有，则称之为有参函数，各参数之间要用“,”分隔；若无，则称之为无参函数。

(4) small、compact 或 large：指定函数的存储模式。

(5) reentrant：指定函数是递归的或可重入的。

(6) interrupt *n*：指定函数是一个中断函数。*n* 为中断源的编号(0～4)。

(7) using *n*：指定函数所用的工作寄存器组。*n* 为工作寄存器组的编号(0～3)。

从函数的定义格式可以看出，C51 语言在 4 个方面对标准 C 语言的函数进行了扩展：指定函数的存储模式，指定函数是可重入的，指定函数是一个中断函数，指定函数所用的工作寄存器组。

用 C51 语言设计程序，就是编写函数。在构成 C51 语言设计程序的若干个函数中，有且仅有一个是主函数 main( )。因为 C51 语言程序的执行都是从 main( )函数开始的，也是在 main( ) 函数中结束整个程序运行的，其他函数只有在执行 main( )函数的过程中被调用才能被执行。

同变量一样，函数也必须先定义后使用。所有函数在定义时都是相互独立的，一个函数中不能再定义其他函数，但可以相互调用。函数调用的一般规则是：主函数可以调用其他普通函数，普通函数之间可以相互调用，普通函数不能调用主函数。

从用户使用的角度看，函数可以分成两大类：标准库函数和用户自定义函数。下面重点介绍C51语言中新增的中断函数、重入函数和常用的标准库函数。

3.2.1 中断函数

51系列单片机通常有5个中断源，为了方便使用，C51语言对它们进行了编号，见表3-1。当CPU正在执行一个特定任务时，可能有更紧急的事情需要CPU处理，这就涉及中断优先级。高优先级中断可以中断正在处理的低优先级中断程序，因此最好给每种不同优先级程序分配不同的工作寄存器组，以达到压栈保护的目的。

表3-1 51系列单片机的中断源及其编号

编　号	中　断　源	入口地址
0	外部中断0	0003H～000AH
1	定时器/计数器0溢出中断	000BH～0012H
2	外部中断1	0013H～001AH
3	定时器/计数器1溢出中断	001BH～0022H
4	串行口中断	0023H～002AH

中断函数的定义格式如下：

```
函数类型  函数名( ) interrupt 中断编号  using 工作寄存器组编号
{
    可执行语句
}
```

例如，下列程序片段为定时器/计数器0的中断服务程序，指定使用第2组工作寄存器。

```
⋮
unsigned int CNT1;
unsigned char CNT2;
    ⋮
void Timer( ) interrupt 1 using 2
{
    if( ++CNT1==1000 ){            // CNT1 计数到 1000
            CNT2++;                // CNT2 开始计数
            CNT1=0;                // CNT1 清零
    }
}
```

在编写51系列单片机中断函数时，应特别注意以下几点。

(1) 中断函数为无参函数，即不能在中断函数中定义任何变量，否则将导致编译错误。

(2) 中断函数没有返回值，即应将中断函数定义为void类型。

(3) 中断函数不能直接被调用，否则将导致编译错误。

(4) 中断函数使用浮点运算时要保存浮点寄存器的状态。

(5) 如果在中断函数中调用了其他函数，则被调用函数所使用的寄存器组必须与中断函数相同。

(6) 由于中断的产生不可预测，中断函数对其他函数的调用可能形成递归调用，必要时可将被中断函数调用的其他函数定义成重入函数。

有关 51 系列单片机的中断控制及中断函数编写，将在第 4 章详细讲述。

3.2.2 重入函数

在主函数和中断函数中都可调用的函数容易产生问题。51 系列单片机一般使用寄存器传递函数参数，局部变量一般存放在片内 RAM 中。由于片内 RAM 的容量很小(只有 128B)，函数重入时会破坏或覆盖上次调用的数据。为此，C51 语言提供了关键字 reentrant，用于将相应的函数指定为可重入函数。所谓重入函数，是指可以在函数体内间接调用其自身的函数。

重入函数可以被递归调用和多重调用，而不用担心变量被覆盖，因为每次函数调用中的局部变量都会被单独保存起来。重入函数的定义格式如下：

```
函数类型  函数名( 形参列表 )   reentrant
{
        局部变量说明
        可执行语句
}
```

【例 3.13】 重入函数的定义与使用。

```
/*****************************************************************
程序名称：L3-13.c
程序功能：演示中断函数、重入函数的使用方法
*****************************************************************/
#include <reg51.h>
#define uchar unsigned char
#define uint unsigned int
// 普通函数
void RIfunc( uint X, uchar Y )
{
    X++;
    Y++;
}
// 中断函数
void Int0( ) interrupt 0 using 2
{
    RIfunc( 5, 2 );                     // 在中断函数中调用 RIfunc( )
}
// 主函数
void  main( )
{
```

```
    EA=1;
    EX0=1;
    for( ; ; )  RIfunc( 4, 2 );         // 在主函数中调用 RIfunc( )
}
```

在 Keil C51 集成开发环境中，输入上述源程序并命名为 L3-13.c，建立名为 MyProject 的工程并将 L3-13.c 加入其中，编译、链接后得到的结果如图 3.14 所示。

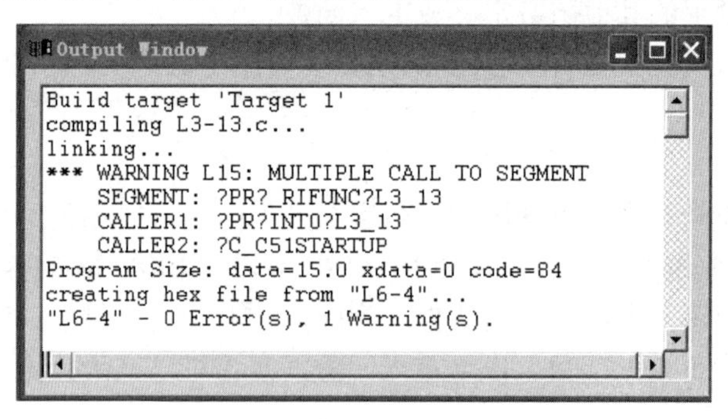

图 3.14　例 3.13 编译和链接的结果

从图 3.14 中可以看出，程序 L3-13.c 存在一个多重调用(MULTIPLE CALL)的链接警告，即普通函数 RIfunc( )有可能被中断函数 Int0( )和主函数 main( )同时调用。解决这个问题的方法是，用关键字 reentrant 将普通函数 RIfunc( )声明为可重入函数。修改后的 RIfunc( )函数如下：

```
void RIfunc( uint X, uchar Y )  reentrant using 2  // 重入函数
{
    X++;
    Y++;
}
```

通过上述修改，即可消除图 3.14 所示的多重调用链接警告。

3.2.3　标准库函数

所谓标准库函数，是指由编译系统提供的、用户可以直接调用的函数。在程序设计中，多使用库函数使程序代码简单，结构清晰，易于调试和维护。根据 51 系列单片机本身的特点，C51 语言编译系统在 C 语言的基础上又扩展了以下几种库函数。

(1) C51S.LIB：Small 模式，无浮点运算。

(2) C51FPS.LIB：Small 模式，有浮点运算。

(3) C51C.LIB：Compact 模式，无浮点运算。

(4) C51FPC.LIB：Compact 模式，有浮点运算。

(5) C51L.LIB：Large 模式，无浮点运算。

(6) C51FPL.LIB：Large 模式，有浮点运算。

每个库函数都在相应的头文件中给出了函数原型声明。在使用库函数时，必须在源程序的开头处用预处理命令#include 将有关的头文件包含进来，例如

```
#include <reg51.h>
#include <stdio.h>
…
void main( ){ … }
```

值得注意的是，C51 语言中的某些库函数的参数和调用格式与标准 C 语言有所不同，如 isdigit( )函数的返回值类型是 bit 而不是 int。在 C51 语言中，调用标准库函数的方式有以下两种。

(1) 作为表达式的一部分。例如，求 $y=|x|+3$ 可以通过调用 abs( ) 函数来实现

```
y=abs( x ) + 3;
```

(2) 作为独立的语句完成某种操作。例如

```
printf("*****\n");
```

可以在标准输出设备上输出一行 5 个连续的“*”号。

Keil C51 提供了相当丰富的标准库函数，并把它们分门别类地归属到不同的头文件中，见表 3-2。标准库函数的原型、功能描述、返回值、重入属性及应用举例在 Keil C51 集成开发环境提供的帮助文档中均可以查到。

表 3-2　常用的标准库函数及其分类

函数名称	函数类型	所属的头文件
isalnum, isalpha, iscntrl, isdigit, isgraph, islower, isprint, ispunct, isspace, isupper, isxdigit, toascii, toint, tolower, toupper, _tolower, _ toupper	字符函数	ctype.h
_getkey, getchar, gets, ungetchar, putchar, printf, sprintf, puts, scanf, sscanf, vprintf, vsprintf	标准 I/O 函数	stdio.h
memchr, memcmp, memcpy, memccpy, memmove, memset, strcat, strncat, strcmp, strncmp, strcpy, strncpy, strlen, strstr, strchr, strrchr, strspn, strcspn, strpbrk, strrpbrk	字符串函数	string.h
atof, atoll, atoi, calloc, free, init_mempool, malloc, realloc, rand, srand, strtod, strtol, strtoul	标准函数	stdlib.h
abs, cabs, fabs, labs, exp, log, log10, sqrt, cos, sin, tan, acos, asin, atan, atan2, cosh, sinh, tanh, ceil, floor, modf, pow	数学函数	math.h
chkfloat, _crol_, _irol_, _lrol_, _cror_, _iror_, _lror, _nop_, _testbit_	内部函数	intrins.h

下面以数学类库函数 abs( )为例，说明查阅标准库函数的方法，具体步骤如下。

(1) 在 Keil C51 集成开发环境下，单击工程管理器中的 Books 标签，即可看到 Keil C51 提供的帮助文档，如图 3.15 所示。

(2) 在图 3.15 所示的界面中，双击 C51 库函数(C51 Library Functions)选项，打开 C51 库函数帮助窗口，如图 3.16 所示。

图 3.15　Keil C51 的帮助文档

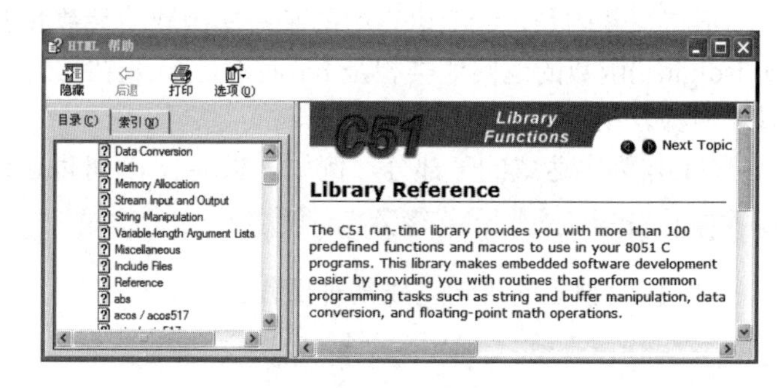

图 3.16　Keil C51 库函数的帮助窗口

(3) 在图 3.16 的左侧窗口找到 abs 并单击，则在图 3.16 的右侧窗口中可以看到有关库函数 abs( )的介绍内容，包括该函数所属的头文件、函数原型、功能描述、重入属性及应用举例等，如图 3.17 所示。

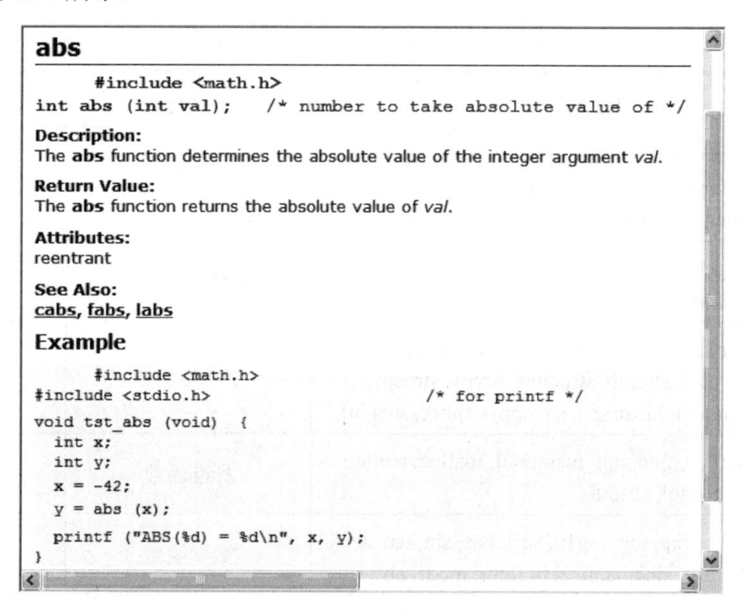

图 3.17　库函数 abs( )的帮助文档

限于篇幅，对 Keil C51 的标准库函数在此不一一进行介绍，感兴趣的读者可以参阅有关的专业书籍。下面通过几个实例，重点介绍如何在程序中引用标准库函数及如何观察它们的运行效果。

【例 3.14】 标准输出函数 printf( )的使用。

```
/*******************************************************************
程序名称：L3-14.c
```

```
程序功能：演示标准输出函数 printf( )的使用
***************************************************************/
#include <reg51.h>
#include <stdio.h>
/***************************************************************
函数名称：tst_printf ( void )
函数功能：通过输出 C51 中不同类型的变量，演示 printf( )函数的使用方法
***************************************************************/
void tst_printf ( void )
{
    char a = 1;                             // a 为字符型变量
    int  b = 12365;                         // b 为基本整型变量
    long c = 0x7FFFFFFF;                    // c 为长整型变量
    unsigned char x = 'A';                  // x 为无符号字符型变量
    unsigned int  y = 54321;                // y 为无符号基本整型变量
    unsigned long z = 0x4A6F6E00;           // z 为无符号长整型变量
    float f = 10.0, g = 22.95;              // f、g 为实型变量
    char buf [ ] = "Test String";           // buf 为字符数组
    char *p = buf;                          // p 为指针变量

    printf( "char: %bd, int: %d, long: %ld\n", a, b, c );
    printf( "Uchar: %bu, Uint: %u, Ulong: %lu\n", x, y, z );
    printf( "xchar: %bx, xint: %x, xlong: %lx\n", x, y, z );
    printf( "String \"%s\" is at address %p\n", buf, p );
    printf( "%f != %g\n", f, g );
}
/***************************************************************
函数名称：main( )
函数功能：主函数，串行口工作状态初始化
调用函数：tst_printf ( )
***************************************************************/
void main( )
{
    SCON = 0x50;                            // 串行口：工作模式 1
    TMOD |= 0x20;                           // 定时器 T1：工作模式 2
    TH1 = 0xF3;                             // 波特率为 2400 时 T1 的初值
    TR1 = 1;                                // 启动 T1
    TI = 1;                                 // 允许发送数据

    tst_printf( );
}
```

由于标准 I/O 库函数一般是通过 51 系列单片机串行接口工作的，因此，在调用 printf( ) 函数之前，要先对 51 系列单片机的串行口工作状态进行初始化。

在 Keil C51 集成开发环境中，输入上述源程序并命名为 L3-14.c，建立名为 MyProject 的工程并将 L3-14.c 加入其中，编译、链接后进入调试状态，执行菜单命令 View→Serial Window #1 或单击按钮打开串行窗口。全速运行，即可看到如图 3.18 所示的运行结果。

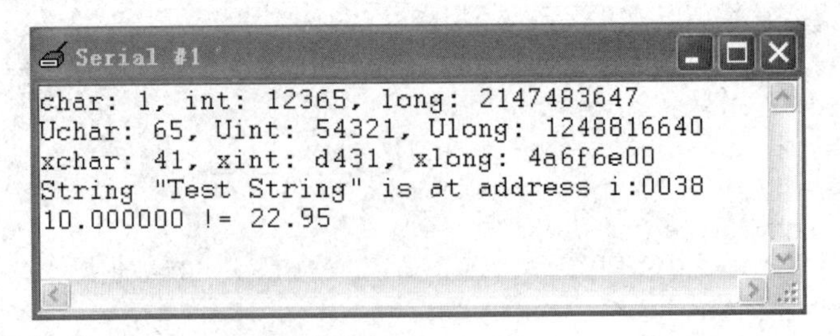

图 3.18　例 3.14 的运行结果

【例 3.15】 字符串复制函数 strcpy( )、字符串合并函数 strcat( )的使用。

```
/**************************************************************
程序名称：L3-15.c
程序功能：演示字符串复制函数、字符串合并函数的使用
**************************************************************/
#include <reg51.h>
#include <stdio.h>
#include <string.h>
/**************************************************************
函数名称：tst_printf ( void )
函数功能：通过字符数组，演示 strcpy( )、strcat( )函数的使用方法
**************************************************************/
void tst_strcpy ( void )
{
    char buf [32];                    // buf 为字符数组
    char s [ ] = "Test String";      // s 为字符数组

    strcpy ( buf, s );               // 将 s 中的内容复制到 buf 中
    strcat ( buf, " is Beijing 2008." );
    // 将字符串 "is Beijing 2008." 合并到 buf 的尾部

    printf ( "New string is \"%s\"\n", buf );
}
/**************************************************************
函数名称：main( )
函数功能：主函数，串行口工作状态初始化
调用函数：tst_strcpy( )
**************************************************************/
void main( )
{
    SCON = 0x50;                      // 串行口：工作模式 1
    TMOD |= 0x20;                     // 定时器 T1：工作模式 2
    TH1 = 0xF3;                       // 波特率为 2400 时 T1 的初值
    TR1 = 1;                          // 启动 T1
    TI = 1;                           // 允许发送数据

    tst_strcpy( );
}
```

字符串函数通常接收指针串作为输入值，在本例中使用了字符数组 buf。由于 51 系列单片机片内数据存储器的容量较小(只有 128B)，因此，当在程序中使用了大容量数组时，必须重新设置工程的存储模式，否则程序在运行时会出现如下错误：

```
Load "E:\\work_KeilC51\\MyProject"
*** error 65: access violation at C:0x2D00 : no 'execute/read' permission
```

在 Keil C51 集成开发环境中，输入上述源程序并命名为 L3-15.c，建立名为 MyProject 的工程并将 L3-15.c 加入其中，将工程的存储模式由默认的 Small 改为 Large，编译、链接后进入调试状态，执行菜单命令 View→Serial Window #1 或单击按钮打开串行窗口。全速运行，即可看到如图 3.19 所示的运行结果。

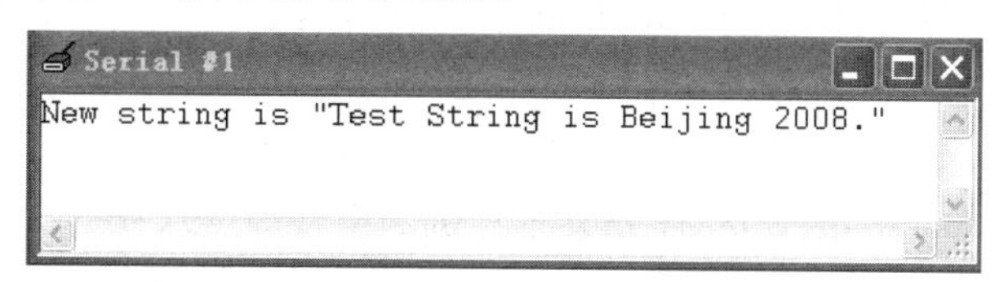

图 3.19　例 3.15 的运行结果

【例 3.16】 标准输入函数 scanf( )的使用。

```
/************************************************************
程序名称：L3-16.c
程序功能：演示标准输入函数 scanf( )的使用
************************************************************/
#include <reg51.h>
#include <stdio.h>
/************************************************************
函数名称：tst_printf ( void )
函数功能：演示 scanf( )函数的使用方法
************************************************************/
void tst_scanf( void )
{
    char d, buf [10];         // d、buf 分别用于存储输入的字符和字符串
    int args_read;            // 用于接收 scanf( )函数的返回值

    printf ( "Enter a character and a string: \n" );
    args_read = scanf( "%c %9s", &d, buf );// 字符串长度要小于 9
    printf ("%d arguments are read.
            \n The content is \"%c\" and \"%s\".
            \n", args_read, d, buf);
}
/************************************************************
函数名称：serial_Init( void )
函数功能：初始化单片机的串行口，以便在 Serial #1 窗口中观察程序运行结果
************************************************************/
void serial_init( void )
{
    SCON = 0x50;              // 串行口：工作模式 1
```

```
    TMOD |= 0x20;              // 定时器 T1：工作模式 2
    TH1 = 0xF3;                // 波特率为 2400 时 T1 的初值
    TR1 = 1;                   // 启动 T1
    TI = 1;                    // 允许发送数据
}
/*************************************************************
函数名称：main( )
函数功能：主函数
调用函数：serial_init( )、tst_scanf( )
*************************************************************/
void main( )
{
    serial_init( );
    tst_scanf( );
}
```

在默认情况下，scanf( )函数从 51 系列单片机的串行口读入数据，并返回读入数据的项数，返回值的类型为 int，因此在程序中必须定义一个 int 型变量来接收 scanf( )函数的返回值。

在 Keil C51 集成开发环境中，输入上述源程序并命名为 L3-16.c，建立名为 MyProject 的工程并将 L3-16.c 加入其中，编译、链接后进入调试状态，执行菜单命令 View→Serial Window #1 或单击按钮打开串行窗口。全速运行，根据提示输入“Q”和“STRINGS”，即可看到如图 3.20 所示的运行结果。

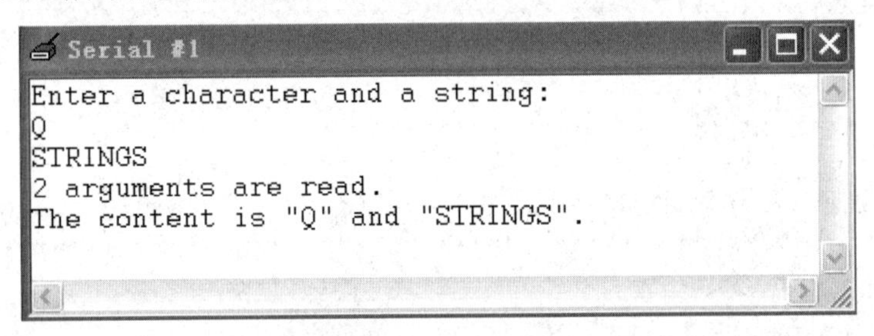

图 3.20　例 3.16 的运行结果

【例 3.17】 标准库函数的综合使用。

```
/******************************************************************
程序名称：L3-17.c
程序功能：标准库函数的综合使用
******************************************************************/
#include <reg51.h>
#include <stdio.h>
#include <math.h>
#include <intrins.h>

#define PAI 3.14159
/******************************************************************
函数名称：serial_Init( void )
```

```
函数功能：初始化单片机的串行口，以便在 Serial #1 窗口中观察程序运行结果
*********************************************************************/
void serial_init( void )
{
    SCON = 0x50;                                // 串行口：工作模式 1
    TMOD |= 0x20;                               // 定时器 T1：工作模式 2
    TH1 = 0xF3;                                 // 波特率为 2400 时 T1 的初值
    TR1 = 1;                                    // 启动 T1
    TI = 1;                                     // 允许发送数据
}
/*********************************************************************
函数名称：tst_scanf( void )
函数功能：从串行口读数据
*********************************************************************/
unsigned int tst_scanf( void )
{
    unsigned int ch;
    int args_read;

    printf ("\nEnter a number (0 ~ 3): ");
    args_read = scanf ("%d", &ch);
    return ch+args_read;
}
/*********************************************************************
函数名称：main( )
函数功能：主函数，根据串行口输入的数据做相应的计算
调用函数：serial_init( )、tst_scanf( )、cos( )、_crol_( )
*********************************************************************/
void main( )
{
    unsigned int num, ch;
    float x;

    serial_init( );

    for( ; ; ){
        num=tst_scanf( )-1;
        switch( num ){
            case 1: ch=num;
                    x=cos(ch/PAI);          // 调用数学函数 cos( )
                    break;
            case 2: ch=_crol_( num, 1 );    // 调用内部函数_crol_( )
                    x=cos(ch/PAI);
                    break;
            case 3: ch=_cror_( num, 3 );    // 调用内部函数_cror_( )
                    x=cos(ch/PAI);
                    break;
            default:num=0;
                    break;
```

```
            }
            if( num!=0 ) printf("\nCase%d: ch=%d, x=%f \n", num, ch, x );
        }
}
```

在本例中，调用了多个标准库函数，关于它们的具体使用方法，可以查阅Keil C51的帮助文档。

在Keil C51集成开发环境中，输入上述源程序并命名为L3-17.c，建立名为 MyProject的工程并将L3-17.c加入其中，编译、链接后进入调试状态，执行菜单命令View→Serial Window #1或单击按钮打开串行窗口。全速运行，根据提示输入“1”“2”“3”和“0”，即可看到如图3.21所示的运行结果。如果是单步运行，还可以在变量观察对话框中观察局部变量的值，如图3.22所示。

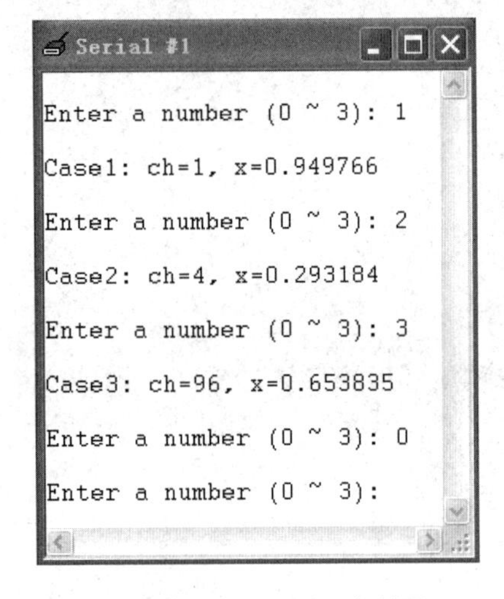

图3.21　例3.17的运行结果

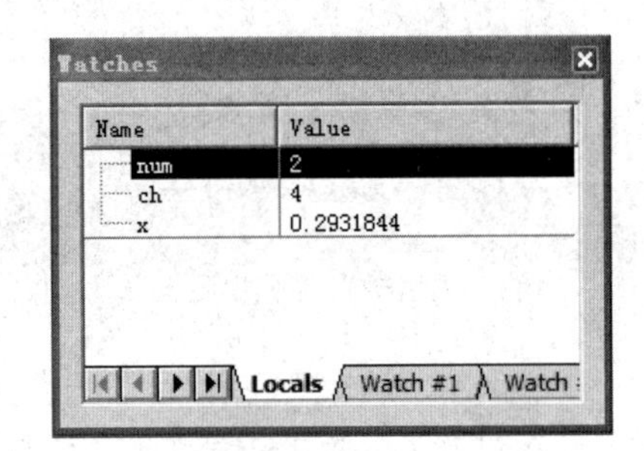

图3.22　例3.17的局部变量

3.3　本章小结

(1) 作为结构化程序设计语言的一种，C51语言同样具有顺序、分支、循环3种基本结构，并提供了丰富的可执行语句形式来实现这3种基本结构。

(2) C51语言的基本语句有赋值语句、函数调用语句、复合语句、空语句。

(3) C51语言的流程控制语句有if语句、switch语句、while语句、do-while语句、for语句。

(4) C51语言的辅助控制语句有break、continue。

(5) 所谓函数，是指可以被其他程序调用的具有特定功能的一段相对独立的程序。引入函数的主要目的有两个：一是为了解决代码的重复问题，二是结构化模块化编程的需要。C51语言在4个方面对标准C语言的函数进行了扩展：指定函数的存储模式，指定函数是可重入的，指定函数是一个中断函数，指定函数所用的工作寄存器组。

(6) C51语言提供了丰富的标准库函数。

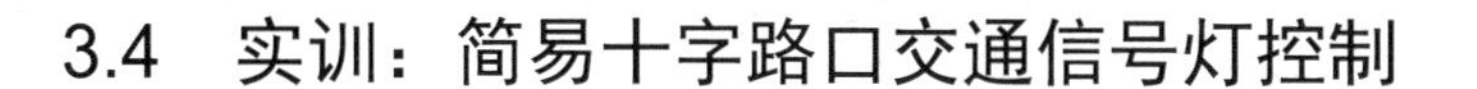

3.4　实训：简易十字路口交通信号灯控制

1. 实训目的

(1) 熟悉 C51 语言基本语句的使用方法。

(2) 熟悉 C51 语言流程控制语句及辅助控制语句的使用方法。

(3) 熟悉 C51 语言函数的使用方法。

(4) 掌握单片机应用系统 C51 语言的基本编程方法。

2. 实训设备

一台装有 Keil μVision2 和 Proteus ISIS 的计算机。

3. 实训原理

十字路口交通信号灯的控制是一个比较复杂的问题，既要保证车辆的安全通行，又要考虑紧急情况处理、放行/禁行时间显示、车流量统计及根据车流量的大小自动调整放行/禁行时间等。

简易十字路口交通信号灯控制仅考虑以下简单情况：若东西方向为放行线，则南北方向为禁止线；反之亦然。交通信号灯的变化是固定的，变化规律见表 3-3。

表 3-3　简易十字路口交通信号灯的变化规律

状　态	东西方向	南北方向
① 东西方向放行	绿灯亮 xs	红灯亮(x+y)s
② 东西方向警告	黄灯亮 ys	
③ 南北方向放行	红灯亮(x+y)s	绿灯亮 xs
④ 南北方向警告		黄灯亮 ys

当两个方向(东西方向和南北方向)交替地成为放行线和禁止线时，即可实现简易十字路口交通信号灯控制。放行线——绿灯亮放行 xs 后，黄灯亮警告 ys，然后红灯亮禁止通行(x+y)s；禁止线——红灯亮禁止通行(x+y)s，然后绿灯亮放行 xs 后，黄灯亮警告 ys。

在模拟情况下，为了在较短时间内看到控制效果，可以假设 x=4，y=1，即单向放行时间最多为 5s。

1) 硬件电路设计

东西方向和南北方向共需要 4 组 12 个信号灯，建议采用 Proteus ISIS 中的 TRAFFIC LIGHTS 元件。系统硬件电路如图 3.23 所示。

单片机系统采用 Atmel 公司的 AT89C51 芯片，振荡器频率选用 12MHz，信号灯的控制使用 P1 口。P1.0、P1.1、P1.2 分别控制东西方向的红、绿、黄信号灯，P1.4、P1.5、P1.6 分别控制南北方向的红、绿、黄信号灯。

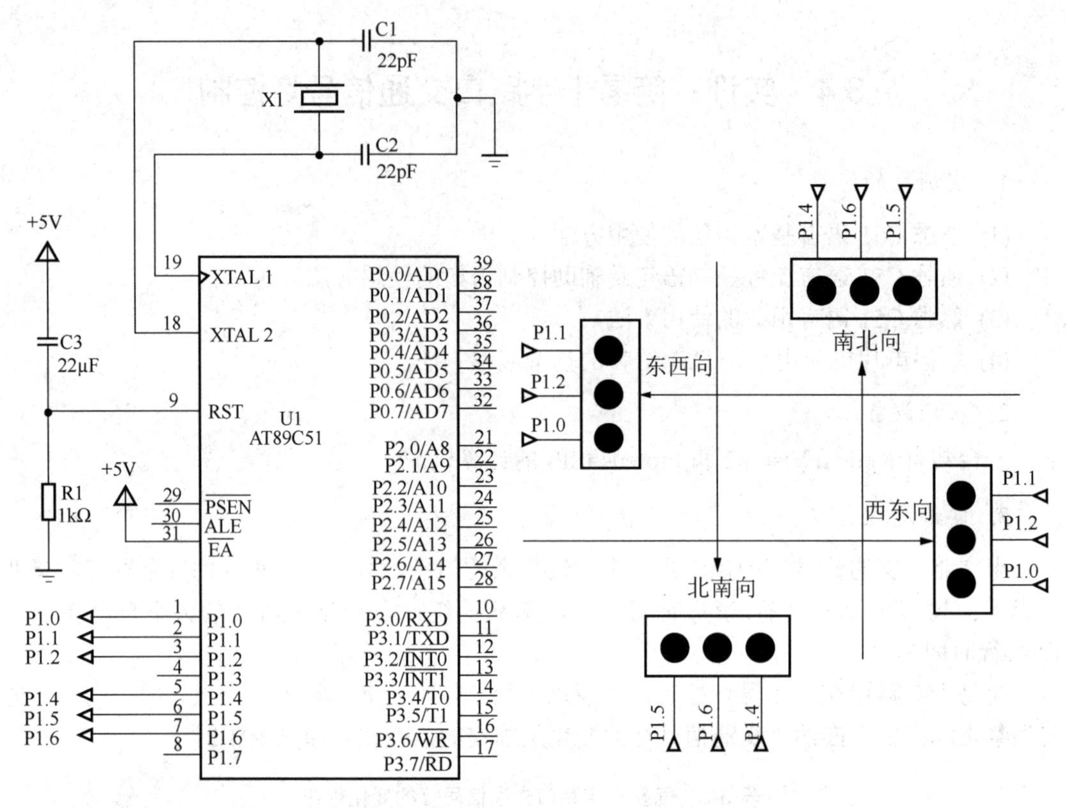

图 3.23　系统硬件电路

2) 软件设计

从硬件电路图可以看出，当 P1 口有关引脚输出高电平 1 时，则点亮相应的“信号灯”；当 P1 口有关引脚输出低电平 0 时，则熄灭相应的“信号灯”。为了实现交通运行状态的控制要求，P1 口输出的控制码有 4 种，见表 3-4。

表 3-4　不同运行状态时的控制码

南北方向				东西方向				控制码(P1 口输出)	运行状态
空	黄灯	绿灯	红灯	空	黄灯	绿灯	红灯		
P1.7	P1.6	P1.5	P1.4	P1.3	P1.2	P1.1	P1.0		
1	0	0	1	1	0	1	0	0x9A	①
1	0	0	1	1	1	0	0	0x9C	②
1	0	1	0	1	0	0	1	0xA9	③
1	1	0	0	1	0	0	1	0xC9	④

根据交通灯的运行状态，主程序流程图如图 3.24 所示。

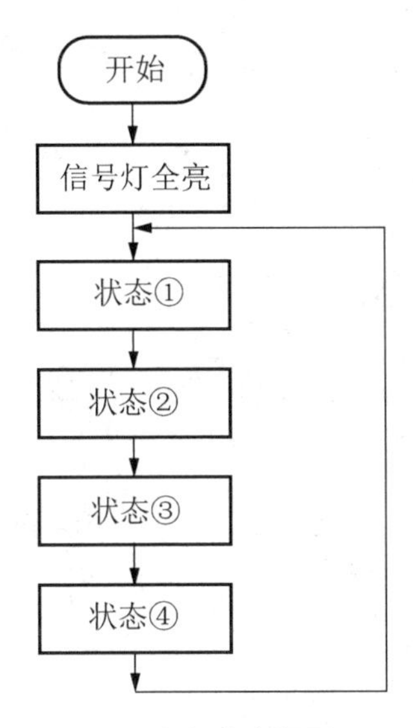

图 3.24　主程序流程图

4. 实训内容

1) 绘制电路图

在 Proteus ISIS 中绘制图 3.23 所示的电路原理图，通过电气规则检查后，以文件名 ShiXun3 存盘。

2) 编写源程序

按照实训原理要求编写 C51 源程序，以文件名 ShiXun3.c 存盘。参考程序如下：

```
/************************************************************************
程序名称：ShiXun3.c
程序功能：简易十字路口交通信号灯控制
************************************************************************/
#include <reg51.h>

#define FX_Time 4                                              // 放行时间
#define JG_Time 1                                              // 警告时间

unsigned char DispX[4]={ 0x9a, 0x9c, 0xa9, 0xc9 };             // 控制码

void FangXing( unsigned char *PTR );                           // 放行函数
void JingGao( unsigned char *PTR );                            // 警告函数
/************************************************************************
函数名称：DelayXs ( unsigned char x )
函数功能：延时 xs。振荡器频率为 12MHz，延时 1s
************************************************************************/
void DelayXs( unsigned char x)
{
    unsigned char  i, j, k;
    for( ; x>0; x-- )
        for( i=0; i<20; i++ )
```

```
            for( j=0; j<200; j++)
                for( k=0; k<250; k++ )  ;
}
/*********************************************************************
函数名称：main( )
函数功能：主函数，控制信号灯正常运行
调用函数：DelayXs( unsigned char x),
        FangXing( unsigned char *PTR ),
        JingGao( unsigned char *PTR )
*********************************************************************/
void main( )
{
    unsigned char *PTR = &DispX;    // PTR 指向 DispX 的首地址

    P1 = 0xFF;                      // 开机信号灯全亮，用于信号灯检测
    DelayXs( 1 );

    while(1){
        FangXing( PTR );            // 东西方向放行
        JingGao( ++PTR );           // 东西方向警告
        FangXing( ++PTR );          // 南北方向放行
        JingGao( ++PTR );           // 南北方向警告
        PTR = &DispX;
    }
}
/*********************************************************************
函数名称：FangXing( unsigned char *PTR )
函数功能：东西方向或南北方向放行
调用函数：DelayXs( unsigned char x)
*********************************************************************/
void FangXing( unsigned char *PTR )
{
    P1 = *PTR;
    DelayXs( FX_Time );
}
/*********************************************************************
函数名称：JingGao( unsigned char *PTR )
函数功能：东西方向或南北方向警告
调用函数：DelayXs( unsigned char x)
*********************************************************************/
void JingGao( unsigned char *PTR )
{
    P1 = *PTR;
    DelayXs( JG_Time );
}
```

3) 生成HEX文件

在Keil μVision2中创建名为ShiXun3的工程，将ShiXun3.c加入其中，编译、链接，生成ShiXun3.hex文件。

4) 仿真运行

在 Proteus ISIS 中，打开设计文件 ShiXun3，将 ShiXun3.hex 装入单片机中，启动仿真，观察系统运行效果是否符合设计要求。

5. 思考与练习

(1) C51 语言中有几种基本语句？

(2) C51 语言中有几种流程控制语句？简述它们的执行过程。

(3) C51 语言中的辅助控制语句 break、continue 的作用是什么？

(4) 在使用中断函数时应注意哪些事项？

(5) 在什么情况下应将函数定义为重入函数？

(6) 在实训中，放行线的实际情况是黄灯亮时绿灯灭，要实现这一功能应如何修改程序？

(7) 在实训中，如果让黄灯闪烁，应如何修改程序？

6. 心得、建议及创新

(1) 心得：(对自己说的话)______________________________

____

____

(2) 建议：(对老师说的话)______________________________

____

____

(3) 创新：(基于实训内容，在软、硬件方面的改进)______________________________

____

____

第4章　单片机中断系统的C51语言编程

教学提示

中断作为一项重要的计算机技术，在计算机中得到了广泛的应用。51系列单片机的中断系统有5个中断源(外部中断0、外部中断1、定时器/计数器中断0、定时器/计数器中断1、串行口通信中断)，有11个与中断有关的特殊功能寄存器(IP、IE、SCON、TMOD、TCON、PCON、TH1、TH0、TL1、TL0、SBUF)。能否正确地理解这些特殊功能寄存器与各个中断源之间的关系，能否熟练地使用C51语言编写中断服务程序，是学好单片机C语言程序设计的关键所在。本章重点介绍外部中断、定时器/计数器中断。

教学要求

理解中断的概念及中断系统功能；掌握外部中断的应用、外部中断的扩展及编写外部中断服务程序的方法；熟悉定时器/计数器的结构与工作方式；掌握定时器/计数器的应用及编写定时器/计数器中断服务程序的方法；掌握相关的特殊功能寄存器在外部中断、定时器/计数器中断中的应用。

4.1　单片机的中断系统

所谓中断，实际上是单片机与外围设备之间交换信息的一种方式，具体来讲就是当单片机执行主程序时，系统中出现某些急需处理的异常情况或特殊请求(中断请求)，单片机暂时中止现行的程序，而转去对随机发生的更紧迫的事件进行处理(中断响应)，在处理完毕，单片机又自动返回(中断返回)原来的主程序继续运行，如图4.1所示。

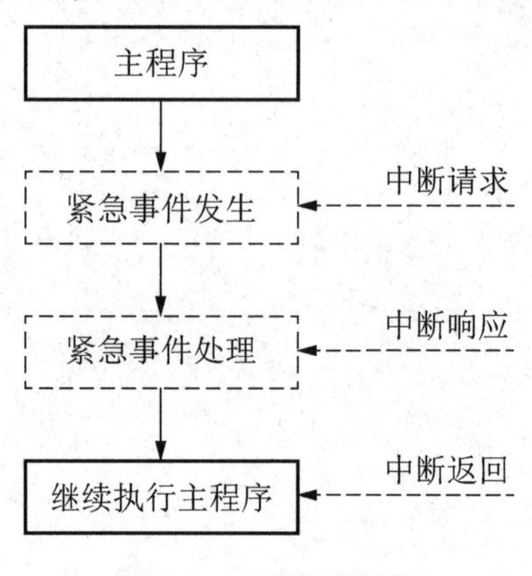

图4.1　中断处理过程

在单片机应用系统中使用中断技术具有以下几个优点。

(1) 能实现单片机与多个外围设备并行工作，提高了单片机的利用率及数据的输入、输出效率。

(2) 能对单片机运行过程中某个事件的出现或突然发生的故障做到及时发现并进行自动处理，即实现实时处理。

(3) 能使我们通过键盘发出请求，随时对运行中的计算机进行干预，即可以实现人机交互。

(4) 能实现多道程序的切换运行。

(5) 能在多机系统中实现各处理机之间的信息交换和任务切换。

4.1.1 51 系列单片机的中断系统

51 系列单片机的中断系统如图 4.2 所示。它由中断源、中断标志、中断控制、硬件查询等部分组成。其中，中断源 5 个，即外部中断 0($\overline{INT0}$)、定时器/计数器中断 0(T/C0)、外部中断 1($\overline{INT1}$)、定时器/计数器中断 1(T/C1)、串行口中断(TXD、RXD)；外部中断触发方式控制位 2 个，即 IT0、IT1；中断标志 6 个，即 IE0、TF0、IE1、TF1、TI、RI。中断控制 11 个：中断控制总开关位 1 个，即 EA；中断控制分开关位 5 个，即 EX0、ET0、EX1、ET1、ES；中断控制优先级位 5 个，即 PX0、PT0、PX1、PT1、PS。

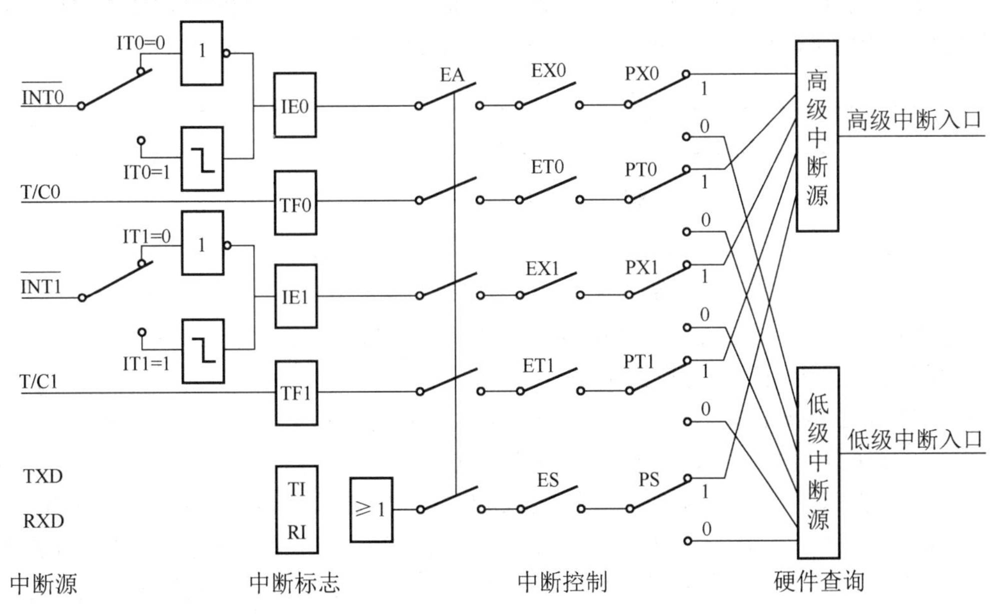

图 4.2 51 系列单片机的中断系统

1. 中断源

引起中断的原因或能发出中断请求的来源称为中断源。51 系列单片机有两个外部中断源、两个定时器/计数器中断源及一个串行口中断源。相对于外部中断源，定时器/计数器中断源与串行口中断源又称为内部中断源。

1) 外部中断源

(1) 外部中断0($\overline{INT0}$)的中断请求信号由引脚P3.2输入。

(2) 外部中断1($\overline{INT1}$)的中断请求信号由引脚P3.3输入。

外部中断源的触发信号有两种方式：电平触发方式和脉冲下降沿触发方式。

2) 定时器/计数器中断源

(1) 定时器/计数器中断0(T/C0)用作计数器时，其中断请求信号由引脚P3.4输入；用作定时器时，其中断请求信号取自单片机内部的定时脉冲。

(2) 定时器/计数器中断1(T/C1)用作计数器时，其中断请求信号由引脚P3.5输入；用作定时器时，其中断请求信号取自单片机内部的定时脉冲。

3) 串行口中断源

串行口中断源分为发送中断(TXD)和接收中断(RXD)两种。

2. 中断请求标志

在程序设计过程中，可以通过查询特殊功能寄存器TCON、SCON中的中断请求标志位来判断中断请求来自哪个中断源。

1) 特殊功能寄存器TCON中的中断请求标志位

TCON是定时器/计数器的控制寄存器。它锁存两个定时器/计数器的溢出中断标志及外部中断0、1的中断标志。TCON中的中断请求标志位如图4.3所示。

	7	6	5	4	3	2	1	0
TCON	TF1		TF0		IE1	IT1	IE0	IT0

图4.3　TCON中的中断请求标志位

(1) TF1(TCON.7)：定时器/计数器T/C1溢出中断请求标志位。在T/C1启动后，开始从初值加“1”计数，直至计数器全满产生溢出时，硬件置位TF1。此时，若ET1=1、EA=1，即可向CPU请求中断。CPU响应中断后，TF1由硬件自动清零。若ET1、EA中有一个不为1，则不能响应中断，只能查询TF1位。

(2) TF0(TCON.5)：定时器/计数器T/C0溢出中断请求标志位。操作功能同TF1。

(3) IT1(TCON.2)：外部中断1触发方式控制位(电平触发、边沿触发)。IT1=0，送入外部中断1的中断请求信号，为电平触发。当CPU检测到P3.3引脚的输入信号为低电平时，置位IE1(TCON.3)；当P3.3引脚的输入信号为高电平时，将IE1清零。由于在电平触发方式下，CPU响应中断时不能自动清除IE1标志，IE1的标志由外部中断1的状态决定，因此在中断返回前，必须撤除P3.3引脚的低电平。IT1=1，送入外部中断1的中断请求信号为边沿触发(下降沿有效)。当连续两个机器周期先检测到高电平后检测到低电平时，置位IE1；CPU响应中断时，能自动清除IE1标志。为保证检测到电平跳变，P3.3引脚的高、低电平应各自保持一个机器周期以上。

(4) IT0(TCON.0)：外部中断0触发方式控制位。工作过程与IT1相同。

(5) IE1(TCON.3)：外部中断1请求标志位。当P3.3引脚有一个电平触发或边沿触发信号时，即置位IE1。此时若EX1=1、EA=1，则CPU响应外部中断1的中断服务请求。但

若 EX1、EA 中有一个不为 1，则 CPU 不响应外部中断 1 的中断服务请求。

(6) IE0(TCON.1)：外部中断 0 请求标志位，操作过程与 IE1 相同。

2) 特殊功能寄存器 SCON 中的中断请求标志位

SCON 是串行口控制寄存器。它锁存串行口的发送中断标志和接收中断标志。SCON 中的中断请求标志位如图 4.4 所示。

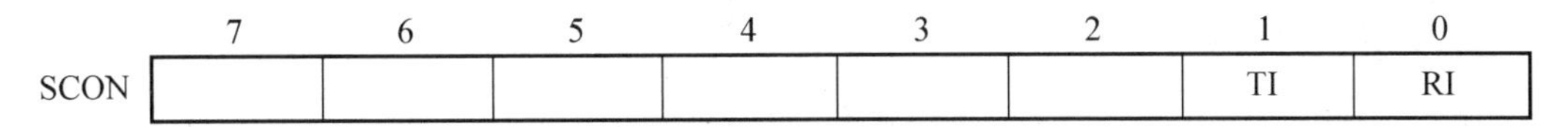

	7	6	5	4	3	2	1	0
SCON							TI	RI

图 4.4　SCON 中的中断请求标志位

(1) TI(SCON.1)：串行口发送中断标志位。当 CPU 将一个数据写入串行口发送缓冲区 SBUF 时，就启动发送。每发送完一个串行帧，由硬件置位 TI。此时，若 ES=1、EA=1，则 CPU 响应串行口发送中断请求。若 EA、ES 中有一个不为 1，则不允许中断，此时只能通过查询方式判断发送结束。

(2) RI(SCON.0)：串行口接收中断标志位。当允许串行口接收数据时，每接收完一个串行帧，由硬件置位 RI。若 EA=1、ES=1，则 CPU 响应串行口接收中断请求；若 EA、ES 中有一个不为 1，则不允许中断，此时只能通过查询方式判断接收结束。

4.1.2　51 系列单片机中断系统的控制

如图 4.2 所示，51 系列单片机中断系统的控制分成 3 个层次：总开关、分开关和优先级。这些控制功能主要是通过特殊功能寄存器 IE、IP 中相关位的软件设定来实现的。

1. 中断允许寄存器 IE

IE 在片内 RAM 中的字节地址为 A8H，位地址分别是 A8H～AFH，如图 4.5 所示。IE 控制 CPU 对中断源的开放或屏蔽，以及每个中断源是否允许中断。

位地址	AFH	AEH	ADH	ACH	ABH	AAH	A9H	A8H
IE	EA	/	/	ES	ET1	EX1	ET0	EX0

图 4.5　中断允许寄存器 IE

1) 中断允许总控制位 EA

若 EA=0，则所有中断请求均被禁止；若 EA=1，则是否允许中断由各个中断控制位决定。

2) 外部中断 0 控制位 EX0

若 EX0=1，则允许外部中断 0 申请中断；若 EX0=0，则禁止外部中断 0 申请中断。

3) 外部中断 1 控制位 EX1

若 EX1=1，则允许外部中断 1 申请中断；若 EX1=0，则禁止外部中断 1 申请中断。

4) 定时器/计数器 0 中断控制位 ET0

若 ET0=1，则允许定时器/计数器 0 申请中断；若 ET0=0，则禁止定时器/计数器 0 申请中断。

5) 定时器/计数器 1 中断控制位 ET1

若 ET1=1，则允许定时器/计数器 1 申请中断；若 ET1=0，则禁止定时器/计数器 1 申请中断。

6) 串行口中断控制位 ES

若 ES=1，则允许串行口申请中断；若 ES=0，则禁止串行口申请中断。

2. 中断优先级寄存器 IP

IP 在片内 RAM 中的字节地址为 B8H，位地址分别是 B8H～BFH，如图 4.6 所示。51 系列单片机有两个中断优先级，可由软件设置 IP 中的相应位的状态来控制。

位地址	BFH	BEH	BDH	BCH	BBH	BAH	B9H	B8H
IP	/	/	/	PS	PT1	PX1	PT0	PX0

图 4.6　中断优先级寄存器 IP

1) 外部中断 0 优先级控制位 PX0

若 PX0=1，则外部中断 0 被设定为高优先级中断；若 PX0=0，则外部中断 0 被设定为低优先级中断。

2) 外部中断 1 优先级控制位 PX1

若 PX1=1，则外部中断 1 被设定为高优先级中断；若 PX1=0，则外部中断 1 被设定为低优先级中断。

3) 定时器/计数器 0 中断优先级控制位 PT0

若 PT0=1，则定时器/计数器 0 被设定为高优先级中断；若 PT0=0，则定时器/计数器 0 被设定为低优先级中断。

4) 定时器/计数器 1 中断优先级控制位 PT1

若 PT1=1，则定时器/计数器 1 被设定为高优先级中断；若 PT1=0，则定时器/计数器 1 被设定为低优先级中断。

5) 串行口中断优先级控制位 PS

若 PS=1，则串行口中断被设定为高优先级中断；若 PS=0，则串行口中断被设定为低优先级中断。

当系统复位时后，IP 的低 5 位全部清零，即将所有的中断源设置为低优先级中断。

51 系列单片机对中断优先级的控制原则如下。

(1) CPU 同时接收到几个中断请求时，首先响应优先级最高的中断请求。

(2) 同一优先级的中断源同时向 CPU 请求中断时，CPU 通过内部硬件查询，按自然优先级确定应该响应哪一个中断请求。自然优先级顺序由高至低为外中断 0→定时中断 0→外中断 1→定时中断 1→串行中断。

(3) 正在进行的中断过程不能被新的同级或低优先级中断请求中断。

(4) 正在进行的低优先级中断服务程序能被高优先级中断请求中断。

为了实现以上优先原则，中断系统内部有两个对用户不透明的、不可寻址的“中断优先级状态触发器”。其一指示某高优先级中断正在得到服务，所有后来的中断都被阻断；其

二用于指明已进入低优先级服务，所有同级的中断均被阻断，但不能阻断高优先级的中断。

4.1.3　51 系列单片机的中断处理过程

中断处理过程可分为 4 个阶段：中断请求、中断查询和响应、中断处理、中断返回。

1. 中断请求

中断请求是由硬件完成的。

定时器中断和串行口中断的中断请求在单片机芯片内部自动完成，中断请求完成后，相应的中断请求标志位被直接置位。

外部中断的中断请求信号要分别从 P3.2 和 P3.3 两个引脚由片外输入。单片机片内的中断控制系统在每个机器周期对引脚信号进行采样，根据采样的结果来设置中断请求标志位的状态，中断请求完成后，中断请求标志位被置位。

2. 中断查询和响应

中断查询和中断响应也是由硬件自动完成的。

1) 中断查询

由 CPU 测试 TCON 和 SCON 中的各标志位的状态，以确定有无中断请求及是哪一个中断请求。在程序执行过程中，中断查询是在指令执行的每个机器周期中不停地重复进行的。

2) 中断响应条件

CPU 要在以下 3 个条件同时具备的情况下才有可能响应中断：首先，中断源有中断请求；其次，CPU 的中断允许位 EA(IE.7)被置位，即开放中断；最后，相应的中断允许位被置位，即某个中断源允许中断。后两条可以通过编程来设置。

值得注意的是，尽管某个中断源通过编程设置处于被打开的状态，并满足中断响应的条件，但是，若遇到以下任一情况，CPU 仍不能响应此中断。

(1) 当前 CPU 正在处理比申请源高级或与申请源同级的中断。

(2) 当前正在执行的那条指令没有执行完。

(3) 正在访问 IE、IP 中断控制寄存器或执行 RETI 指令。并且，只有在执行这些指令后至少再执行一条指令时才能接受中断请求。

由于上述原因而未能响应的中断请求必须等待 CPU 的下一次查询，即 CPU 对查询的结果不做记忆。查询过程在下一个机器周期重新进行。

3) 中断响应

中断响应是对中断源提出的中断请求的接受。在中断查询中，当查询到有效的中断请求时，紧接着进行中断响应。

4) 中断响应时间

中断响应时间是指从中断响应有效(标志位置 1)到转向其中断服务程序地址区的入口地址所需的时间。在一般情况下，中断响应时间至少要用 3 个机器周期，最多为 8 个机器周期。

5) 中断请求的撤销

在 CPU 响应中断后，应撤销该中断请求，否则会引起再次中断。

(1) 定时器中断：在CPU响应中断后，由中断机构硬件自动撤销中断请求标志TF0和TF1。

(2) 脉冲触发的外部中断：脉冲信号过后就消失了，在响应中断后由中断机构硬件自动撤销中断请求标志IE0和IE1。

(3) 电平触发的外部中断：CPU 响应中断后，必须立即撤除引脚上的低电平触发信号才能由硬件自动撤销中断请求标志IE0和IE1。

(4) 串行口中断：CPU响中断后，中断请求标志RI和TI不会自动撤销，要用软件来撤销，这在编写串行中断服务程序时应加以注意。

3. 中断处理

中断处理应根据具体要求编写中断服务程序。在编写中断服务程序时要注意两个问题：现场保护和现场恢复，以及关中断和开中断。

4. 中断返回

在Keil C51语言中，中断服务程序是由中断函数来实现的，中断处理结束后会自动返回主程序。

4.2 外 部 中 断

本节将通过实例介绍如何使用外部中断源，如何使用C51语言编写外部中断服务程序，以及如何对外部中断源进行扩展。

4.2.1 外部中断源编程

在Proteus ISIS中绘制图4.7所示的电路图。除了基本的时钟电路、复位电路外，在外部中断0信号输入引脚P3.2上接有按键K1，在外部中断1信号输入引脚P3.3上接有按键K2，在P1口上以共阴极方式接有6个红色的发光二极管D0～D5。当按下K1或K2键时，在P3.2或P3.3引脚会产生高到低的电平变化。

【例4.1】 基于图4.7，编程实现下列功能：用K1键(外部中断0)控制D0～D5发光，用K2键(外部中断1)控制D0～D5熄灭。按一次K1键，D0～D5发光；按一次K2键，D0～D5熄灭；再按一次K1键，D0～D5又发光，如此重复。

分析：从外部中断硬件接线图4.7来看，外部中断请求输入端为下降沿有效，即P3.2、P3.3未产生中断请求时，为高电平；有中断请求时，会产生一个低电平，从而使IE0=1或IE1＝1，表示外部中断0或外部中断1向CPU申请中断。在外部中断0中断函数中设置相应的发光二极管发光，在外部中断1中断函数中设置相应的发光二极管熄灭。

完整的程序如下：

```
/***************************************************************************
程序名称：L4-1.c
程序功能：用外部中断1控制发光二极管熄灭、用外部中断0控制发光二极管发光
调用函数：Led_Off( )、Led_On( )、Xint1( )、Xint0( )
```

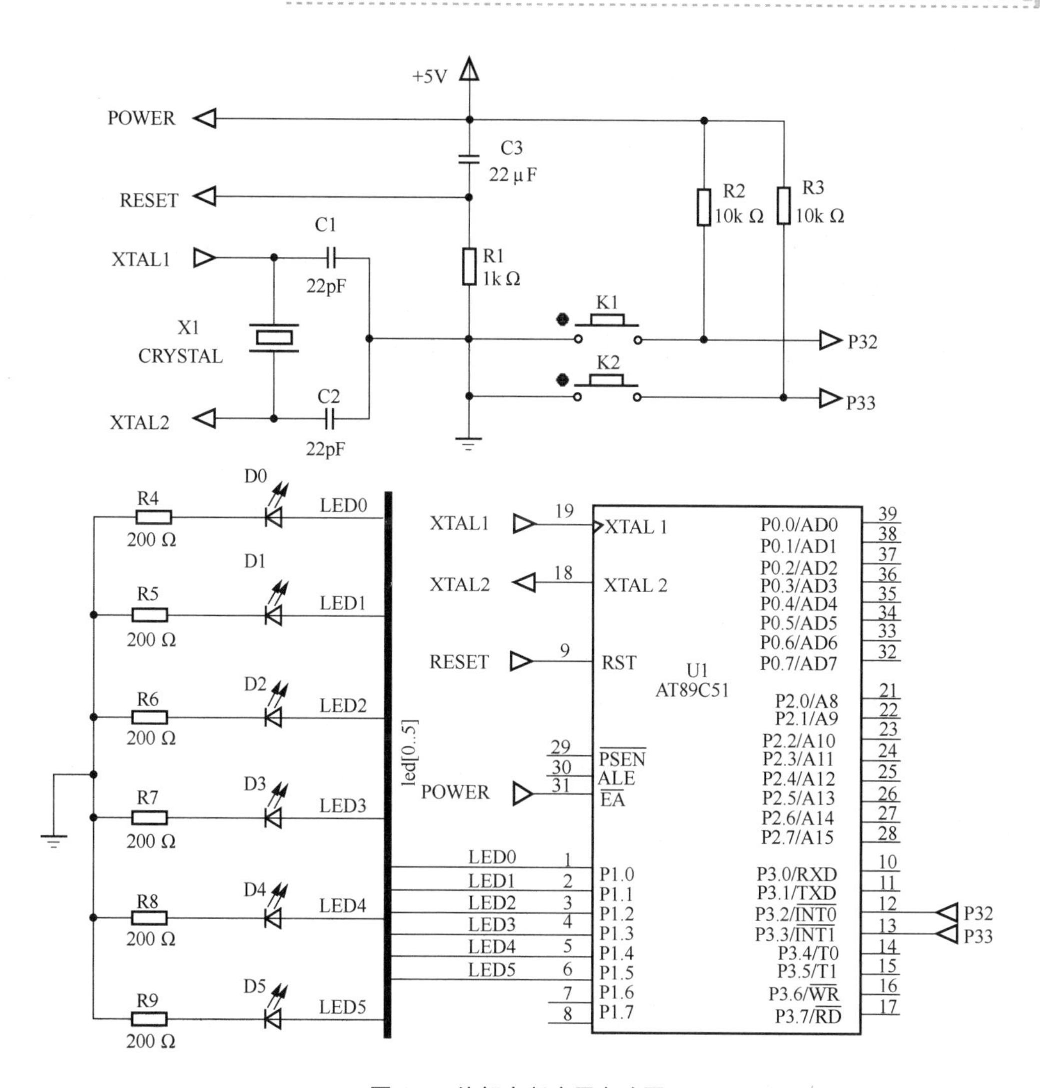

图 4.7　外部中断应用电路图

```
***********************************************************************/
#include <reg51.h>

sbit K1 = P3^2;                              // 定义外部中断按键 K1、K2
sbit K2 = P3^3;

sbit D0 = P1^0;                              // 定义 6 个发光二极管 D0～D5
sbit D1 = P1^1;
sbit D2 = P1^2;
sbit D3 = P1^3;
sbit D4 = P1^4;
sbit D5 = P1^5;

void Led_On( );                              // 发光二极管发光函数声明
void Led_Off( );                             // 发光二极管熄灭函数声明
```

```
void Xint0( );                                    // 外部中断0中断函数声明
void Xint1( );                                    // 外部中断1中断函数声明

/*************************************************************************
函数名称：void main( )
功能描述：主函数，初始化CPU
*************************************************************************/
void main(  )
{
    P1 = 0x00;                                    // 发光二极管熄灭
    EA = 1;                                       // 打开总中断
    EX0 = 1;                                      // 允许外部中断0中断
    EX1 = 1;                                      // 允许外部中断1中断
    IT0 = 0;                                      // INT0为边沿触发方式
    IT1 = 0;                                      // INT1为边沿触发方式
    for( ; ; ){ ; }
    }
/*************************************************************************
函数名称：void Xint0( ) Interrupt 0 using 3
功能描述：用外部中断0控制发光二极管发光
调用函数：Led_On( )
*************************************************************************/
void Xint0( ) interrupt 0 using 3              // 外部中断0中断函数
{
    Led_On( );
}
/*************************************************************************
函数名称：void Xint1( void ) Interrupt 2 using 2
功能描述：用外部中断1控制发光二极管熄灭
调用函数：Led_Off( )
*************************************************************************/
void Xint1(  ) interrupt 2 using 2             // 外部中断1中断函数
{
    Led_Off( ) ;
}
/*************************************************************************
函数名称：void Led_On( )
功能描述：使D0～D5发光
*************************************************************************/
void Led_On( )
{
    D0 = 1;                                       // 将D0～D5置位，即点亮D0～D5
    D1 = 1;
    D2 = 1;
    D3 = 1;
    D4 = 1;
    D5 = 1;
}
/*************************************************************************
```

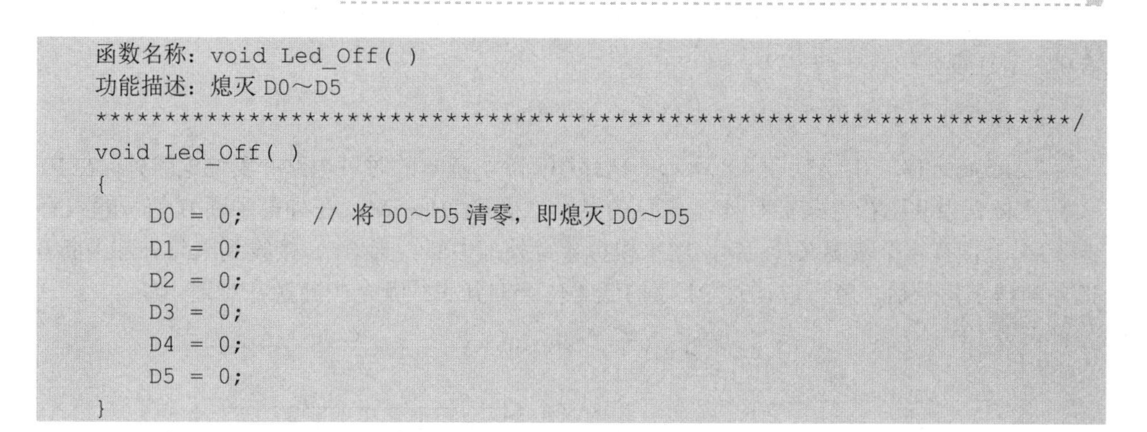

```
函数名称：void Led_Off( )
功能描述：熄灭 D0～D5
*********************************************************************/
void Led_Off( )
{
    D0 = 0;        // 将 D0～D5 清零，即熄灭 D0～D5
    D1 = 0;
    D2 = 0;
    D3 = 0;
    D4 = 0;
    D5 = 0;
}
```

在 Keil C51 集成开发环境中，输入上述源程序并命名为 L4-1.c，建立名为 MyProject 的工程并将 L4-1.c 加入其中，做好相应设置后编译、链接，然后在 Proteus ISIS 中将 Keil C51 编译器产生的目标文件 L4-1.hex 写入图 4.7 中的 AT89C51 单片机。启动仿真，可以观察到程序的仿真运行效果完全符合设计要求。

创新提示：通过添加延时函数，修改 Led_Off( )、Led_On( )函数，可以改变发光二极管的亮灭方式。

4.2.2 外部中断源的扩展

51 系列单片机仅提供了两个外部中断源，而在实际应用中可能需要两个以上的外部中断源，这时必须对外部中断源进行扩展。可用如下方法进行扩展。

(1) 利用定时器/计数器扩展外部中断源。

(2) 采用中断和查询结合的方法扩展外部中断源。

当系统有多个中断源时，可按照它们的轻重缓急进行中断优先级排队，将最高优先级别的中断源接在外部中断 0 上，其余中断源接在外部中断 1 及 I/O 口。当外部中断 1 有中断请求时，再通过查询 I/O 口的状态判断哪一个中断申请。

1. 利用定时器/计数器扩展外部中断源

如果将 51 系列单片机的两个计数器的初值均设为 0xff，那么，当从引脚 P3.4(T0)或 P3.5(T1)输入一个脉冲时就可以使其引起计数器溢出中断。这样一来，计数器的功能就类似外部中断的脉冲触发方式，从而达到扩展外部中断源的目的。

例如，可用下面的程序段来初始化定时器/计数器 0，以便将其用作外部中断源。

```
TMOD = 0x06;     // 设置 T/C0 为计数器模式且与外部中断 0 无关，计数初值自动重装
TL0 = 0xff;      // 设置计数初值
TH0 = 0xff;
EA = 1;          // 打开中断总开关
ET0 = 1;         // 允许定时器/计数器 0 申请中断
TR0 = 1;         // 启动定时器/计数器 0
```

利用定时器/计数器扩展外部中断源受到 51 系列单片机资源的限制，当定时器/计数器被用于他用时，就无法再用于外部中断源的扩展。有关定时器/计数器中断的编程方法，将

在4.3节详细介绍。

2. 采用中断和查询结合的方法扩展外部中断源

在Proteus ISIS中绘制图4.8所示的电路图。除了基本的时钟电路、复位电路外，在P1口高4位、以共阴极方式接有4个红色的发光二极管D1～D4；在外部中断0信号输入引脚P3.2上接有4个按键K1～K4，用来模拟4个外部中断。当CPU接收到来自外部中断0的中断请求信号后，就可以通过P1口的低4位查询到底是哪个中断源在申请中断。

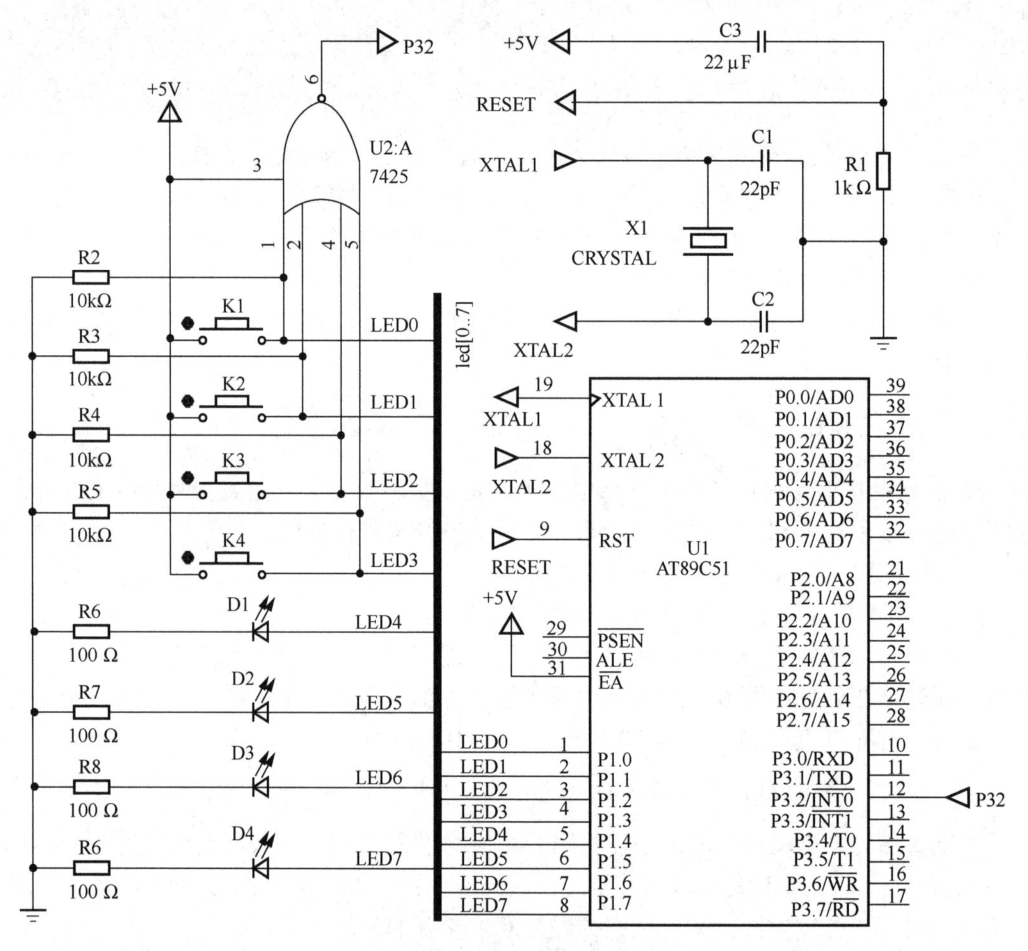

图4.8　外部中断源的扩展

【例4.2】 基于图4.8，编程实现下列功能：用K1～K4分别单独控制D1～D4的发光与熄灭。例如，按一次K1键D1发光，再按一次K1键D1熄灭，同时要保证其他发光二极管的状态不变。要求：在中断函数中实现上述功能。

完整的程序如下：

```
/***********************************************************************
程序名称：L4-2.c
程序功能：在中断函数中实现，通过外部中断0，用K1～K4分别单独控制D1～D4的发光、熄灭
```

```
调用函数：Xint0( )
************************************************************************/
#include <reg51.h>

sbit K1 = P1^0;                    // 定义 4 个按键 K1～K4，用于外部中断扩展
sbit K2 = P1^1;
sbit K3 = P1^2;
sbit K4 = P1^3;

sbit D1 = P1^4;                    // 定义 4 个发光二极管 D1～D4
sbit D2 = P1^5;
sbit D3 = P1^6;
sbit D4 = P1^7;

void Xint0( );                     // 外部中断 0 中断函数声明

/************************************************************************
函数名称：void main( )
功能描述：主函数，初始化 CPU
************************************************************************/
void main( void )
{
    P1 = 0x00;                     // 发光二极管熄灭，准备扫描按键
    EA = 1;                        // 打开总中断
    EX0 = 1;                       // 允许外部中断 0 中断
    IT0 = 1;                       // INT0 为电平触发方式
    for( ; ; ){ ; }
}
/************************************************************************
函数名称：void Xint0( ) Interrupt 0 using 3
功能描述：用外部中断 0 控制发光二极管的发光与熄灭
************************************************************************/
void Xint0( ) interrupt 0 using 3
{
    P1 = P1&0xff;
    if( K1==1 ) D1 = !D1;          // K1 键单独控制 D1 发光、熄灭
    if( K2==1 ) D2 = !D2;          // K2 键单独控制 D2 发光、熄灭
    if( K3==1 ) D3 = !D3;          // K3 键单独控制 D3 发光、熄灭
    if( K4==1 ) D4 = !D4;          // K4 键单独控制 D4 发光、熄灭
}
```

【例 4.3】 基于图 4.8，编程实现下列功能：用 K1～K4 分别单独控制 D1～D4 的发光与熄灭。例如，按一次 K1 键 D1 发光，再按一次 K1 键 D1 熄灭，同时要保证其他发光二极管的状态不变。要求：在主函数中实现上述功能。

完整的程序如下：

```
/************************************************************************
程序名称：L4-3.c
程序功能：在主函数中实现，通过外部中断 0，用 K1～K4 分别单独控制 D1～D4 的发光、熄灭。
```

```
调用函数：Xint0( )
*************************************************************************/
#include <reg51.h>

sbit D1 = P1^4;                     // 定义 4 个发光二极管 D1～D4
sbit D2 = P1^5;
sbit D3 = P1^6;
sbit D4 = P1^7;

unsigned char P1_status;            // P1_status 用于保存 P1 口的状态
bit X0_flag;                        // X0_flag 用于判断是否发生中断

void Xint0( );                      // 外部中断 0 中断函数声明

/************************************************************************
函数名称：void main( )
功能描述：初始化 CPU，并根据 P1_status、X0_flag 值控制发光二极管发光与熄灭
*************************************************************************/
void main( )
{
    P1 = 0x00;                      // 发光二极管熄灭，准备扫描按键
    EA = 1;                         // 打开总中断
    EX0 = 1;                        // 允许外部中断 0 中断
    IT0 = 1;                        // INT0 为电平触发方式
    for( ; ; ){
        if( X0_flag == 1){          // 判断是否发生中断
            switch( P1&0x0f ){      // 判断中断来源并响应
                case 0x01:  D1 = !D1;   break;
                case 0x02:  D2 = !D2;   break;
                case 0x04:  D3 = !D3;   break;
                case 0x08:  D4 = !D4;   break;
                default:    ;
            }
            X0_flag = 0;            // 清中断标志位
        }
    }
}
/*************************************************************************
函数名称：void Xint0( void ) Interrupt 0 using 3
功能描述：将中断标志位 X0_flag 置 1，保存 P1 口的状态
*************************************************************************/
void Xint0( void ) interrupt 0 using 3
{
    X0_flag = 1;                    // 设置中断标志位
    P1_status = P1;                 // 保存 P1 口的状态
}
```

采用中断和查询结合的方法扩展外部中断源，虽然不受 51 系列单片机资源的限制，但由于查询需要时间，而这对于实时性要求较高的控制系统显然是不合适的。为此，可在电路中使用优先权解码芯片 74148，或专用的可编程中断控制芯片如 8259A 等。

4.3　定时器/计数器中断

在单片机应用系统中，往往需要实现定时或延时控制、对外部事件计数的功能。实现这些功能的方法很多，如软件定时、硬件定时、可编程定时器定时等。软件定时(如空循环)占用 CPU 时间较多，效率低；硬件定时(如 555)不可编程；可编程定时器定时(如 8155)功能虽强但需要另外扩展，成本高。因此，在满足控制系统要求的情况下，应优先选用单片机内部的定时器/计数器来实现定时或对外部事件计数的功能。

4.3.1　定时器/计数器的结构及工作原理

51 系列单片机内部有两个 16 位的定时器/计数器(T/C)，可用于定时控制、延时、对外部事件计数和检测等场合。通过编程可以设定任意一个或两个定时器/计数器工作，并使其工作在定时或计数方式。以定时器/计数器 0 为例，其内部结构如图 4.9 所示。

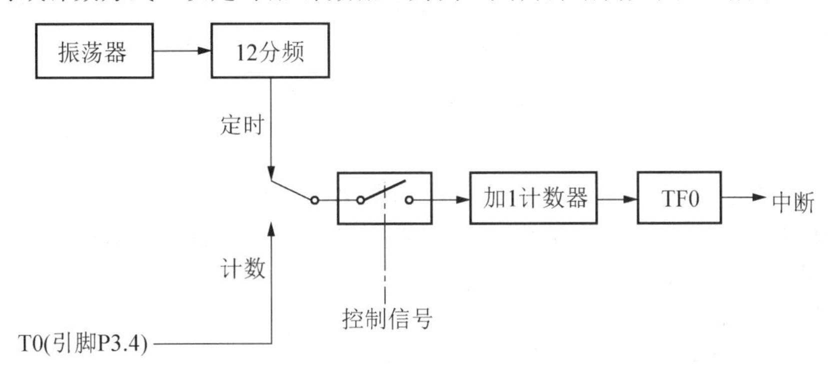

图 4.9　定时器/计数器 0 的内部结构

1. 计数功能

T/C 的计数功能是指对外部事件进行计数，外部事件的发生以输入脉冲来表示，因此计数功能的实质是对外来脉冲进行计数。

8051 单片机芯片用引脚 T0(P3.4)作为 T/C0 的外来计数脉冲的输入端，用引脚 T1(P3.5)作为 T/C1 的外来计数脉冲的输入端。外来脉冲负跳时有效，T/C 在有效脉冲的触发下进行加 1 操作。

由于单片机对计数脉冲的采样是在两个机器周期中进行的，因此为了计数的正确性，要求外来计数脉冲的频率不得高于单片机系统振荡脉冲频率的 1/24。

2. 定时功能

T/C 的定时功能也是通过计数来实现的，只不过此时的计数脉冲来自单片机芯片内部，是系统振荡脉冲经 12 分频后送来的，由于一个机器周期等于 12 个振荡脉冲周期，所以此时的 T/C 是每到一个机器周期就加 1，计数频率为振荡器频率 f_{osc} 的 1/12。

在计数/定时功能中，每来一个脉冲，加 1 计数器(TH0TL0 或 TH1TL1)就加 1，当加 1

计数器达到最大值(即 TH0TL0 或 TH1TL1 的内容为全 1)时，再来一个计数脉冲就使 T/C 回到全 0，同时产生溢出。T/C 的溢出脉冲使定时中断请求标志位 TF0 或 TF1 置 1。对于计数功能而言，表示计数已满；对于定时功能而言，表示定时时间已到。

4.3.2 定时器/计数器的控制

定时器/计数器的控制是通过软件设置来实现的，所涉及的特殊功能寄存器有 4 个：TMOD、TCON、IE 和 IP。其中，IE、IP 在前面已经介绍过，本节重点介绍 TMOD 及 TCON 中相关位的功能。

1. 工作方式寄存器 TMOD

TMOD 是一个 8 位的特殊功能寄存器，字节地址为 89H，不能位寻址。其低 4 位用于 T/C0，高 4 位用于 T/C1，如图 4.10 所示。

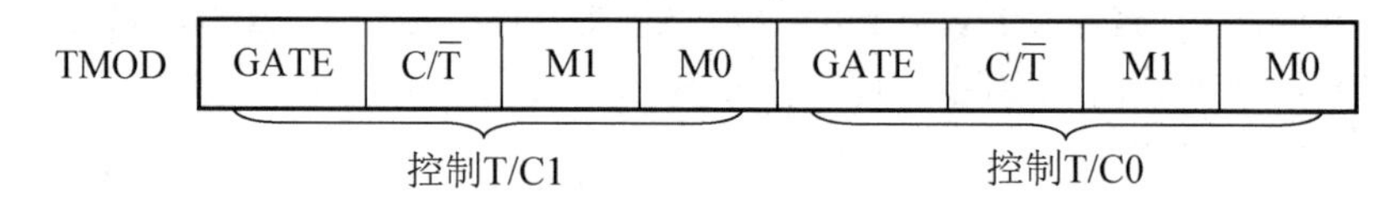

图 4.10 特殊功能寄存器 TMOD

1) 门控位 GATE

该位用于决定是用软件还是用外部中断引脚 $\overline{INT0}$ 或 $\overline{INT1}$ 来控制 T/C 工作。GATE=0，由软件编程控制位 TR0(T/C0)或 TR1(T/C1)控制 T/C 工作；GATE=1，由外部中断引脚 $\overline{INT0}$ 或 $\overline{INT1}$ 控制 T/C 工作。

2) 功能选择位 $C/\overline{T}$

该位用于选择 T/C 的功能。$C/\overline{T}=0$，定时；$C/\overline{T}=1$，计数。

3) 工作方式选择位 M1M0

(1) M1M0=00：工作方式 0，最大计数值为 2^{13}，初值不能自动重装。

(2) M1M0=01：工作方式 1，最大计数值为 2^{16}，初值不能自动重装。

(3) M1M0=10：工作方式 2，最大计数值 2^{8}，初值能自动重装。

(4) M1M0=11：工作方式 3，TH0、TL0 独立，TL0 是定时器/计数器，TH0 只能定时。

2. 控制寄存器 TCON

TCON 是一个 8 位的特殊功能寄存器，字节地址为 88H，可位寻址。TCON 中用于 T/C 运行控制的位有两个，均可以由软件编程进行置位或清零，如图 4.11 所示。

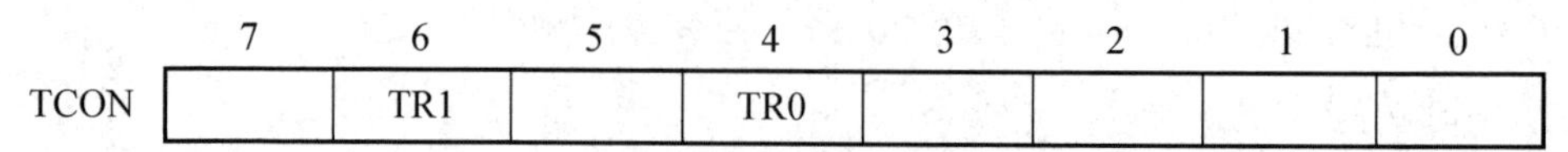

图 4.11 TCON 中的 T/C 运行控制位

1) T/C0 运行控制位 TR0

TR0 = 1，T/C0 开始工作；TR0 = 0，T/C0 停止工作。

2) T/C1 运行控制位 TR1

TR1 = 1，T/C1 开始工作；TR1 = 0，T/C1 停止工作。

4.3.3　定时器/计数器的工作方式及应用编程

T/C0 与 T/C1 除了工作方式 3 不同外，其余 3 种工作方式基本相同。下面以 T/C0 为例，分别介绍定时器/计数器的 4 种工作方式。

1. 工作方式 0

当选择工作方式 0 时，T/C0 是一个 13 位的定时器/计数器，如图 4.12 所示，图中 f_{osc} 为振荡器的频率，$f_{osc}/12$ 表示对 f_{osc} 进行 12 分频。在这种情况下，只用 TL0 的低 5 位和 TH0 的全部 8 位来计数。当 TL0 的低 5 位溢出时向 TH0 进位，而 TH0 溢出时向中断标志位 TF0 进位(称为 TF0 硬件置 1)，并申请中断。定时/计数操作是否完成可查询 TF0 是否置 1。

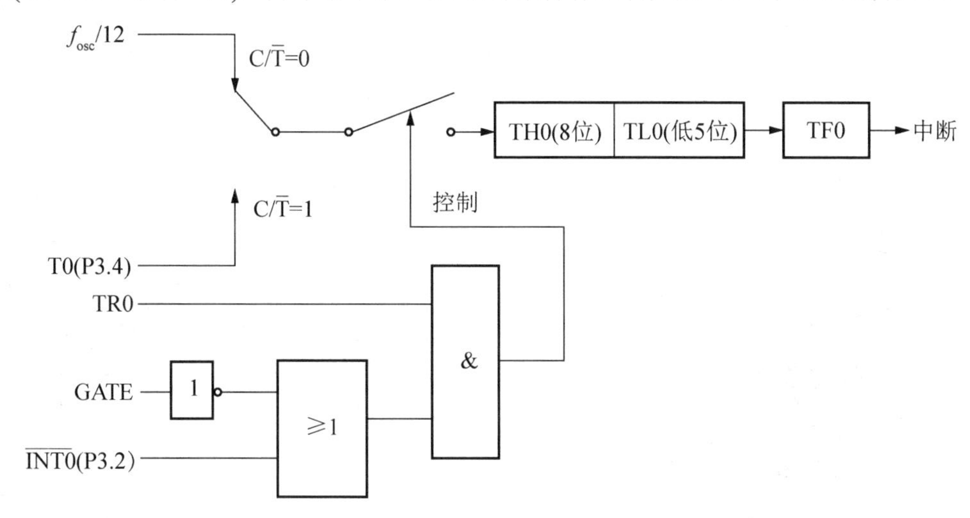

图 4.12　T/C0 工作方式 0 逻辑结构图

(1) 当 $C/\overline{T}=0$ 时，多路开关连接振荡器的 12 分频($f_{osc}/12$)输出，T/C0 对机器周期计数，用作定时功能。对于一次溢出而言，工作方式 0 的定时时间 TIME0 为

$$\mathrm{TIME0}=\left(2^{13}-X\right)\times\frac{12}{f_{osc}}=\left(8192-X\right)\times\frac{12}{f_{osc}}$$

式中，X 为定时器初值。

(2) 当 $C/\overline{T}=1$ 时，多路开关与引脚 T0 相连接，T/C0 对外部脉冲进行计数，用作计数功能。外部脉冲由 T0 引脚输入，当引脚上的信号电平发生 1 到 0 的跳变时，计数器加 1。对于一次溢出而言，工作方式 0 的计数值 COUNTER0 为

$$\mathrm{COUNTER0}=2^{13}-X=8192-X$$

式中，X 为计数器初值。

在实际应用中，如果需要更长的定时时间或更大的计数范围，可以此为基础通过编程由循环定时或循环计数来实现。

(3) 当GATE = 0时，从图4.12中的组合逻辑电路可知：或门被封锁，输出为常1；与门打开，由TR0来控制T/C0的开启和关闭。TR0=1，与门输出1，T/C0开启；TR0=0，与门输出0，T/C0关闭。

(4) 当GATE = 1、TR0 = 1时，从图4.12中的组合逻辑电路可知：或门、与门全部被打开，由外部电平信号通过$\overline{\text{INT0}}$来控制T/C0的开启和关闭。$\overline{\text{INT0}}$=1时，与门输出1，T/C0开启；$\overline{\text{INT0}}$=0时，与门输出0，T/C0关闭。

【例4.4】 基于图4.13，设振荡器频率f_{osc}=12MHz，试编写程序在P1.1引脚上输出周期为2ms的方波。

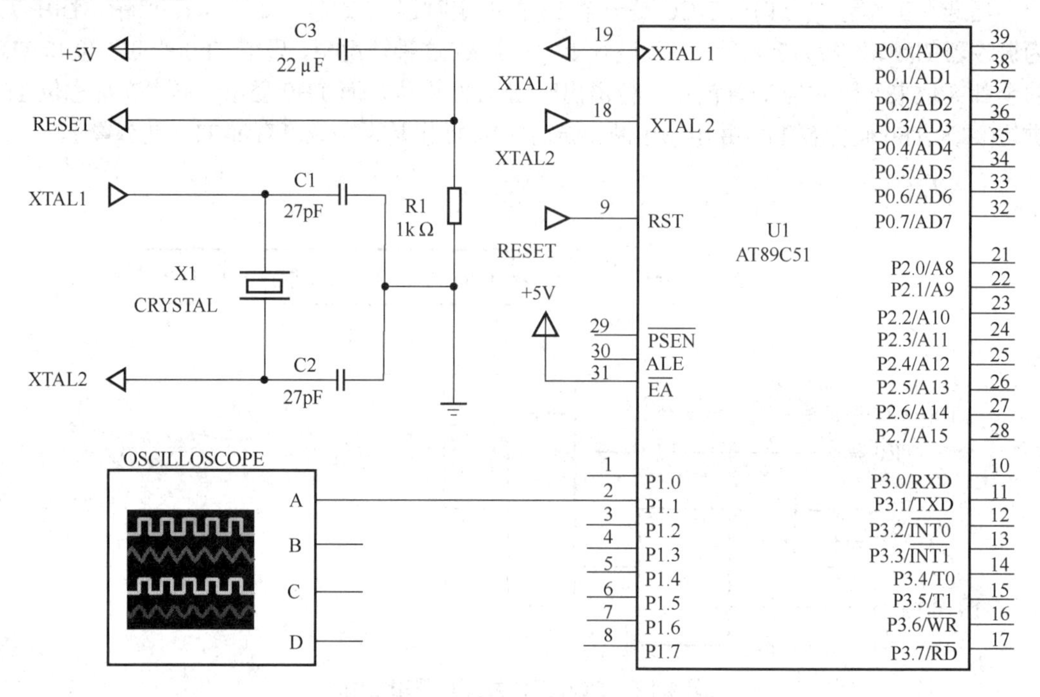

图4.13　例4.4、例4.5电路图

分析：要产生周期为2ms的方波，定时间隔必须为1ms，每次定时时间到P1.1取反。根据题意，有

$$1\times10^{-3}=\left(8192-X\right)\times\frac{12}{12\times10^{6}}$$

通过计算可求得定时器初值X=7192=(1110 0000 11000 $)_B$，将高8位送TH0，低5位送TL0得TH0=0xE0，TL0=0x18。

(1) 采用查询方式，用T/C0的工作方式0编程，程序如下：

```
/**************************************************************************
程序名称：L4-4-1.c
程序功能：采用查询方式，通过T/C0的工作方式0，在P1.1输出周期为2ms的方波
**************************************************************************/
#include <reg51.h>
```

```
sbit Out = P1^1;                    // 定义方波输出引脚

void main( )
{
    TMOD = 0x00;                    // 由 TR0 控制 T/C0 的启停，工作方式 0
    EA = 0;                         // 禁止中断
    TR0=1;                          // 启动 T/C0
    for( ; ; ){
        TH0 = 0xE0;                 // 给定时器赋初值
        TL0 = 0x18;
        do{ }while( !TF0 );         // 查询等待 TF0 置位
        Out = !Out;                 // 1ms 定时时间到，输出信号反相
        TF0 = 0;                    // 软件清零 TF0
    }
}
```

在 Keil C51 集成开发环境中，输入上述源程序并命名为 L4-4-1.c，建立名为 MyProject 的工程并将 L4-4-1.c 加入其中，编译、链接后生成 MyProject.hex 文件，将其装入图 4.13 中的 AT89C51 单片机中，运行后在示波器(OSCILLOSCOPE)上可看到 P1.1 引脚上输出的波形，如图 4.14 所示。

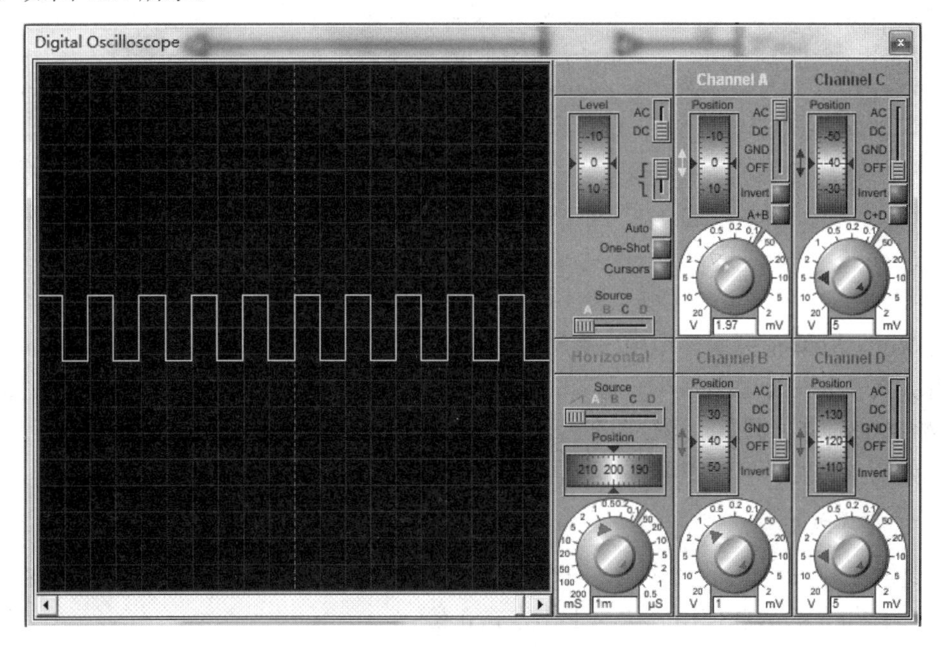

图 4.14　例 4.4 输出波形图

(2) 采用中断方式，用 T/C0 的工作方式 0 编程，程序如下：

```
/*********************************************************************
程序名称：L4-4-2.c
程序功能：采用中断方式，通过 T/C0 的工作方式 0，在 P1.1 输出周期为 2ms 的方波
*********************************************************************/
#include <reg51.h>
```

```
sbit Out = P1^1;                       // 定义方波输出引脚

void Time0( );                         // T/C0 中断函数声明
/************************************************************************
函数名称：void main( )
功能描述：主函数，初始化 CPU
************************************************************************/
void main( )
{
    Out = 0;
    TMOD = 0x00;                       // 由 TR0 控制 T/C0 的启停，工作方式 0
    TH0 = 0xE0;                        // 给定时器赋初值
    TL0 = 0x18;
    EA = 1;                            // 打开中断
    ET0 = 1;                           // 允许 T/C0 请求中断
    TR0 = 1;                           // 启动 T/C0
    do{ }while( 1 );
}
/************************************************************************
函数名称：void Time0( void )
功能描述：输出信号反相，重装定时器初值
************************************************************************/
void Time0( void ) interrupt 1 using 2
{
    Out = !Out;                        // 1ms 定时时间到，输出信号反相
    TH0 = 0xE0;                        // 重装定时器初值
    TL0 = 0x18;
}
```

在 Keil C51 集成开发环境中，输入上述源程序并命名为 L4-4-2.c，建立名为 MyProject 的工程并将 L4-4-2.c 加入其中，编译、链接后生成 MyProject.hex 文件，将其装入图 4.13 中的 AT89C51 单片机中，运行后在示波器(OSCILLOSCOPE)上可看到 P1.1 引脚上输出的波形，如图 4.14 所示。由此可见，两种编程方式的输出结果是一样的。

2. 工作方式 1

当选择工作方式 1 时，T/C0 是一个 16 位的定时器/计数器，如图 4.15 所示。在工作方式 1 中，T/C0 的设置和使用方法与工作方式 0 类似。

对于一次溢出而言，工作方式 1 的定时时间 TIME1 及计数值 COUNTER1 分别为

$$\mathrm{TIME1}=\left(2^{16}-X\right)\times\frac{12}{f_{\mathrm{osc}}}=\left(65536-X\right)\times\frac{12}{f_{\mathrm{osc}}}$$

$$\mathrm{COUNTER1}=2^{16}-X=65536-X$$

式中，X 为定时器/计数器初值。同工作方式 0 一样，如果需要更长的定时时间或更大的计数范围，可以此为基础通过编程来实现。

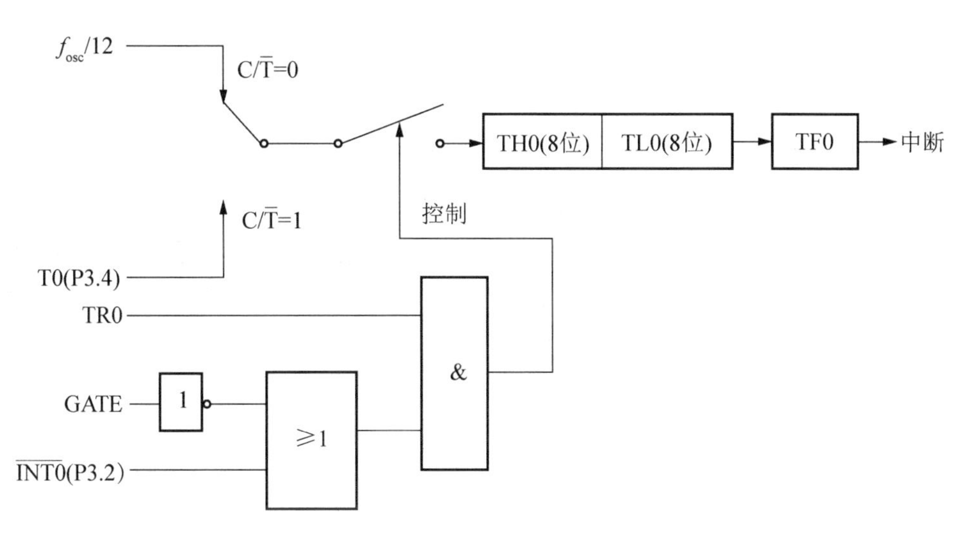

图 4.15　T/C0 工作方式 1 逻辑结构图

【例 4.5】 基于图 4.13，设振荡器频率 f_{osc} =12MHz，试编写程序在 P1.1 引脚上输出周期为 1s、占空比为 20%的脉冲信号，即高电平为 200ms，低电平为 800ms。

分析：当 f_{osc} =12MHz 时，工作方式 1 的最大定时时间为 $TIME1_{max}$=65.536ms，显然不能满足题目的要求。设 TIME1=50ms，则高电平需要中断 4 次，低电平需要中断 16 次。定时器的初值 X 可由下面的公式求得：$X=15536=(0011\ 1100\ 1011\ 0000)_B=(3CB0)_H$。将高 8 位送 TH0，低 8 位送 TL0 得：TH0=0x3C，TL0=0xB0。

$$50\times10^{-3}=\left(65536-X\right)\times\frac{12}{12\times10^{6}}$$

采用中断方式，用 T/C0 的工作方式 1 编程，程序如下：

```
/***********************************************************************
程序名称：L4-5.c
程序功能：采用中断方式，通过 T/C0 的工作方式 1，在 P1.1 输出周期为 1s，占空比为 20%的
          脉冲信号
***********************************************************************/
#include <reg51.h>
#define uchar unsigned char

uchar COUNTER;                                  // 用于记录中断次数
uchar HIGH=4;                                   // 高电平所需中断次数
uchar TOTAL=20;                                 // 一个周期所需中断总次数

sbit Out = P1^1;                                // 定义方波输出引脚
/***********************************************************************
函数名称：void main( )
功能描述：主函数，初始化 CPU
***********************************************************************/
void main(  )
{
```

```
    TMOD = 0x01;                            // 由TR0控制T/C0的启停，工作方式1
    TH0 = 0x3C;                             // 给定时器赋初值
    TL0 = 0xB0;
    EA = 1;                                 // 开中断
    ET0 = 1;                                // 允许T/C0申请中断
    TR0=1;                                  // 启动T/C0
    do{ }while( 1 );
}
/*************************************************************************
函数名称：void Time0( void )
程序功能：重装定时器初值，记录中断次数，高低电平转换
*************************************************************************/
void Time0( ) interrupt 1 using 2
{
    TH0 = 0x3C;                             // 重装定时器初值
    TL0 = 0xB0;
    COUNTER++;                              // 中断次数加1
    if( COUNTER == HIGH ) Out = 0;          // 高电平转低电平
    else if( COUNTER == TOTAL ) {
        Out = 1;                            // 低电平转高电平
        COUNTER = 0;                        // 清零COUNTER
    }
}
```

在Keil C51集成开发环境中，输入上述源程序并命名为L4-5.c，建立名为MyProject的工程并将L4-5.c加入其中，编译、链接后生成MyProject.hex文件，将其装入图4.13中的AT89C51单片机中，运行后在示波器(OSCILLOSCOPE)上可看到P1.1引脚上输出的波形，如图4.16所示。

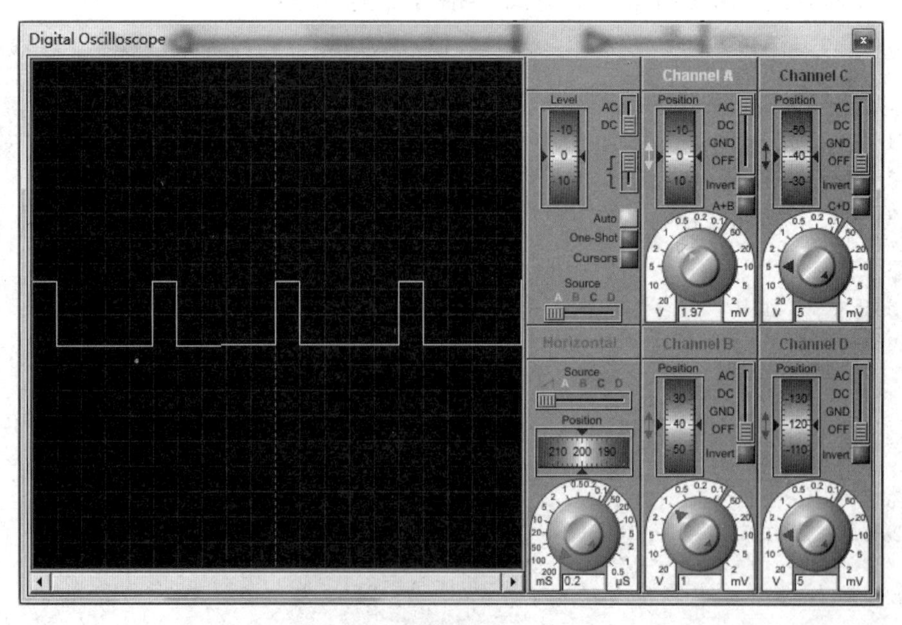

图4.16　例4.5输出波形图

创新提示，请采用查询方式完成例 4.5。

3. 工作方式 2

当选择工作方式 2 时，T/C0 是一个 8 位的、能重置初值的定时器/计数器，如图 4.17 所示。在工作方式 2 中，T/C0 只用 TL0 作为 8 位计数器，而把 TH0 作为预置寄存器，用于保存计数初值。初始化时，把计数初值分别装入 TL0 和 TH0 中。在运行时，当 TL0 计数溢出时，便置位 TF0，同时预置寄存器 TH0 自动将初值重新装入 TL0 中，T/C0 又进入新一轮的计数，如此循环重复不止。

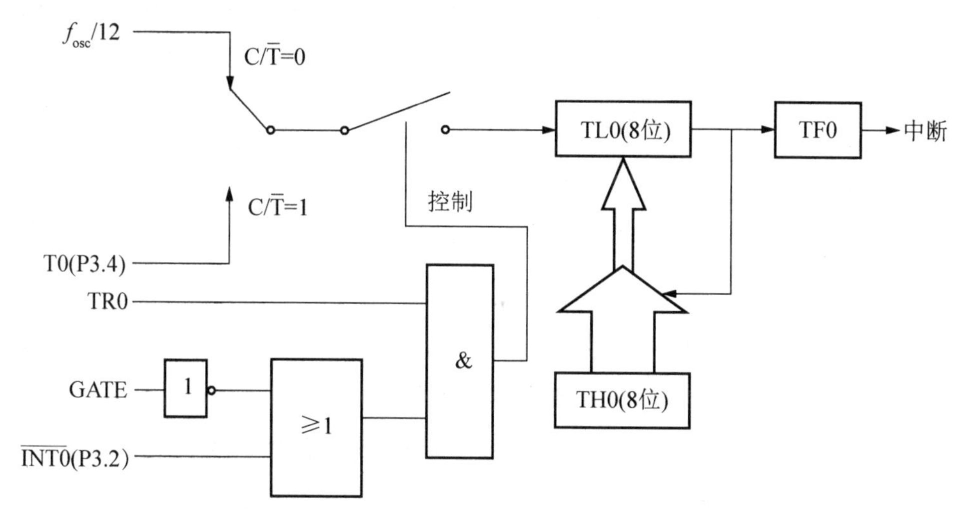

图 4.17　T/C0 工作方式 2 逻辑结构图

工作方式 2 非常适用于需要循环定时或循环计数的应用系统。另外，在串行数据通信中，工作方式 2 也常用于波特率发生器。

对于一次溢出而言，工作方式 2 的定时时间 TIME2 及计数值 COUNTER2 分别为

$$\text{TIME2} = \left(2^8 - X\right)\times\frac{12}{f_{osc}} = \left(256 - X\right)\times\frac{12}{f_{osc}}$$

$$\text{COUNTER2} = 2^8 - X = 256 - X$$

式中，X 为定时器/计数器初值。由工作方式 2 的特点可知，如果需要更长的定时时间或更大的计数范围，实现起来比方式 0、方式 1 更为方便。

【例 4.6】 电路如图 4.18 所示，在引脚 P1.0 上通过反相器接有一个发光二极管 D0，引脚 P1.2 通过反相器接在引脚 T1 上。试编写程序利用 T/C 控制 D0，使其发光 1s、熄灭 1s。设振荡器频率 f_{osc} =12MHz。

分析：当 f_{osc} =12MHz 时，工作方式 0、1、2 均不能满足定时 1s 的要求。对于这种较长时间的定时，除了例 4.5 中给出的多次中断的方法外，还可以使用下面介绍的复合定时的方法。

使用 T/C0 工作在方式 1，定时 50ms，定时时间到后 P1.2 反相，即 P1.2 引脚输出周期为 100ms 的方波脉冲。

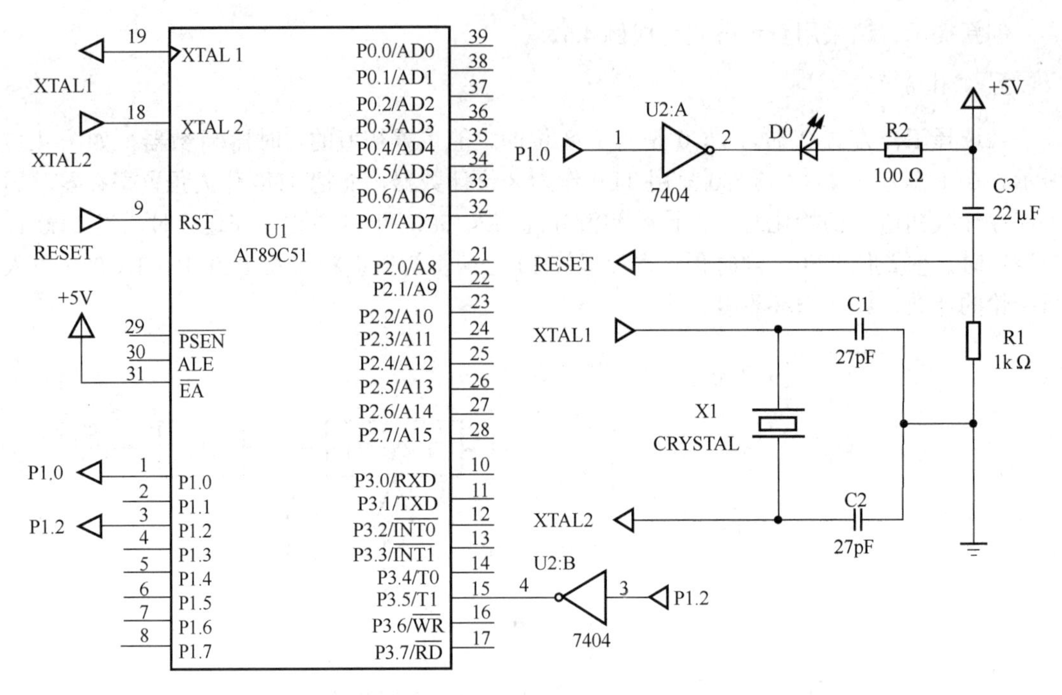

图 4.18　例 4.6 电路图

使用 T/C1 工作在方式 2，对 T1 引脚的输入脉冲计数，当计数满 10 次时，即可达到定时 1s 的要求。通过 P1.0 反相，改变 D0 的状态。

T/C0 的计数初值为 TH0=0x3C，TL0=0xB0。T/C1 的计数初值为 TH0=0xF6，TL0=0xF6。采用中断方式编程，程序如下：

```
/*********************************************************************
程序名称：L4-6.c
程序功能：采用复合定时方法，实现较长时间的定时
********************************************************************/
#include <reg51.h>

sbit D0 = P1^0;                     // 定义 D0 控制引脚
sbit S100ms = P1^2;                 // 定义方波输出引脚
/*********************************************************************
函数名称：void main( )
功能描述：主函数，初始化 CPU
*********************************************************************/
void main(  )
{
    D0 = 0;
    S100ms = 1;
    TMOD = 0x61;                    // 设置 T/C 的工作方式
    TH0 = 0x3C;                     // 给计数器赋初值
    TL0 = 0xB0;
    TH1 = 0xF6;
    TL1 = 0xF6;
```

```
    IP = 0x08;                      // T/C1 为高优先级中断
    EA = 1;                         // 开中断
    ET0 = 1;                        // 允许 T/C0 申请中断
    ET1 = 1;                        // 允许 T/C1 申请中断
    TR0 = 1;                        // 启动 T/C0
    TR1 = 1;                        // 启动 T/C1
    do{ }while( 1 );
}
/*****************************************************************
函数名称：void Time0( )
程序功能：重装定时器初值，S100ms 高低电平转换
*****************************************************************/
void Time0( ) interrupt 1 using 2
{
    S100ms = ! S100ms;              // S100ms 高低电平转换
    TH0 = 0x3C;                     // 重装定时器初值
    TL0 = 0xB0;
}
/*****************************************************************
函数名称：void Counter1( )
程序功能：D0 亮、灭转换
****************************************************************/
void Counter1( ) interrupt 3 using 3
{
    D0 = ! D0;                      // D0 亮、灭转换
}
```

在 Keil C51 集成开发环境中，输入上述源程序并命名为 L4-6.c，建立名为 MyProject 的工程并将 L4-6.c 加入其中，编译、链接后，打开 Proteus ISIS，将 MyProject.hex 文件写入图 4.16 中的 AT89C51 单片机中，启动仿真，即可观察到程序运行的结果。

4. 工作方式 3

在工作方式 3 中，T/C0 和 T/C1 的设置和使用是不同的。

1) T/C0

当选择工作方式 3 时，T/C0 被拆成两个独立的 8 位计数器 TH0 和 TL0，如图 4.19 所示。

TL0 独占原 T/C0 的控制位和引脚信号：$C/\overline{T}$、GATE、TR0、TF0、T0(P3.4)引脚和 $\overline{INT0}$ (P3.2)引脚。除只用 8 位 TL0 之外，其功能及操作与方式 0、方式 1 完全相同，可用于定时，也可用于计数。

TH0 只可用于简单的内部定时，占用原 T/C1 的控制位 TR1 和溢出标志位 TF1，同时占用它的中断源。其启动和关闭只受 TR1 的控制。

2) T/C1

T/C1 不能在工作方式 3 下使用，如果把 T/C1 设置在工作方式 3，它就停止工作。

当 T/C0 工作在方式 3 时，T/C1 的 TR1、TF1 和中断源虽然均被 T/C0 所占用，但它仍可设置为工作方式 0～2，如图 4.20 所示。

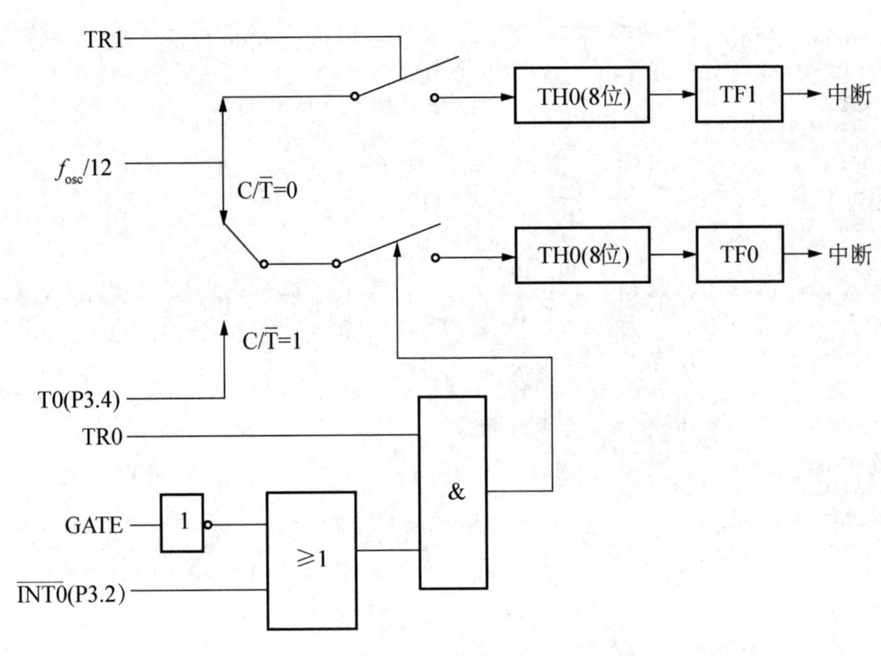

图4.19　T/C0工作方式3逻辑结构图

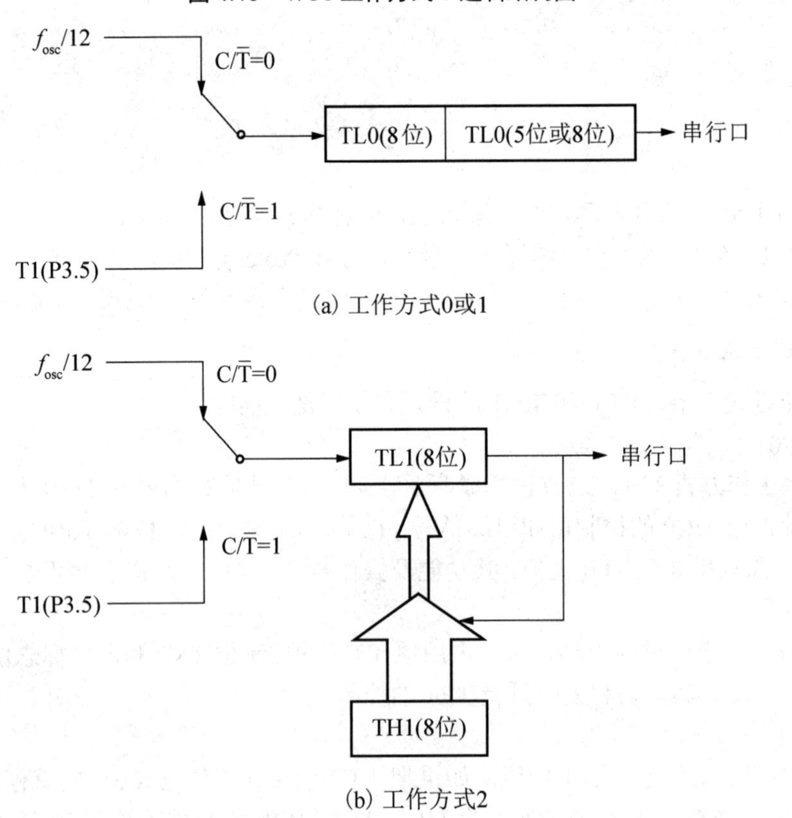

图4.20　T/C0以方式3工作时T/C1的逻辑结构

此时，只有一个控制位用来切换其定时或计数功能，而且寄存器的溢出只能将输出送入串行口。通过控制位 M1M0 设置好工作方式后，T/C1 就会自动开始运行；若要停止运行，只需将 M1M0 置为 11(即工作方式 3)。在这种情况下，T/C1 一般用作串行口的波特率发生器。

4.4　本 章 小 结

(1) 所谓中断，实际上是单片机与外围设备之间交换信息的一种方式，具体来讲就是当单片机执行主程序时，系统中出现某些急需处理的异常情况或特殊请求(中断请求)，单片机暂时中止现行的程序，而转去对随机发生的更紧迫的事件进行处理(中断响应)，在处理完毕，单片机又自动返回(中断返回)原来的主程序继续运行。

(2) 51 系列单片机的中断系统由中断源、中断标志位、中断控制位、硬件查询机构组成。

(3) 引起中断的原因或能发出中断请求的来源称为中断源。51 系列单片机有两个外部中断源、两个定时器/计数器中断源及一个串行口中断源。相对于外部中断源，定时器/计数器中断源与串行口中断源又称为内部中断源。

(4) 51 系列单片机中断系统的控制分成 3 个层次：总开关、分开关和优先级。这些控制功能主要是通过特殊功能寄存器 IE、IP 中相关位的软件设定来实现的。

(5) 中断处理过程可分为 4 个阶段：中断请求、中断查询和响应、中断处理、中断返回。

(6) 51 系列单片机仅提供了两个外部中断源，而在实际应用中可能需要两个以上的外部中断源，这时必须对外部中断源进行扩展，可用如下方法进行扩展。

① 利用定时器/计数器扩展外部中断源。

② 采用中断和查询结合的方法扩展外部中断源。

(7) 51 系列单片机内部有两个 16 位的定时器/计数器(T/C)，可用于定时控制、延时、对外部事件计数和检测等场合。通过编程可设定任意一个或两个 T/C 工作，并使其工作在定时或计数方式。

(8) 定时器/计数器的控制是通过软件设置来实现的，所涉及的特殊功能寄存器有 4 个：TMOD、TCON、IE、IP。

4.5　实训：十字路口交通信号灯控制

1. 实训目的

(1) 熟悉单片机的中断系统。

(2) 掌握单片机外部中断的控制与使用。

(3) 掌握单片机定时器/计数器中断的控制与使用。

(4) 掌握单片机中断系统的 C51 语言基本编程方法。

2. 实训设备

一台装有 Keil μVision2 和 Proteus ISIS 的计算机。

3. 实训原理

十字路口交通信号灯的控制是一个比较复杂的问题，既要保证车辆的安全通行，又要考虑紧急情况处理、放行/禁行时间显示、车流量统计及根据车流量的大小自动调整放行/禁行时间等。

在第3章的实训中，十字路口交通信号灯的变化是固定的，即若东西方向为放行线，则南北方向为禁止线；反之亦然。如果把紧急情况处理考虑在内，十字路口交通信号灯的变化规律见表4-1。

表4-1 十字路口交通信号灯的变化规律

状　态	东西方向	南北方向
① 东西方向放行	绿灯亮(*x*+*y*)s	红灯亮(*x*+*y*)s
② 东西方向警告	黄灯亮 *y*s	
③ 南北方向放行	红灯亮(*x*+*y*)s	绿灯亮(*x*+*y*)s
④ 南北方向警告		黄灯亮 *y*s
⑤ 双向禁行(仅按下K1键)	禁行	禁行
⑥ 南北禁行(仅按下K2键)	放行	禁行
⑦ 东西禁行(仅按下K3键)	禁行	放行

正常情况下，放行线——绿灯亮放行 *x*s 后，黄灯亮警告 *y*s，然后红灯亮禁止通行(*x*+*y*)s；禁止线——红灯亮禁止通行(*x*+*y*)s，然后绿灯亮放行 *x*s 后，黄灯亮警告 *y*s。

在紧急情况下，两个方向的放行、禁行是手动控制的。仅按下 K1 键时，双向禁行；松开K1键恢复正常。仅按下K2键时，东西放行，南北禁行；松开K2键恢复正常。仅按下K3键时，南北放行，东西禁行；松开K3键恢复正常。

在模拟情况下，为了在较短时间内看到控制效果，可以假设 x=4、y=1，即单向放行时间最多为5s。

1) 硬件电路设计

单片机系统采用 Atmel 公司的 AT89C51 芯片，振荡器频率选用 12MHz，信号灯的控制使用P1口。P1.0、P1.1、P1.2分别控制东西方向的红、绿、黄信号灯，P1.4、P1.5、P1.6分别控制南北方向的红、绿、黄信号灯。

紧急控制按键K1、K2、K3分别接在P3.5、P3.6、P3.7引脚上，并将其状态通过3输入或门74LS15送外部中断0(P3.2引脚)。

东西方向和南北方向共需要 4 组 12 个信号灯，建议采用 Proteus ISIS 中的 TRAFFIC LIGHTS 元件，如图4.21所示。

2) 软件设计

从硬件电路图可以看出，当P1口有关引脚输出高电平1时，则点亮相应的“信号灯”；

当 P1 口有关引脚输出低电平 0 时，则熄灭相应的“信号灯”。为了实现交通运行状态的控制要求，P1 口输出的控制码有 7 种，见表 4-2。

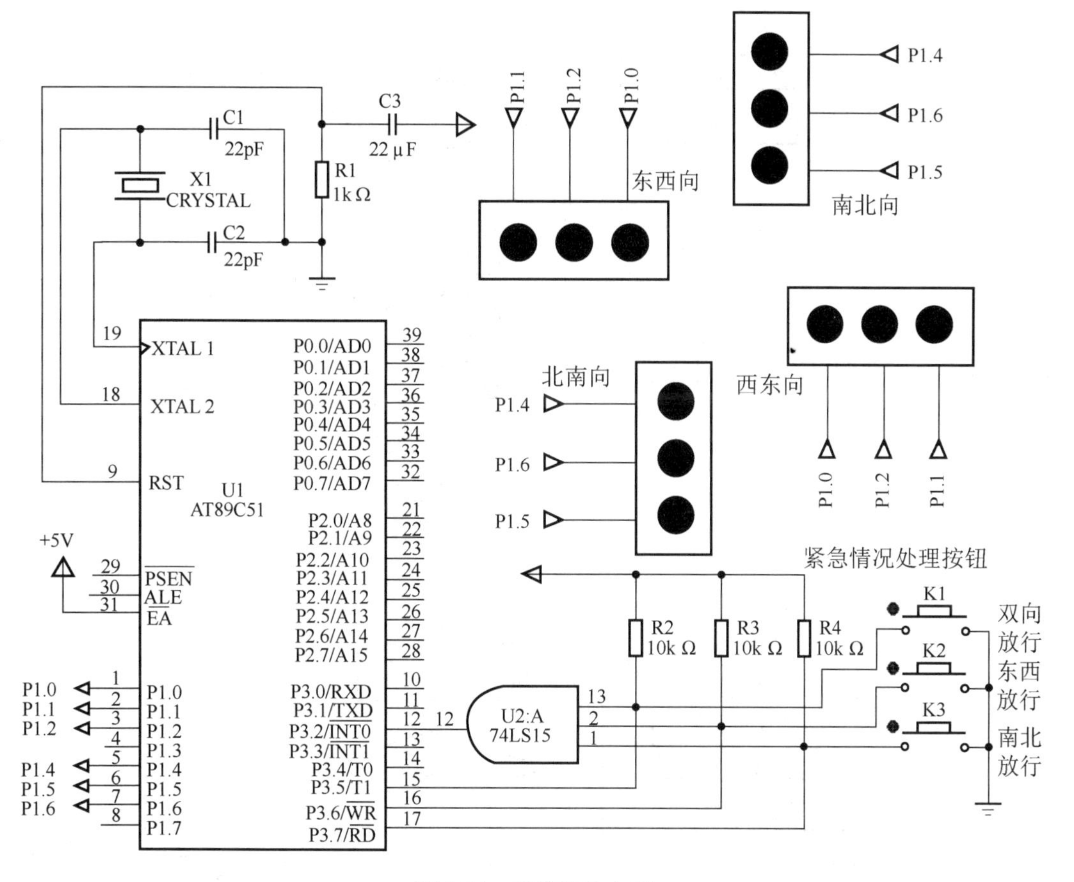

图 4.21　系统硬件电路

表 4-2　不同运行状态时的控制码

	南北方向				东西方向			控制码 (P1 口输出)	运行状态
空	黄灯	绿灯	红灯	空	黄灯	绿灯	红灯		
P1.7	P1.6	P1.5	P1.4	P1.3	P1.2	P1.1	P1.0		
1	0	0	1	1	0	1	0	0x9A	①
1	0	0	1	1	1	1	0	0x9E	②
1	0	1	0	1	0	0	1	0xA9	③
1	1	1	0	1	0	0	1	0xE9	④
1	0	0	1	1	0	0	1	0x99	⑤
1	0	0	1	1	0	1	0	0x9A	⑥
1	0	1	0	1	0	0	1	0xA9	⑦

根据十字路口交通信号灯的运行状态，主程序流程图如图4.22所示，定时器0中断服务程序的流程图如图4.23所示。

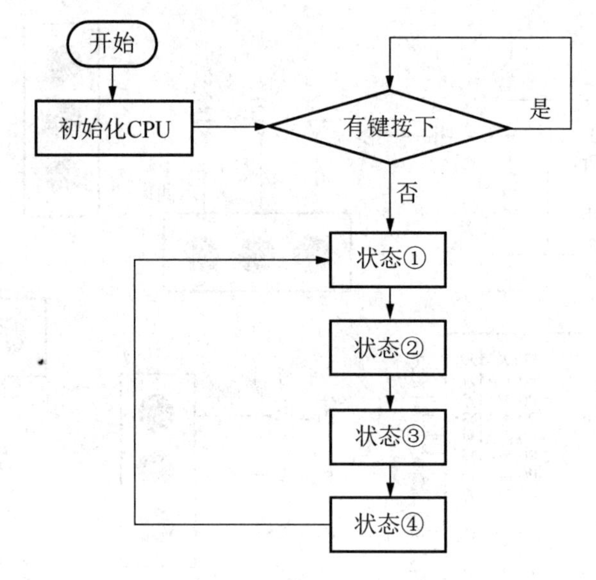

图4.22　主程序流程图

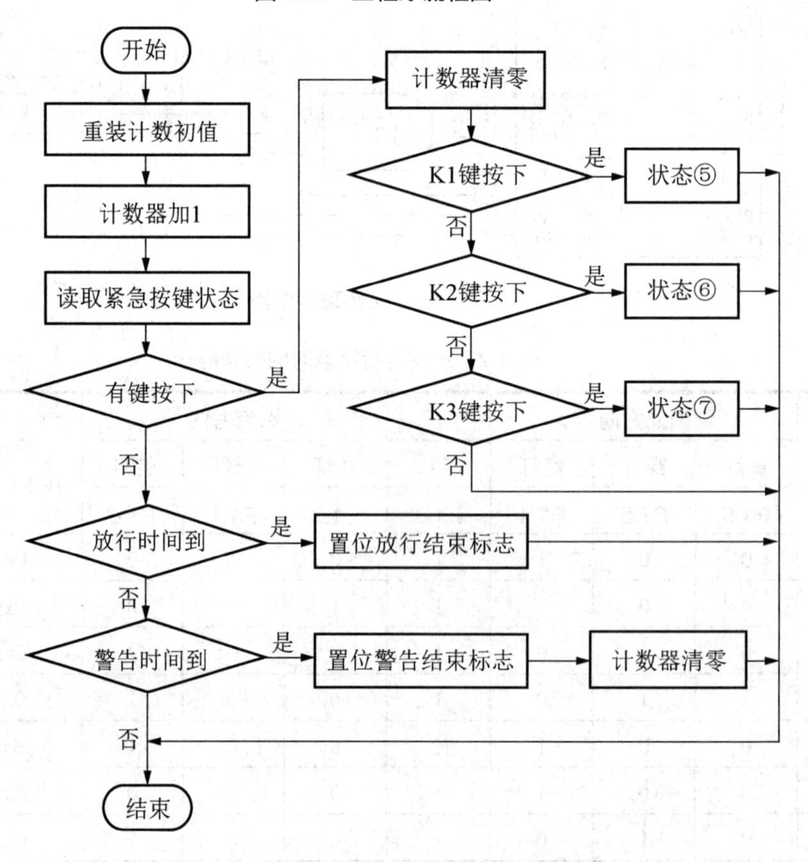

图4.23　定时器0中断服务程序的流程图

4. 实训内容

1) 绘制电路图

在 Proteus ISIS 中绘制图 4.21 所示的电路原理图，通过电气规则检查后，以文件名 ShiXun4 存盘。

2) 编写源程序

按照实训原理要求编写 C51 源程序，以文件名 ShiXun4.c 存盘。参考程序如下：

```
/************************************************************************
程序名称：ShiXun4.c
程序功能：带紧急情况处理的十字路口交通信号灯控制
************************************************************************/
#include <reg51.h>

#define uchar  unsigned char
#define FX_Time 2                     // 放行时间，单位为 s
#define JG_Time 1                     // 警告时间，单位为 s
#define FX_Cnt  FX_Time*20            // f=12MHz，基本延时单位为 50ms
#define JG_Cnt  JG_Time*20            // f=12MHz，基本延时单位为 50ms

uchar DispX[7] = { 0x9A, 0x9E, 0xA9, 0xE9,
                   0x99, 0x9A, 0xA9 };// 信号灯控制码
uchar Counter;                        // 用于记录 T0 中断次数，T0 每 50ms 中断 1 次

sbit K1 = P3^5;                       // 双向紧急禁行按键
sbit K2 = P3^6;                       // 东西紧急放行按键
sbit K3 = P3^7;                       // 南北紧急放行按键

bit FX_End;                           // 放行结束标志位，1 结束，0 等待
bit JG_End;                           // 警告结束标志位，1 结束，0 等待
bit Key;                              // 紧急按键状态标志位，1 有键按下，0 无键按下

void FangXing( uchar *PTR );          // 放行函数
void JingGao( uchar *PTR );           // 警告函数

/************************************************************************
函数名称：Time0( ) interrupt 1 using 2
函数功能：T0 中断服务程序。延时，基本单位为 50ms，控制点有 FX_Time、JG_Time 两个
************************************************************************/
void Time0( ) interrupt 1 using 2
{
    TH0 = 0x3C;                       // 重装 T0 初值
    TL0 = 0xB0;
    Counter++;
    Key = !K1 || !K2 || !K3;
    if( Key ){
        Counter = 0x00;
        if( ( K1==0)&&(K2&&K3==1) )     P1 = 0x99;
        else if( (K2==0)&&(K1&&K3==1) )P1 = 0x9A;
```

```
        else if( (K3==0)&&(K1&&K2==1) )P1 = 0xA9;
    }
    else{
        if( Counter == FX_Cnt )     FX_End = 1;
        else if( Counter ==( FX_Cnt + JG_Cnt ) ){
            JG_End = 1;
            Counter = 0x00;
        }
    }
}
/**************************************************************************
函数名称：Init( )
函数功能：系统初始化
**************************************************************************/
void Init( )
{
    IP  = 0x01;
    TMOD = 0x01;                        // T0 以方式 1 工作，由 TR0 控制其启停
    TH0 = 0x3C;                         // T0 初值
    TL0 = 0xB0;
    EA  = 1;                            // 开中断
    EX0 = 1;                            // 允许 X0 中断
    ET0 = 1;                            // 允许 T0 中断
    TR0 = 1;                            // 启动 T0
    FX_End = 0;
    JG_End = 0;
    Counter = 0x00;
}
/**************************************************************
函数名称：main( )
函数功能：主函数，控制信号灯正常运行
调用函数：DelayXs( unsigned char x)
**************************************************************/
void main( )
{
    uchar *PTR = &DispX;                // PTR 指向数组 DispX 的首地址

    Init( );                            // 开机信号灯全亮，用于信号灯检测

    for(;;){
        if( Key )   continue;
        FangXing( PTR );                // 东西方向放行
        JingGao( ++PTR );               // 东西方向警告
        FangXing( ++PTR );              // 南北方向放行
        JingGao( ++PTR );               // 南北方向警告
        PTR = &DispX;
    }
}
```

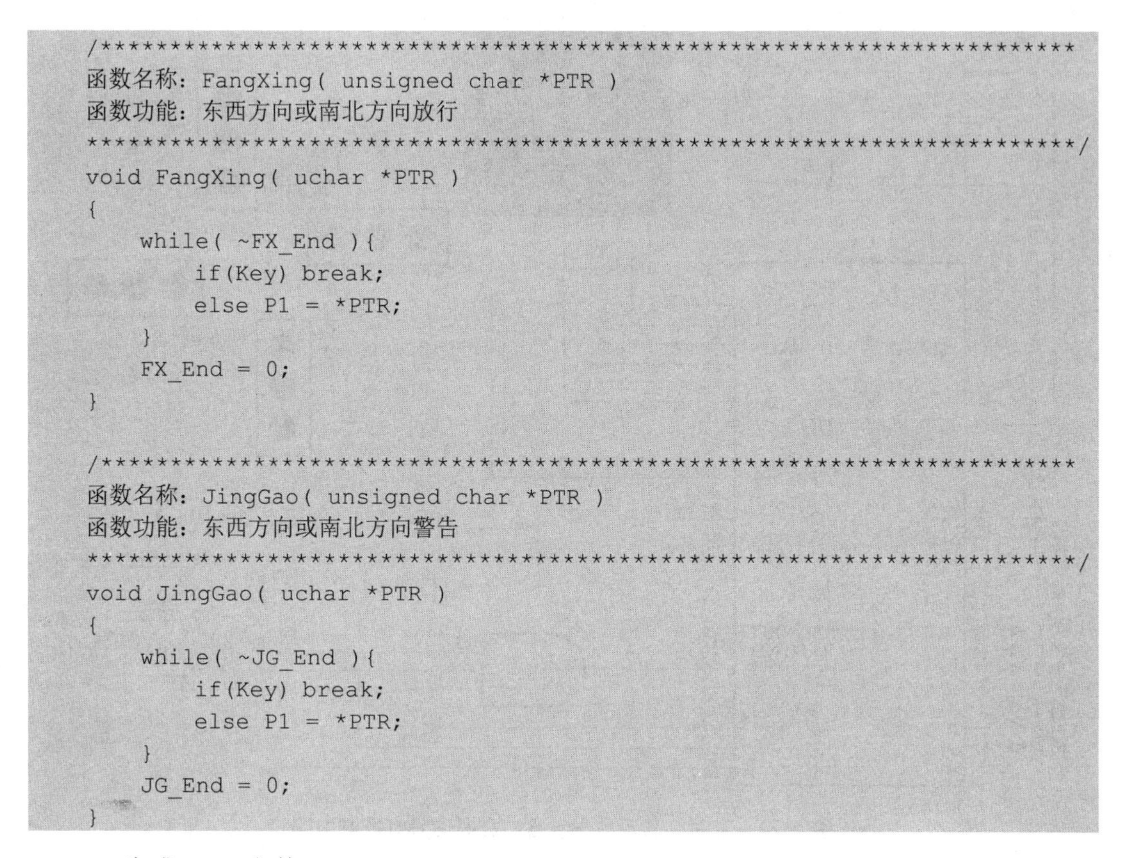

```
/*************************************************************************
函数名称：FangXing( unsigned char *PTR )
函数功能：东西方向或南北方向放行
*************************************************************************/
void FangXing( uchar *PTR )
{
    while( ~FX_End ){
        if(Key) break;
        else P1 = *PTR;
    }
    FX_End = 0;
}

/*************************************************************************
函数名称：JingGao( unsigned char *PTR )
函数功能：东西方向或南北方向警告
*************************************************************************/
void JingGao( uchar *PTR )
{
    while( ~JG_End ){
        if(Key) break;
        else P1 = *PTR;
    }
    JG_End = 0;
}
```

3) 生成 HEX 文件

在 Keil μVision2 中创建名为 ShiXun4 的工程，将 ShiXun4.c 加入其中，编译、链接，生成 ShiXun4.hex 文件。

4) 仿真运行

在 Proteus ISIS 中，打开设计文件 ShiXun4，将 ShiXun4.hex 装入单片机中，启动仿真，观察系统运行效果是否符合设计要求。

5. 思考与练习

(1) 51 系列单片机的中断系统由哪几部分组成？

(2) 什么是中断源？51 系列单片机有几个中断源？它们的编号分别是什么？

(3) 中断处理过程分为几个阶段？

(4) 51 系列单片机中断系统的控制分为几个层次？与其相关的特殊功能寄存器有哪些？

(5) 如果在图 4.21 所示的电路中添加 1 个两位的共阴极 7 段数码管显示器(7SEG-MPX2-CC)，如图 4.24 所示，即构成带时间显示的十字路口交通信号灯控制电路。试编写程序，实现显示器的倒计时功能。

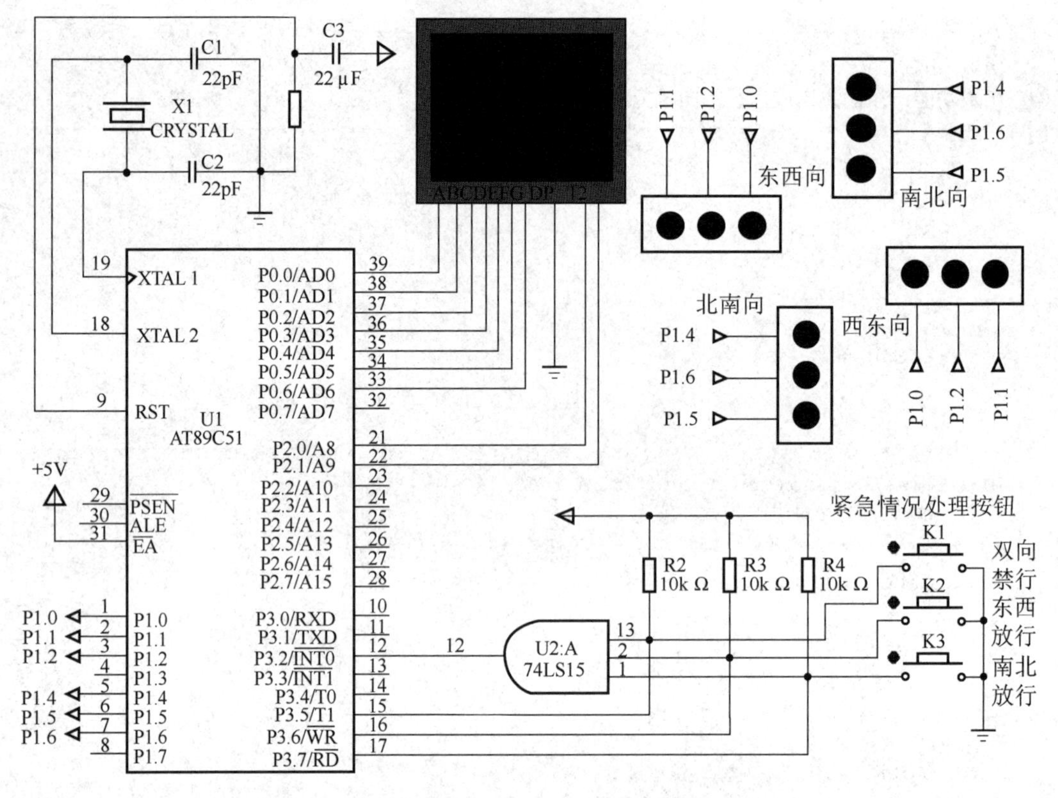

图 4.24　带时间显示的十字路口交通信号灯控制电路

6. 心得、建议及创新

(1) 心得：(对自己说的话)______________________________

(2) 建议：(对老师说的话)______________________________

(3) 创新：(基于实训内容，在软、硬件方面的改进)____________________

第 5 章　单片机人机交互系统的 C51 语言编程

教学提示

在单片机应用系统中，经常会涉及显示器、键盘等人机交互设备。如何将它们与单片机的输入/输出端口相连并编程实现特定的功能是单片机应用开发人员必须掌握的基本技术。常用的显示器有 LED 数码管显示器、LED 点阵显示器、LCD 显示器，常用的键盘有非编码键盘、编码键盘。本章将重点介绍上述元器件与单片机的连接方式及 C51 语言的编程方法。

教学要求

了解单片机输入/输出端口的特点及使用注意事项；熟练掌握 LED 数码管显示器的使用方法；掌握 LED 点阵显示器、LCD 显示器的使用方法；熟练掌握非编码键盘的使用方法；掌握外部扩展存储器的使用方法。

5.1　单片机的输入/输出端口

51 系列单片机有 4 个 8 位的双向并行输入/输出(I/O)端口，称为 P0 口、P1 口、P2 口和 P3 口。各个端口既可以按字节输入、输出，也可以按位输入、输出。利用这 4 个 I/O 端口可以方便地实现单片机与外部数字设备或芯片的信息交换。下面简要介绍单片机输入/输出端口的特点及使用注意事项。

1. P0 口

P0 口是一个双功能的 8 位并行 I/O 口，字节地址为 80H，位地址为 80H～87H。P0 口既可作为输入/输出端口使用，又可作为地址/数据总线分时传输低 8 位地址和 8 位并行数据。P0 口的特点如下。

(1) P0 口是一个双功能的端口：地址/数据分时复用口和通用 I/O 口。

(2) 具有高电平、低电平和高阻抗 3 种状态的 I/O 端口称为双向 I/O 端口。P0 口用作地址/数据总线复用口时，相当于一个真正的双向 I/O 口；而用作通用 I/O 口时，由于引脚上需要外接上拉电阻，端口不存在高阻(悬空)状态，此时 P0 口只是一个准双向口。

(3) 为保证引脚上的信号能正确读入，在读入操作前应首先向特殊功能寄存器 P0 写入 0xFF。

(4) 单片机复位后，特殊功能寄存器 P0 的值为 0xFF。

(5) 一般情况下，如果P0口已作为地址/数据复用口，就不能再用作通用I/O口。

(6) P0口能驱动8个TTL负载。

2. P1口

P1口是单一功能的并行I/O口，字节地址为90H，位地址为90H～97H。它只用作通用的数据输入/输出口。P1口的特点如下。

(1) P1口由于有内部上拉电阻，没有高阻抗输入状态，所以称为准双向口。P1作为输出口时，不需要再在片外拉接上拉电阻。

(2) P1口读引脚输入时，必须先向特殊功能寄存器P1写入0xFF，其原理与P0口相同。

(3) P1口能驱动4个TTL负载。

3. P2口

P2口是一个双功能的8位并行I/O口，字节地址为80H，位地址为A0H～A7H。P2口既可用作通用的输入/输出口，又可用作高8位地址总线。P2口的特点如下。

(1) P2口用作高8位地址输出线应用时，与P0口输出的低8位地址一起构成16位的地址总线，可以寻址64KB地址空间。

(2) 作为通用I/O口使用时，P2口为准双向口，功能与P1口一样。

(3) P2口能驱动4个TTL负载。

4. P3口

P3口是一个双功能的8位并行I/O口，字节地址为B0H，位地址为B0H～B7H，它的第一功能是通用输入/输出口，作为第二功能使用时，各引脚定义见表5-1。

表5-1　P3口的第二功能

P3口引脚	第二功能
P3.0	RXD(串行口输入)
P3.1	TXD(串行口输出)
P3.2	$\overline{\text{INT0}}$(外部中断0输入)
P3.3	$\overline{\text{INT1}}$(外部中断1输入)
P3.4	T0(定时/计数器0外部计数脉冲输入)
P3.5	T1(定时/计数器1外部计数脉冲输入)
P3.6	$\overline{\text{RD}}$(片外数据存储器写选通信号输出)
P3.7	$\overline{\text{WR}}$(片外数据存储器读选通信号输出)

P3口的特点如下。

(1) P3口内部有上拉电阻，不存在高阻输入状态，是一个准双向口。

(2) P3口作为第二功能的输出/输入或作为通用输入时，必须先向特殊功能寄存器P3写入0xFF。实际应用中，由于复位后特殊功能寄存器P3的值为0xFF，已满足第二功能运作条件，所以可以直接进行第二功能操作。

(3) P3 口的某位不作为第二功能使用时，则自动处于通用输出/输入口功能，可作为通用输出/输入口使用。

(4) P3 口能驱动 4 个 TTL 负载。

5.2　LED 数码管显示器

51 系列单片机应用系统中常用的显示器有 LED 数码管显示器、LED 数码管点阵显示器、液晶显示器。本节重点介绍 LED 数码管显示器。

5.2.1　LED 数码管显示器简介

LED(发光二极管)数码管显示器按用途可分为通用 7 段 LED 数码管显示器和专用 LED 数码管显示器，分别如图 5.1 和图 5.2 所示。本节重点介绍通用 7 段 LED 数码管显示器(以下简称数码管)。数码管由 8 个 LED a、b、c、d、e、f、g 构成，按结构分为共阴极和共阳极两种，如图 5.3 和图 5.4 所示。

图 5.1　通用 7 段 LED 数码管

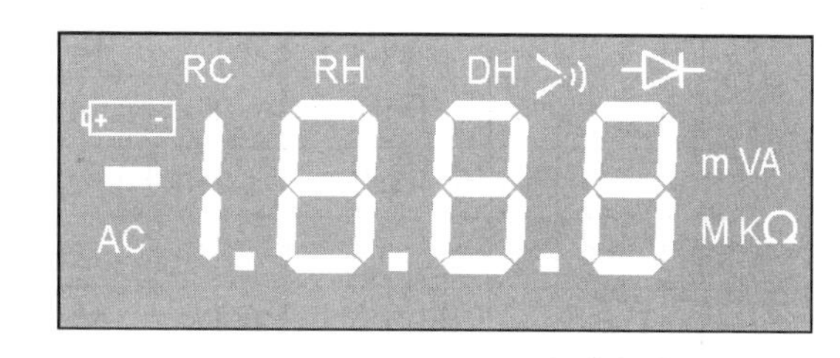

图 5.2　专用 LED 数码管

共阴极数码管的 8 个 LED 的阴极连接在一起，通常，公共阴极接低电平(一般接地)，其他引脚接 LED 驱动电路输出端。当某个 LED 驱动电路的输出端为高电平时，则该端所连接的 LED 导通并点亮。根据发光字段的不同组合可显示各种数字或字符。

共阳极数码管的 8 个 LED 的阳极连接在一起，通常，公共阳极接高电平(一般接电源)，其他引脚接 LED 驱动电路输出端。当某个 LED 驱动电路的输出端为低电平时，则该端所连接的 LED 导通并点亮。根据发光字段的不同组合可显示各种数字或字符。

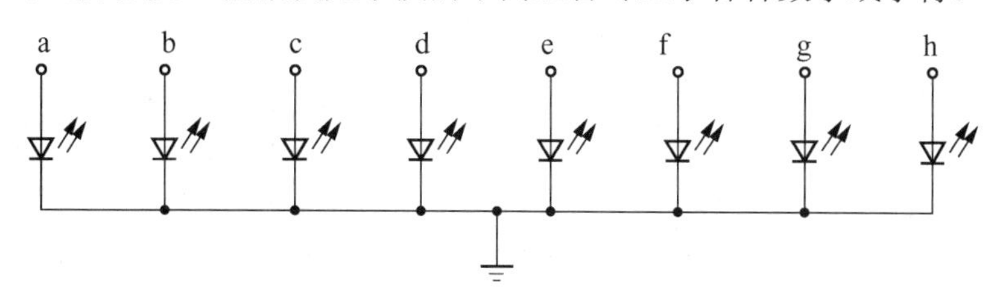

图 5.3　共阴极数码管

要使 LED 数码管显示相应的数字或字符，必须向其数据口输入相应的字形编码。LED 数码管的常用字形编码见表 5-2。

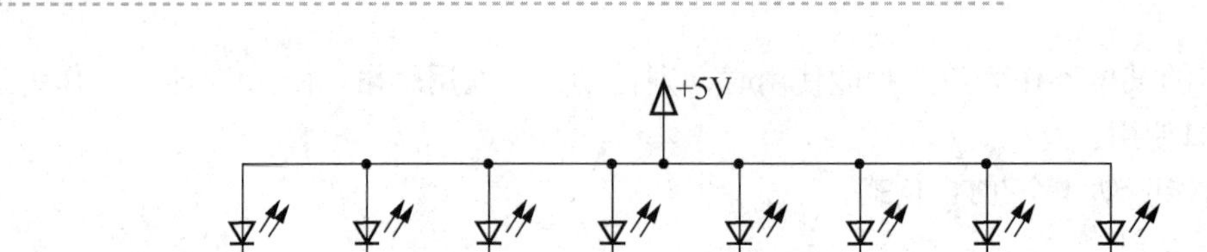

图 5.4　共阳极数码管

表 5-2　LED 数码管的常用字形编码表

显示字符	共阳极									共阴极								
	dp	g	f	e	d	c	b	a	字形码	dp	g	f	e	d	c	b	a	字形码
0	1	1	0	0	0	0	0	0	C0H	0	0	1	1	1	1	1	1	3FH
1	1	1	1	1	1	0	0	1	F9H	0	0	0	0	0	1	1	0	06H
2	1	0	1	0	0	1	0	0	A4H	0	1	0	1	1	0	1	1	5BH
3	1	0	1	1	0	0	0	0	B0H	0	1	0	0	1	1	1	1	4FH
4	1	0	0	1	1	0	0	1	99H	0	1	1	0	0	1	1	0	66H
5	1	0	0	1	0	0	1	0	92H	0	1	1	0	1	1	0	1	6DH
6	1	0	0	0	0	0	1	0	82H	0	1	1	1	1	1	0	1	7DH
7	1	1	1	1	1	0	0	0	F8H	0	0	0	0	0	1	1	1	07H
8	1	0	0	0	0	0	0	0	80H	0	1	1	1	1	1	1	1	7FH
9	1	0	0	1	0	0	0	0	90H	0	1	1	0	1	1	1	1	6FH
C	1	1	0	0	0	1	1	0	C6H	0	0	1	1	1	0	0	1	39H
E	1	0	0	0	0	1	1	0	86H	0	1	1	1	1	0	0	1	79H
F	1	0	0	0	1	1	1	0	8EH	0	1	1	1	0	0	0	1	71H
H	1	0	0	0	1	0	0	1	89H	0	1	1	1	0	1	1	0	76H
L	1	1	0	0	0	1	1	1	C7H	0	0	1	1	1	0	0	0	38H
P	1	0	0	0	1	1	0	0	8CH	0	1	1	1	0	0	1	1	73H
U	1	1	0	0	0	0	0	1	C1H	0	0	1	1	1	1	1	0	3EH
–	1	0	1	1	1	1	1	1	BFH	0	1	0	0	0	0	0	0	40H
.	0	1	1	1	1	1	1	1	7FH	1	0	0	0	0	0	0	0	80H
熄灭	1	1	1	1	1	1	1	1	FFH	0	0	0	0	0	0	0	0	00H

数码管的外形结构如图 5.5 所示。LED 数码管有静态显示和动态显示两种方式，在具体使用时，要求 LED 驱动电路能提供额定的 LED 导通电流，还要根据外接电源及额定 LED 导通电流来确定相应的限流电阻。

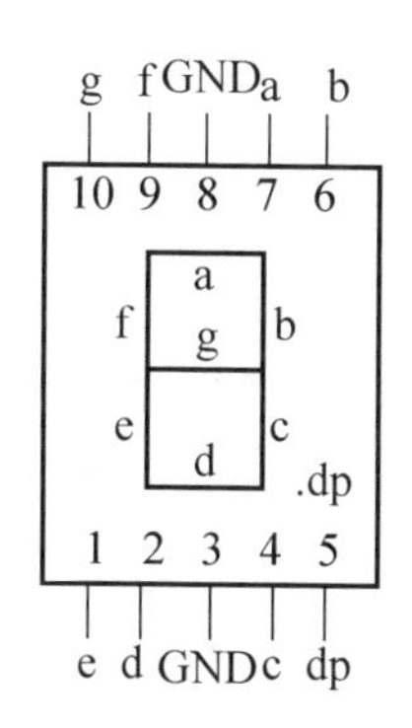

图 5.5　数码管的外形结构

5.2.2　静态显示编程

静态显示是指数码管显示某一字符时，相应的 LED 恒定导通或恒定截止。静态显示时，各位数码管是相互独立的，每个数码管的 8 个 LED 分别与一个 8 位 I/O 口地址相连，只要 I/O 口有字形码输出，相应字符即显示出来，并保持不变，直到 I/O 口输出新的字形码。采用静态显示方式，较小的电流即可获得较高的亮度，并且占用 CPU 时间少，编程简单，显示便于监测和控制，但其占用的口线多，硬件电路复杂，成本高，只适合于显示位数较少的场合。

【例 5.1】 电路如图 5.6 所示，单片机采用 AT89C51，振荡器频率 f_{osc} 为 12MHz，数码管 LED1、LED2 采用 7SEG-COM-CAT-GRN(共阴极，绿色)，两位数码管分别连接在 AT89C51 的 P0 口、P1 口，按键 K1 接在引脚 P2.3 上，RP1 为排阻。试编程实现下列功能。

(1) 开机显示 00。

(2) 按一次 K1 键，数字加 1。

(3) 当计数到 99 时，再按一次 K1 键，又从 00 开始计数。

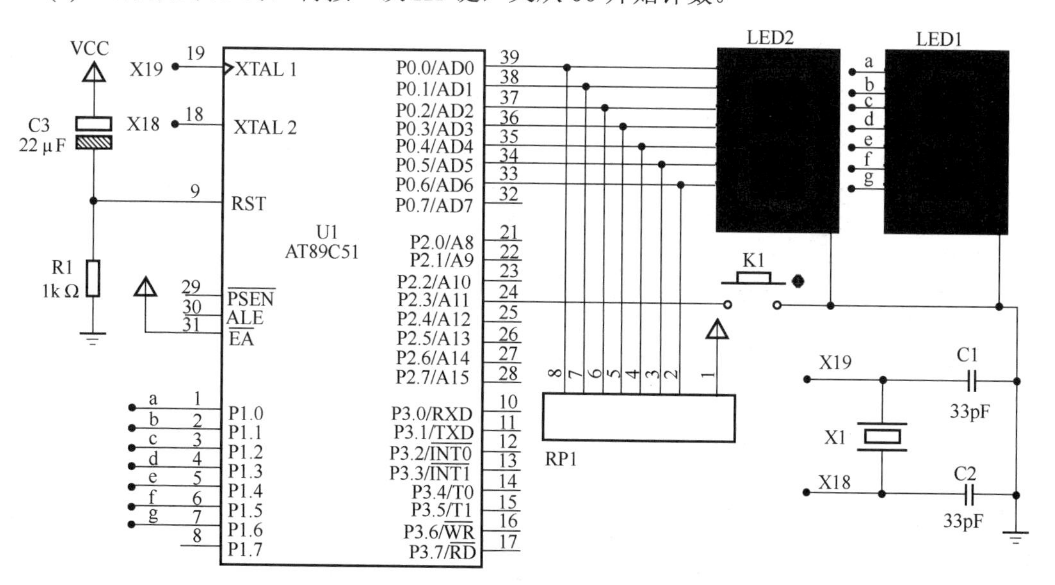

图 5.6　例 5.1 电路图

参考程序如下：

```
/**************************************************************
程序名称：L5-1.c
程序功能：用两位数码管静态显示数字 00～99
**************************************************************/
#include <reg51.h>

unsigned char SM[10]={ 0x3F,0x06,0x5B,0x4F,0x66,
                       0x6D,0x7D,0x07,0x7F,0x6F};    // 数码 0～9

sbit K1 = P2^3;                       // 定义按键 K1
/**************************************************************
函数名称：delay( )
函数功能：按键消抖延时。振荡器频率 fosc 为 12MHz，延时 100ms
**************************************************************/
void delay( )
{
    unsigned char i,j,k;
    for( i=20; i>0; i-- )
        for( j=20; j>0; j-- )
            for( k=250; k>0; k--);
}
/**************************************************************
函数名称：main( )
函数功能：主函数，按 K1 键时，数码管加 1 计数
调用函数：delay( )
**************************************************************/
void main( )
{
    unsigned char i=0, j=0;

    while( 1 ){
        P0 = SM[i];
        P1 = SM[j];
        while( K1 );                  // 监测按键信号
        delay( );                     // 消抖延时
        j++;                          // 个位数加 1
        if( j>9 ) {
            j=0;
            i++;                      // 十位数加 1
            if( i>9 ) {
                i=0;
                j=0;
            }
        }
    }
}
```

首先在 Proteus ISIS 中绘制图 5.6 所示的电路并以 L5-1 为名存盘；其次在 Keil C51 集成开发环境中输入上述源程序并命名为 L5-1.c，建立名为 MyProject 的工程并将 L5-1.c 加入其中，做好相应设置后编译、链接，生成目标文件 L5-1.hex；最后在 Proteus ISIS 中将 MyProject.hex 写入单片机 AT89C51。启动仿真，即可观察到程序的仿真运行效果。

5.2.3　动态显示编程

动态显示是逐位地轮流点亮各位数码管，这种逐位点亮显示器的方式称为位扫描。通常，各位数码管的相应 LED 选线并联在一起，由一个 8 位的 I/O 口控制；各位的位选线(公共阴极或阳极)由另外的 I/O 口线控制。动态方式显示时，各数码管分时轮流选通，要使其稳定显示必须采用扫描方式，即在某一时刻只选通一位数码管，并送出相应的字形码，在另一时刻选通另一位数码管，并送出相应的字形码，依此规律循环，即可使各位数码管显示将要显示的字符，虽然这些字符在不同的时刻分别显示，但由于人眼存在视觉暂留效应，只要每位显示间隔足够短就可以给人以同时显示的感觉。

采用动态显示方式比较节省 I/O 口，硬件电路也较静态显示方式简单，但其亮度不如静态显示方式，而且在显示位数较多时，CPU 要依次扫描，占用 CPU 较多的时间。

【例 5.2】 电路如图 5.7 所示，单片机采用 AT89C51，振荡器频率 f_{osc} 为 12MHz，数码管 LED1、LED2 采用 7SEG-COM-CAT-GRN(共阴极，绿色)，两位数码管分别连接在 AT89C51 的 P0 口、P1 口，按键 K1 接在引脚 P2.3 上，RP1 为排阻。试编程实现下列功能。

(1) 开机显示 00。

(2) 按一次 K1 键，数字加 1。

(3) 当计数到 99 时，再按一次 K1 键，又从 00 开始计数。

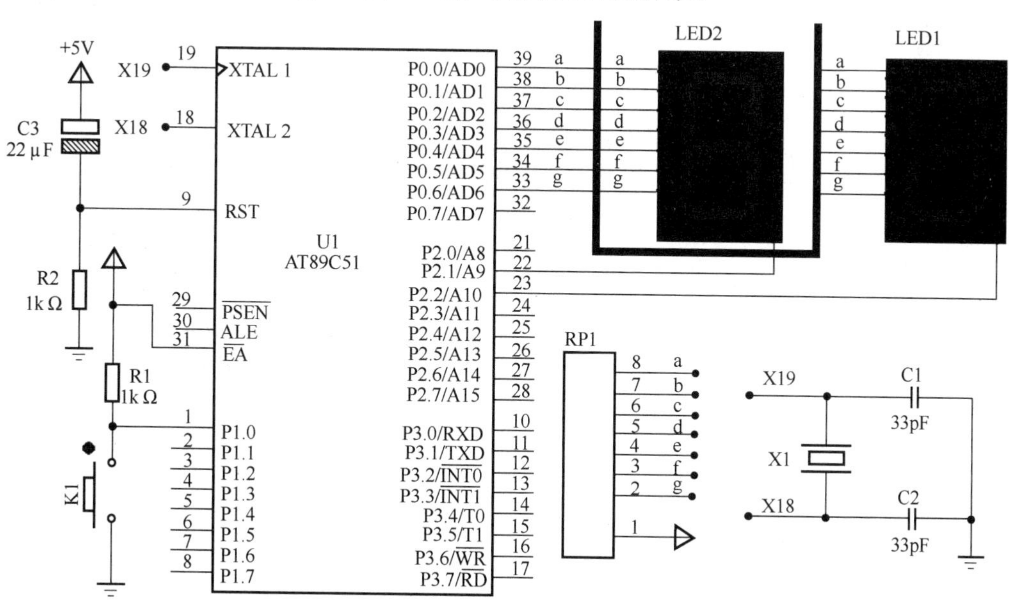

图 5.7　例 5.2 电路图

参考程序如下：

```
/***********************************************************
程序名称：L5-2.c
程序功能：用两位数码管动态显示数字 00～99
***********************************************************/
#include <reg51.h>

#define time    25                           // 显示刷新时间，单位为μs
#define counter 65536-time

unsigned char SM[10]={ 0x3F,0x06,0x5B,0x4F,0x66,
                      0x6D,0x7D,0x07,0x7F,0x6F };    // 数码 0～9
unsigned char WM[2]={ 0xFB,0xFD }; // 位码
unsigned char DBUFF[2];                      // 显示缓冲
unsigned char i, j, CNT, tmp;

sbit K1 = P1^0;                              // 定义按键 K1
/***********************************************************
函数名称：delay( unsigned char x )
函数功能：延时 x*10ms，振荡器频率 fosc 为 12MHz
***********************************************************/
void delay( unsigned char x )
{
    unsigned char j,k;
    for( ; x>0; x-- )
        for( j=40; j>0; j-- )
            for( k=250; k>0; k--);
}
/***********************************************************
函数名称：Time0( void ) interrupt 1 using 2
函数功能：每 time μs 刷新一次显示
***********************************************************/
void Time0( void ) interrupt 1 using 2
{
    TH0 = counter/256;                       // 重装 T0 初值
    TL0 = counter%256;

    tmp = WM[CNT];                           // 取位码
    P2 = tmp;
    P0 = DBUFF[CNT];                         // 取字形码

    CNT++;                                   // 位码加 1
    if( CNT==2 )    CNT = 0;
}
/***********************************************************
函数名称：main( )
函数功能：主函数，按 K1 键时，数码管加 1 计数
***********************************************************/
```

```
void main( )
{
    TMOD = 0x01;
    TH0 = counter/256;                  // 置 T0 初值
    TL0 = counter%256;
    EA = 1;                             // 开中断
    ET0 = 1;                            // 允许 T0 申请中断
    TR0 = 1;                            // 启动 T0

    CNT=0;
    i = 0;
    j = 0;

    while( 1 ){

        DBUFF[0]=SM[j];
        DBUFF[1]=SM[i];

        while( K1 ) ;                   // 扫描按键
        delay( 10 );                    // 消抖延时

        j++;                            // 个位数加 1
        if( j>9 ) {
            j=0;
            i++;                        // 十位数加 1
            if( i>9 ) {
                i=0;
                j=0;
            }
        }
    }
}
```

首先在 Proteus ISIS 中绘制图 5.7 所示的电路并以 L5-2 为名存盘；其次在 Keil C51 集成开发环境中输入上述源程序并命名为 L5-2.c，建立名为 MyProject 的工程并将 L5-2.c 加入其中，做好相应设置后编译、链接，生成目标文件 L5-2.hex；最后在 Proteus ISIS 中将 MyProject.hex 写入单片机 AT89C51。启动仿真，即可观察到程序的仿真运行效果。

5.3　LED 数码管点阵显示器

LED 数码管点阵显示器是由 LED 按矩阵方式排列而成的，按照尺寸大小，LED 点阵显示器有 5×7、5×8、6×8、8×8 等多种规格；按照 LED 发光颜色的变化情况，LED 点阵显示器分为单色、双色、三色；按照 LED 的连接方式，LED 点阵显示器又有共阴极、共阳极之分。

在使用时，只要点亮相应的 LED，LED 点阵显示器即可按要求显示英文字母、阿拉伯数字、图形及中文字符等。LED 点阵显示器广泛地应用于股票显示板、活动信息公告板、活动字幕广告板等。

Proteus ISIS 中只提供了单色的 5×7、8×8 两种 LED 点阵显示器，如图 5.8 所示。

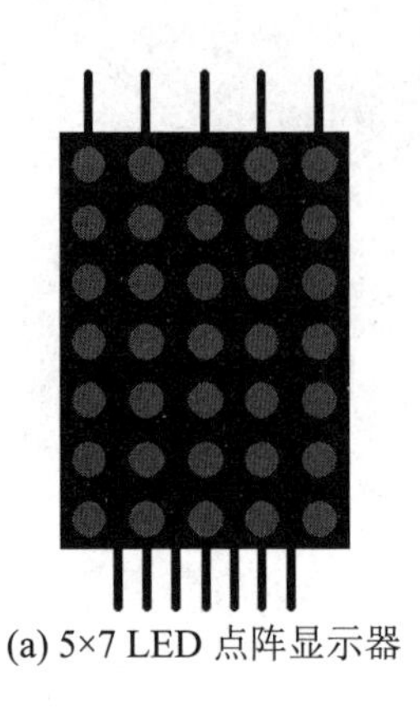

(a) 5×7 LED 点阵显示器

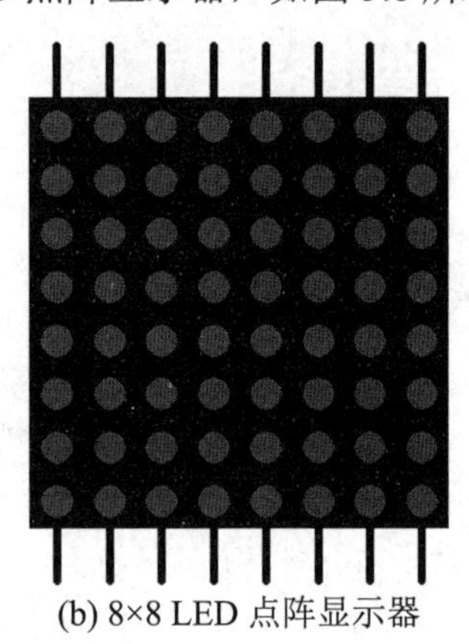

(b) 8×8 LED 点阵显示器

图 5.8　LED 点阵显示器

5.3.1　字母、数字及图形的显示

单个的西文字母或阿拉伯数字通常采用 5×7 点阵显示，图 5.9 所示为字母 A 的 5×7 字形点阵示意图。值得注意的是，字形并不是唯一的，应根据具体需要而定。

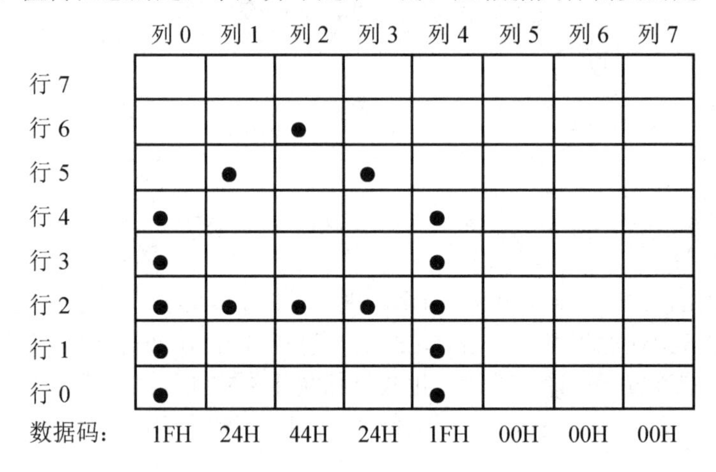

图 5.9　字母 A 的 5×7 字形点阵示意图

【例 5.3】 电路如图 5.11 所示，单片机采用 AT89C51，振荡器频率 f_{osc} 为 12MHz，LED-DOT 为 8×8 共阳极 LED 点阵显示器(MATRIX-8×8-GREEN)。试编程实现下列功能：循环显示字符 0、1、2、3、4、5、6、7、8、9、A、B、C、D、E、F。

电路中采用带输出锁存器的 8 位串入并出移位寄存器 74HC595 作为列驱动器，目的是解决列扫描过程中列数据准备与列数据显示之间的矛盾问题。74HC595 由一个 8 位串入并出的移位寄存器和一个 8 位输出锁存器组成，两者的控制是各自独立的，即数据的准备和数据的输出可以同时进行。74HC595 的原理图如图 5.10 所示。

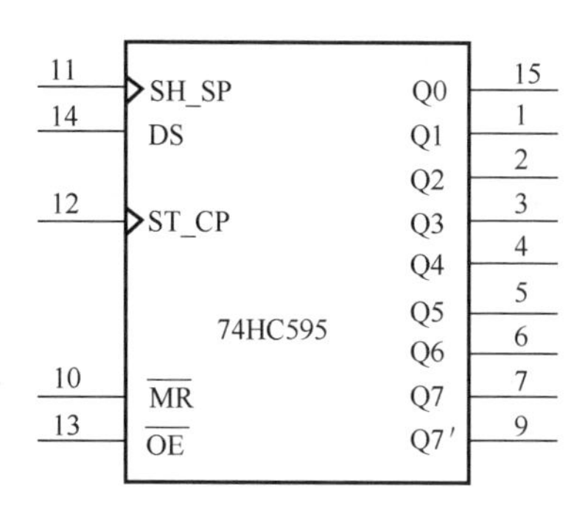

图 5.10　74HC595 原理图

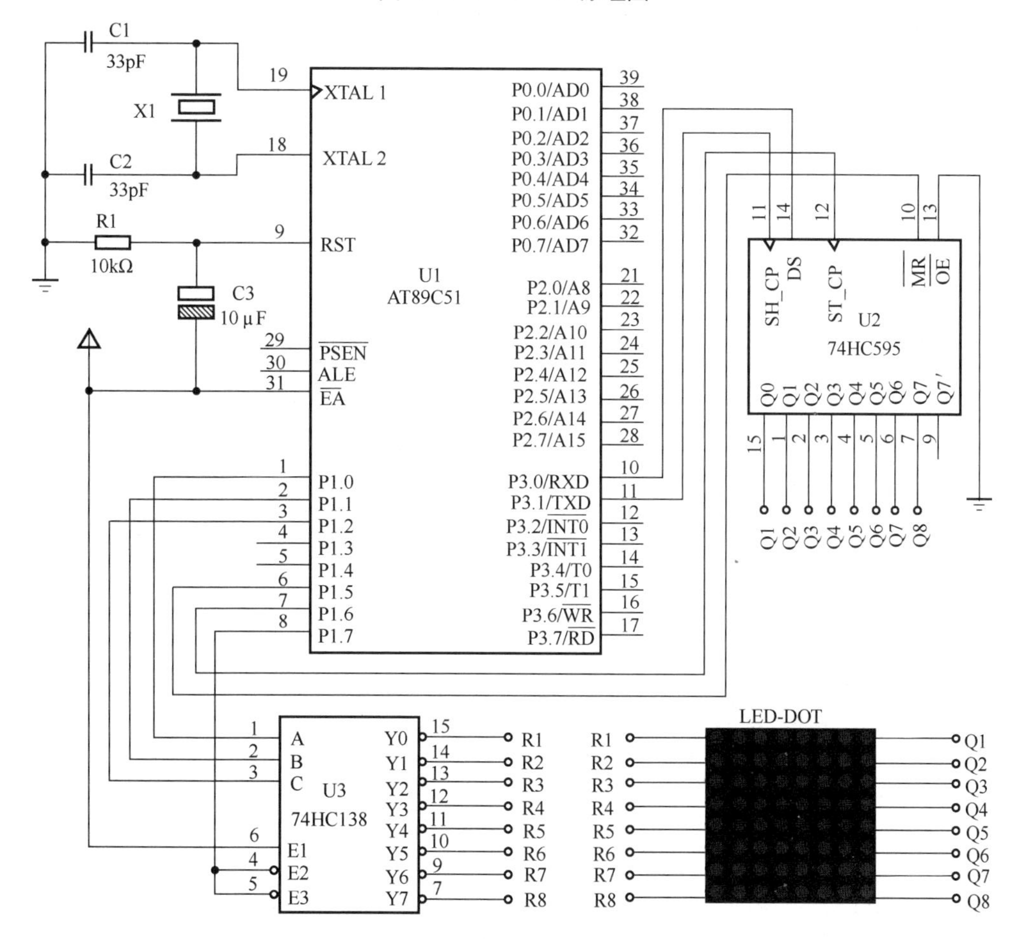

图 5.11　例 5.3 电路图

74HC595 引脚功能说明如下。

Q0～Q7、Q7′：芯片的输出端。最高位 Q7 可作为多片 74HC595 级联应用时向上一级的级联输出。但因 Q7 受输出锁存器的控制，所以还从输出锁存器前引出了 Q7′ 作为与移位寄存器完全同步的级联输出。

DS：串行数据输入端。

SH_CP：移位寄存器的移位时钟脉冲，上升沿触发。移位后的各位信号出现在各移位寄存器的输出端，也就是输出锁存器的输入端。

ST_CP：输出锁存器的打入信号。其上升沿将移位寄存器的输出打入输出锁存器。

$\overline{MR}$：移位寄存器的清零输入端。当其为低时，移位寄存器的输出全部为0。由于SH_CP和ST_CP两个信号是互相独立的，所以能够做到输入串行移位与输出锁存互不干扰。

$\overline{OE}$：三态门的开放信号。只要当其为低时，移位寄存器的输出才开放，否则呈高阻态。

假设所有字符均以5×7点阵在显示器的左下角显示，则各字符的数据码见表5-3。

表5-3　字符0～9、A～F的5×7数据码

字符	数　据　码	字符	数　据　码
0	3EH, 41H, 41H, 41H, 3EH, 00H, 00H, 00H	8	36H, 49H, 49H, 49H, 36H, 00H, 00H, 00H
1	11H, 21H, 7FH, 01H, 01H, 00H, 00H, 00H	9	79H, 49H, 49H, 49H, 7FH, 00H, 00H, 00H
2	23H, 45H, 49H, 51H, 21H, 00H, 00H, 00H	A	1FH, 24H, 44H, 24H, 1FH, 00H, 00H, 00H
3	22H, 49H, 49H, 49H, 36H, 00H, 00H, 00H	B	7FH, 49H, 49H, 49H, 36H, 00H, 00H, 00H
4	0CH, 14H, 24H, 7FH, 04H, 00H, 00H, 00H	C	3EH, 41H, 41H, 41H, 22H, 00H, 00H, 00H
5	7AH, 49H, 49H, 49H, 4EH, 00H, 00H, 00H	D	41H, 7FH, 41H, 41H, 3EH, 00H, 00H, 00H
6	7FH, 49H, 49H, 49H, 4FH, 00H, 00H, 00H	E	7FH, 49H, 49H, 49H, 49H, 00H, 00H, 00H
7	20H, 40H, 40H, 40H, 7FH, 00H, 00H, 00H	F	7FH, 48H, 48H, 48H, 48H, 00H, 00H, 00H

完整的程序代码如下：

```
/***************************************************************
程序名称：L5-3.c
程序功能：用 8×8 共阳极 LED 点阵显示器
          显示 5×7 点阵的英文字母及阿拉伯数字
***************************************************************/
#include<reg51.h>

sbit EN74138 = P1^7;              // 74138 片选线
sbit ST_CP74595 = P1^6;           // 74595 内部输出控制
sbit CLEAR74595 = P1^5;           // 74595 移位寄存器清零

unsigned char code SJM[ ][8]={
    {   0x3E, 0x41, 0x41, 0x41, 0x3E, 0x00, 0x00, 0x00 },   // 0
    {   0x11, 0x21, 0x7F, 0x01, 0x01, 0x00, 0x00, 0x00 },   // 1
    {   0x23, 0x45, 0x49, 0x51, 0x21, 0x00, 0x00, 0x00 },   // 2
    {   0x22, 0x49, 0x49, 0x49, 0x36, 0x00, 0x00, 0x00 },   // 3
    {   0x0C, 0x14, 0x24, 0x7F, 0x04, 0x00, 0x00, 0x00 },   // 4
    {   0x7A, 0x49, 0x49, 0x49, 0x4E, 0x00, 0x00, 0x00 },   // 5
    {   0x7F, 0x49, 0x49, 0x49, 0x4F, 0x00, 0x00, 0x00 },   // 6
    {   0x20, 0x40, 0x40, 0x40, 0x7F, 0x00, 0x00, 0x00 },   // 7
    {   0x36, 0x49, 0x49, 0x49, 0x36, 0x00, 0x00, 0x00 },   // 8
    {   0x79, 0x49, 0x49, 0x49, 0x7F, 0x00, 0x00, 0x00 },   // 9
    {   0x1F, 0x24, 0x44, 0x24, 0x1F, 0x00, 0x00, 0x00 },   // A
```

```
    {   0x7F, 0x49, 0x49, 0x49, 0x36, 0x00, 0x00, 0x00 },  // B
    {   0x3E, 0x41, 0x41, 0x41, 0x22, 0x00, 0x00, 0x00 },  // C
    {   0x41, 0x7F, 0x41, 0x41, 0x3E, 0x00, 0x00, 0x00 },  // D
    {   0x7F, 0x49, 0x49, 0x49, 0x49, 0x00, 0x00, 0x00 },  // E
    {   0x7F, 0x48, 0x48, 0x48, 0x48, 0x00, 0x00, 0x00 }   // F
};
unsigned char data DDRAM[8];        // 显示数据缓冲数组
/**************************************************************
函数名称：delay( unsigned int dt )
函数功能：延时函数，dt×250μs
**************************************************************/
void delay( unsigned int dt )
{
    register unsigned char bt;
    for( ; dt; dt-- )
        for ( bt=0; bt<250; bt++ )  ;
}
/**************************************************************
函数名称：main( )
函数功能：主函数，依次显示数字 0～9、英文字母 A～F
**************************************************************/
void main( )
{
    register unsigned char i, j;
    SCON = 0x00;
    TMOD = 0x01;
    TH0 = 0xF8;                     // 计数初值，定时 2ms
    TL0 = 0x30;
    IE=0x82;                        // 允许 T0 申请中断
    TR0=1;                          // 启动定时器 T0

    P1=0x3F;                        //EN74154=0,ST_CP74595=0,CLEAR74595=1
    while(1){
        delay( 1000 );
        for( j=0; j<16; j++ ){      // 共有 16 组数据
            for( i=0; i<8; i++ ){   // 每组有 8 个数
                DDRAM[i] = SJM[j][i];
                if( i%7 )  delay( 10 );
                                    // 读一组数据后延时
            }
            delay( 3000 );          // 字符显示切换时间
        }
    }
}
/**************************************************************
函数名称：TIME0( ) interrupt 1 using 1
函数功能：T0 中断服务函数
**************************************************************/
void TIME0( void ) interrupt 1 using 1
```

```
{
    register unsigned char i;

    TH0 = 0xF8;                                    // 重装计数初值
    TL0 = 0x30;

    i = P1;                                        // 读 P1 口
    i = ++i & 0x07;

    SBUF = DDRAM[ i];                              // 开始发送数据
    while( !TI )  ;                                // 等待发送结束
    TI = 0;                                        // 清发送中断标志位

    EN74138 = 1;                                   // 禁止行数据输出
    P1 &= 0xF0;
    ST_CP74595 = 1;                                // 允许列数据输出
    P1 |= i;
    ST_CP74595 = 0;                                // 禁止列数据输出
    EN74138 = 0;                                   // 允许行数据输出
}
```

首先在 Proteus ISIS 中绘制图 5.11 所示的电路并以 L5-3 为名存盘；其次在 Keil C51 集成开发环境中输入上述源程序并命名为 L5-3.c，建立名为 MyProject 的工程并将 L5-3.c 加入其中，做好相应设置后编译、链接，生成目标文件 MyProject.hex；最后在 Proteus ISIS 中将 MyProject.hex 写入单片机 AT89C51。启动仿真，即可观察到程序的仿真运行效果。

利用 LED 点阵显示器，可以方便地显示各种图形，如正方形、三角形、菱形等，图 5.12 所示为一个 4×4 正方形。通过编程，还可以实现图形的动态显示。

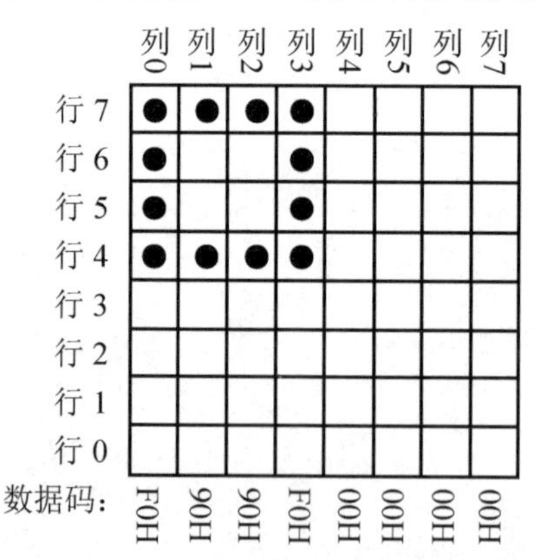

图 5.12　用 8×8 LED 点阵显示器显示自定义图形

【例 5.4】 在例 5.3 的基础上，编程实现下列功能：以显示器的左上角为原点，依次循环显示表 5-4 所定义的各种图形。

表 5-4　自定义图形编码

图　形	数　据　码
8×8 正方形	FFH, 81H, 81H, 81H, 81H, 81H, 81H, FFH
7×7 正方形	FEH, 82H, 82H, 82H, 82H, 82H, FEH, 00H
6×6 正方形	FCH, 84H, 84H, 84H, 84H, FCH, 00H, 00H
5×5 正方形	F8H, 88H, 88H, 88H, F8H, 00H, 00H, 00H
4×4 正方形	F0H, 90H, 90H, F0H, 00H, 00H, 00H, 00H
3×3 正方形	E0H, A0H, E0H, 00H, 00H, 00H, 00H, 00H
2×2 正方形	C0H, C0H, 00H, 00H, 00H, 00H, 00H, 00H
1×1 正方形	80H, 00H, 00H, 00H, 00H, 00H, 00H, 00H

只要将 L5-3.c 中的数据换成表 5-4 中的数据，并对主函数进行适当修改，即可实现上述功能，读者可自行调试。

5.3.2　中文字符的显示

利用 LED 点阵显示器可以方便地实现中文字符的显示，由于国家标准汉字是用 16×16 点阵(256 像素)来表示的，因此需要用 4 块 8×8 的 LED 点阵显示器组合成 16×16 LED 点阵显示器，才可以完整地显示一个汉字。图 5.13 所示为汉字“电”的 16×16 字形点阵示意图。值得注意的是，字形并不是唯一的，应根据具体需要而定。

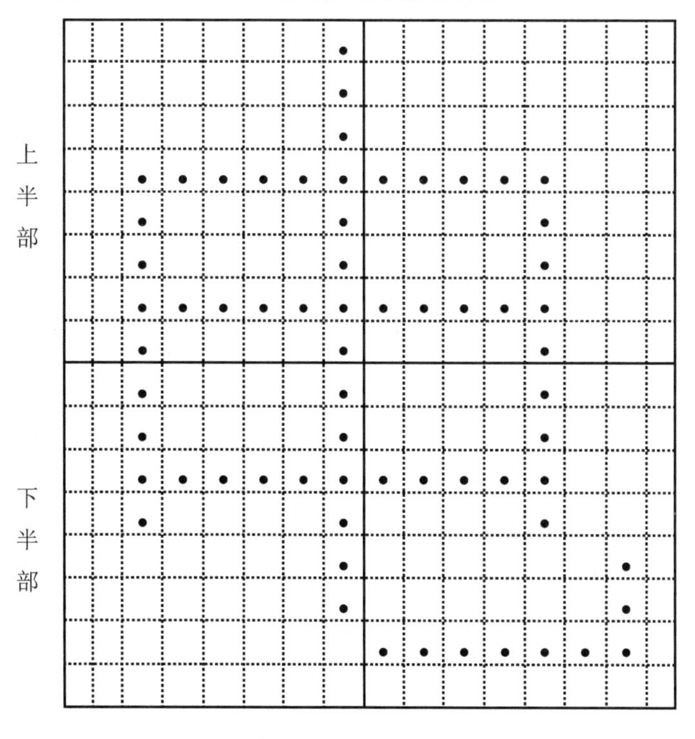

图 5.13　“电”的 16×16 字形点阵示意图

为了使用8位的51系列单片机控制汉字的显示，通常把一个汉字分成上、下两个部分，如图5.13所示。单片机从上半部左侧开始，扫描完上半部的第1列后，继续扫描下半部的第1列；然后又从上半部的第2列开始扫描，扫描完上半部的第2列后，继续扫描下半部的第2列，以此类推，直到扫描下半部右侧最后一列为止。汉字“电”的扫描代码如图5.14所示。

第1列		第2列		第3列		第4列	
0x00	0x00	0x00	0x00	0x1F	0xF0	0x12	0x20
第5列		第6列		第7列		第8列	
0x12	0x20	0x12	0x20	0x12	0x20	0xFF	0xFC
第9列		第10列		第11列		第12列	
0x12	0x22	0x12	0x22	0x12	0x22	0x12	0x22
第13列		第14列		第15列		第16列	
0x1F	0xF2	0x00	0x02	0x00	0x0E	0x00	0x00

图5.14　“电”的扫描代码

【例5.5】 用4块8×8的红色LED点阵显示器构成1块16×16的LED电子广告屏，用来显示图形和汉字字符。具体要求如下。

开机以卷帘出的形式出现一个笑脸，然后以左跑马的形式出现“零五智能电子班是最棒的!”，再以下滚屏的形式出现“零五智能电子是最棒的!”，最后再以卷帘入的形式出现另一个笑脸。接着不断循环上面的步骤。

硬件电路如图5.15所示，其中，U1(AT89C51)为CPU，U2、U3(74HC595)为带输出锁存器的8位串入并出移位寄存器，U4(74HC154)为4线-16线译码器。

根据题目要求，主程序的流程图如图5.16所示。

完整的程序代码如下：

```
/*******************************************************************
程序名称：L5-5.c
程序功能：用1块8×8共阳极LED点阵显示器显示西文字符及图形
*******************************************************************/
#include<reg51.h>
#define blkn 2                      // 一列数据由两块8×8的LED点阵显示器显示
sbit EN74154 = P1^7;                // 74154片选线
sbit ST_CP74595 = P1^6;             // 74595内部输出(从移位寄存器到输出锁存器)控制

sbit CLEAR74595 = P1^5;             // 74595移位寄存器清零
unsigned char data DDRAM[32];       // 显示数据缓冲数组
unsigned char code SJM[][32]={
    {   0x00, 0x20, 0x30, 0x20, 0x20, 0x20, 0xAA, 0x50,    // 零，0
        0xAA, 0x50, 0xAA, 0x90, 0xA1, 0x54, 0xFE, 0x33,
        0xA1, 0x14, 0xAA, 0x98, 0xAA, 0x90, 0xAA, 0x40,
        0xA0, 0x60, 0x30, 0x40, 0x20, 0x40, 0x00, 0x00     },

    {   0x00, 0x04, 0x40, 0x04, 0x41, 0x04, 0x41, 0x04,    // 五，1
```

```
        0x41, 0x04, 0x41, 0xFC, 0x7F, 0x04, 0x41, 0x04,
        0x41, 0x04, 0x41, 0x04, 0x43, 0xFC, 0x41, 0x04,
        0x40, 0x04, 0x00, 0x0C, 0x00, 0x04, 0x00, 0x00     },

{       0x08, 0x00, 0x28, 0x80, 0xC8, 0x80, 0x49, 0x00,     // 智，2
        0x7E, 0xFF, 0x4C, 0x92, 0x4A, 0x92, 0x49, 0x92,
        0x00, 0x92, 0x3E, 0x92, 0x22, 0x92, 0x22, 0xFF,
        0x22, 0x00, 0x3E, 0x00, 0x00, 0x00, 0x00, 0x00     },

{       0x08, 0x00, 0x1D, 0xFF, 0xE9, 0x50, 0x49, 0x50,     // 能，3
        0x09, 0x52, 0x29, 0x51, 0x1D, 0xFE, 0x08, 0x00,
        0x00, 0x00, 0xFE, 0xFC, 0x12, 0x22, 0x12, 0x22,
        0x22, 0x42, 0x2E, 0x4E, 0x04, 0x04, 0x00, 0x00     },

{       0x00, 0x00, 0x00, 0x00, 0x1F, 0xF0, 0x12, 0x20,     // 电，4
        0x12, 0x20, 0x12, 0x20, 0x12, 0x20, 0xFF, 0xFC,
        0x12, 0x22, 0x12, 0x22, 0x12, 0x22, 0x12, 0x22,
        0x1F, 0xF2, 0x00, 0x02, 0x00, 0x0E, 0x00, 0x00     },

{       0x00, 0x80, 0x00, 0x80, 0x40, 0x80, 0x40, 0x80,     // 子，5
        0x40, 0x80, 0x40, 0x82, 0x40, 0x81, 0x47, 0xFE,
        0x48, 0x80, 0x50, 0x80, 0x60, 0x80, 0x40, 0x80,
        0x00, 0x80, 0x01, 0x80, 0x00, 0x80, 0x00, 0x00     },

{       0x42, 0x08, 0x42, 0x08, 0x7F, 0xF0, 0x42, 0x11,     // 班，6
        0x42, 0x92, 0x07, 0x04, 0x00, 0x18, 0xFF, 0xE0,
        0x00, 0x04, 0x42, 0x04, 0x42, 0x04, 0x7F, 0xFC,
        0x42, 0x04, 0x42, 0x04, 0x42, 0x04, 0x00, 0x00     },

{       0x01, 0x00, 0x01, 0x02, 0x01, 0x04, 0x01, 0x08,     // 是，7
        0x7D, 0x70, 0x55, 0x08, 0x55, 0x04, 0x55, 0xFC,
        0x55, 0x22, 0x55, 0x22, 0x55, 0x22, 0x7D, 0x22,
        0x01, 0x22, 0x01, 0x02, 0x01, 0x02, 0x00, 0x00     },

{       0x02, 0x04, 0x02, 0x04, 0x03, 0xFC, 0xFA, 0xA8,     // 最，8
        0xAA, 0xA8, 0xAA, 0xA8, 0xAB, 0xFF, 0xAA, 0x12,
        0xAA, 0xC4, 0xAA, 0xA8, 0xAA, 0x90, 0xFA, 0xA8,
        0x02, 0xC4, 0x02, 0x86, 0x02, 0x04, 0x00, 0x00     },

{       0x08, 0xC0, 0x0B, 0x00, 0xFF, 0xFF, 0x0A, 0x00,     // 棒，9
        0x09, 0x40, 0x22, 0x50, 0x2A, 0x90, 0x2B, 0x50,
        0x2E, 0x50, 0xFA, 0xFF, 0x2B, 0x50, 0x2A, 0xD0,
        0x2A, 0x90, 0x22, 0x50, 0x02, 0x40, 0x00, 0x00     },

{       0x00, 0x00, 0x1F, 0xFE, 0x31, 0x08, 0xD1, 0x08,     // 的，10
        0x11, 0x08, 0x1F, 0xFC, 0x02, 0x00, 0x0C, 0x00,
        0xF1, 0x00, 0x10, 0xC0, 0x10, 0x64, 0x10, 0x02,
        0x10, 0x04, 0x1F, 0xF8, 0x00, 0x00, 0x00, 0x00     },
```

```
    {   0x00, 0x00, 0x00, 0x00, 0x00, 0x00, 0x0F, 0xFA,     // ! , 11
        0x00, 0x00, 0x00, 0x00, 0x00, 0x00, 0x00, 0x00,
        0x00, 0x00, 0x00, 0x00, 0x00, 0x00, 0x00, 0x00,
        0x00, 0x00, 0x00, 0x00, 0x00, 0x00, 0x00, 0x00     },

    {   0x07, 0xE0, 0x1F, 0xF8, 0x28, 0x0C, 0x6C, 0x04,     // 笑脸，12
        0xEC, 0x22, 0xEC, 0x12, 0xC8, 0x0B, 0xC1, 0x89,
        0xC1, 0x89, 0xC8, 0x0B, 0xEC, 0x12, 0xEC, 0x22,
        0x6C, 0x04, 0x28, 0x0C, 0x1F, 0xF8, 0x07, 0xE0     }
};

void delay( unsigned int );                                  // 延时函数声明

/**********************************************************************
函数名称：main( void )
函数功能：主函数，显示“笑脸”图形及汉字“零五智能电子班是最棒的！”
**********************************************************************/
void main( void )
{
    register unsigned char i, j, k, l;

    SCON=0x00;        // 串行口以方式0工作，用作同步移位寄存器，波特率为fosc/12，禁止接收
    TMOD=0x01;        // 定时器T0以方式1工作，由TR0控制启停
    TH0 = 0xF8;       // 计数初值，定时2ms
    TL0 = 0x30;
    IE=0x82;          // 允许T0申请中断
    TR0=1;            // 启动定时器T0

    P1=0x3F;          // EN74154=0，ST_CP74595=0，CLEAR74595=1
    while(1){

        delay( 1000 );
        for( i=0; i<32; i++ ){
            for( j=0; j<13; j++ ){
                DDRAM[i] = SJM[j][i];
                if( i%2 )   delay( 10 );
            }
        }

        delay( 1000 );
        for( i=0; i<13; i++) {
            for( j=0; j<16; j++ ){
                for( k=0; k<15; k++ ){
                    DDRAM[k*blkn] = DDRAM[(k+1)*blkn];
                    DDRAM[k*blkn+1] = DDRAM[(k+1)*blkn+1];
                }
                DDRAM[30] = SJM[i][j*blkn];
                DDRAM[31] = SJM[i][j*blkn+1];
                delay( 100 );
            }
        }

        delay( 3000 );
```

```
        for( i=0; i<13; i++ ){
            for( j=0; j<2; j++ ){
                for( k=1; k<9; k++ ){
                    for( l=0; l<16; l++ ){
                        DDRAM[l * blkn] = DDRAM[l * blkn] << 1 |
                                          DDRAM[l * blkn+1] >> 7;
                        DDRAM[l*blkn+1] = DDRAM[l * blkn+1] << 1 |
                                          SJM[i][l*blkn+j] >> (8-k);
                    }
                    delay( 100 );
                }
            }
        }

        delay( 3000 );
        for( i=0; i<32; i++ ){
            DDRAM[i] = 0x00;
            if( i%2 )   delay( 100 );
        }
    }
}
/************************************************************************
函数名称：delay( unsigned int dt )
函数功能：延时函数，dt×250μs
************************************************************************/
void delay( unsigned int dt )
{
    register unsigned char bt;
    for( ; dt; dt-- )
        for ( bt=0; bt<250; bt++ )  ;
}
/************************************************************************
函数名称：TIME0( void ) interrupt 1 using 1
函数功能：T0 中断服务函数
************************************************************************/
void TIME0( void ) interrupt 1 using 1
{
    register unsigned char i, j=blkn;
    TH0 = 0xF8;                                  // 重装计数初值
    TL0 = 0x30;
    i = P1;                                      // 读 P1 口
    i = ++i & 0x0f;
    do{
        j--;
        SBUF = DDRAM[ i*blkn+j ];                // 开始发送数据
        while( !TI )  ;                          // 等待发送结束
        TI = 0;                                  // 清发送中断标志位
    }while( j );
    EN74154 = 1;                                 // 禁止行数据输出
    P1 &= 0xf0;
    ST_CP74595 = 1;                              // 允许列数据输出
    P1 |= i;
    ST_CP74595 = 0;                              // 禁止列数据输出
    EN74154 = 0;                                 // 允许行数据输出
}
```

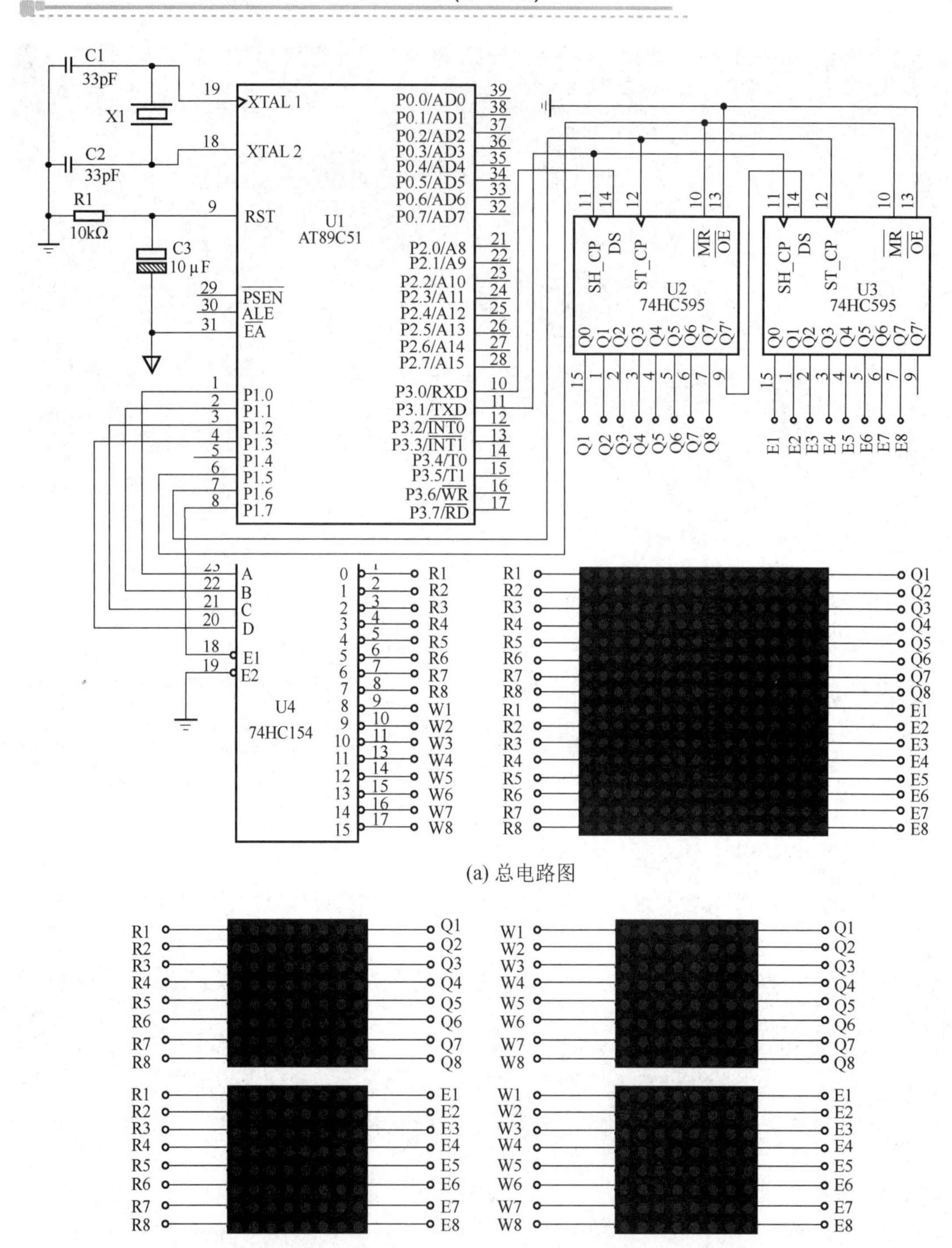

(a) 总电路图

(b) 16×16 LED点阵显示器内部接线图

图 5.15　例 5.5 电路图

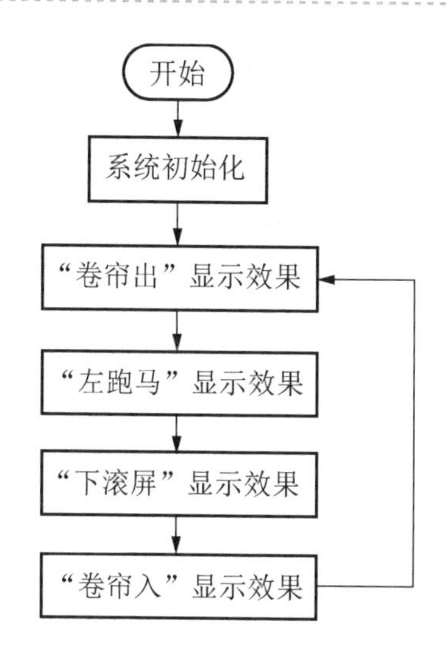

图 5.16　例 5.5 程序流程图

首先在 Proteus ISIS 中绘制图 5.15 所示的电路并以 L5-5 为名存盘；其次在 Keil C51 集成开发环境中输入上述源程序并命名为 L5-5.c，建立名为 MyProject 的工程并将 L5-5.c 加入其中，做好相应设置后编译、链接，生成目标文件 MyProject.hex；最后在 Proteus ISIS 中将 MyProject.hex 写入单片机 AT89C51。启动仿真，即可观察到程序的仿真运行效果。

5.4　液晶显示器

液晶显示器(LCD)由于功耗低、抗干扰能力强等优点，日渐成为各种便携式产品、仪器仪表及工控产品的理想显示器。LCD 种类繁多，按显示形式及排列形状可分为字段型、点阵字符型和点阵图形型。单片机应用系统中主要使用后两种。

本节重点介绍 1602 点阵字符型 LCD(Proteus ISIS 中的 LM016L)，16 代表每行可显示 16 个字符；02 表示共有 2 行，即这种 LCD 显示器可同时显示 32 个字符，如图 5.17 所示。

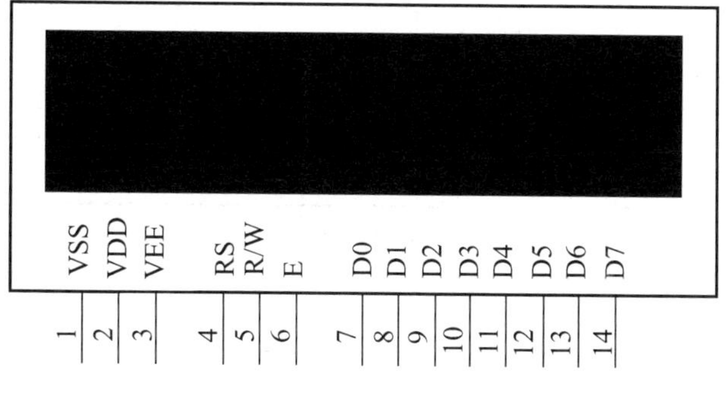

图 5.17　1602 点阵字符型 LCD

各引脚的功能如下。

VSS：电源，接地。

VDD：电源，接+5V。

VEE：电源，LCD 亮度调节。电压越低，屏幕越亮。

RS：输入，寄存器选择信号。RS=1(高电平)，选择数据寄存器；RS=0(低电平)，选择指令寄存器。

R/W：输入，读/写。R/W=1，把显示模块(LCM)中的数据读出到单片机上；R/W=0，把单片机中的数据写入 LCM。

E：输入，使能(或片选)。E=1，允许对显示模块进行读/写操作；E=0，禁止对 LCM 进行读/写操作。

D0～D7：输入/输出，8 位双向数据总线。值得注意的是，LCM 以 8 位或 4 位方式读/写数据，若选用 4 位方式进行数据读/写，则只用 D4～D7。

5.4.1 点阵字符型 LCD 的内部结构

1602 点阵字符型 LCD 显示模块由 LCD 控制器、LCD 驱动器和 LCD 显示装置(液晶屏)等组成，主要用于显示数字、字母、图形符号及少量自定义符号，内部结构如图 5.18 所示。

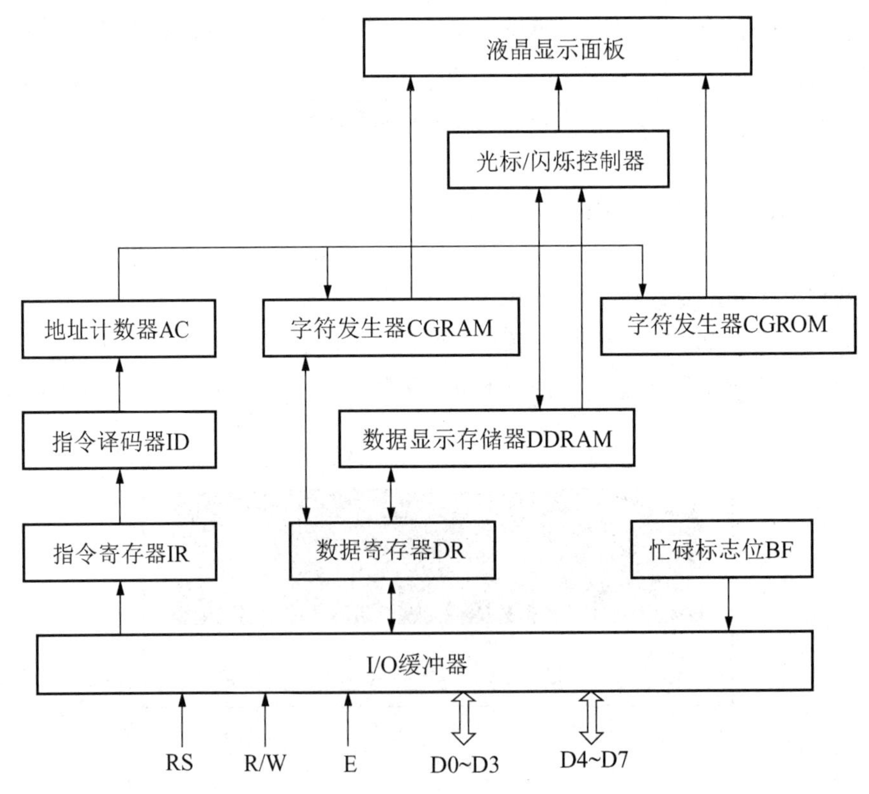

图 5.18　1602 点阵字符型 LCD 的内部结构框图

1. I/O缓冲器

由LCD引脚送入的信号及数据会存储在此。

2. 指令寄存器IR

指令寄存器IR既可以寄存清除显示、光标移位等命令的指令码，又可以寄存DDRAM和CGRAM的地址。指令寄存器IR只能由单片机写入信息。

3. 数据寄存器DR

数据寄存器DR在LCD和单片机交换信息时用来寄存数据。

当单片机向LCD写入数据时，写入的数据首先寄存在DR中，然后才能自动写入DDRAM或CGRAM中。数据是写入DDRAM还是写入CGRAM由当前操作而定。

当从DDRAM或CGRAM读取数据时，DR也用来寄存数据。在地址信息写入IR后，来自DDRAM或CGRAM的相应数据移入DR中，数据传送在单片机执行读DR内容指令后完成。数据传送完成后，来自相应RAM的下一个地址单元内的数据被送入DR，以便单片机进行连续的读操作。

4. 忙碌标志位BF

当BF=1时，表示LCD正在进行内部操作，不接受任何命令。单片机要写数据或指令到LCD之前，必须先查看BF是否为0，当BF=0时，LCD才会执行下一个命令。BF的状态由数据线D7输出。

5. 地址计数器AC

地址计数器AC的内容是DDRAM或CGRAM单元的地址。当确定地址指令写入IR后，DDRAM或CGRAM单元的地址就送入AC，同时存储器是CGRAM还是DDRAM也被确定下来。当从DDRAM或CGRAM读出数据或向其写入数据后，AC自动加1或减1，AC的内容由数据线DB0～DB6输出。

6. 字符发生器CGRAM

字符发生器CGRAM的地址空间共有64B(参见表5-5)，可存储8个自定义的任意5×7点阵字符或图形。由于仅提供8个编码，因此地址的第3位是无关位，即编码“00H”和“08H”指向同一个自定义字符或图形。

表5-5　字符发生器中部分常用的5×7点阵字符代码

低4位	高4位						
	0000(CGRAM)	0010	0011	0100	0101	0110	0111
0000	(1)		0	@	P	\	p
0001	(2)	!	1	A	Q	a	q
0010	(3)	”	2	B	R	b	r
0011	(4)	#	3	C	S	c	s
0100	(5)	$	4	D	T	d	t

续表

低4位	高4位						
	0000(CGRAM)	0010	0011	0100	0101	0110	0111
0101	(6)	%	5	E	U	e	U
0110	(7)	&	6	F	V	f	v
0111	(8)	′	7	G	W	g	w
1000	(1)	(	8	H	X	h	x
1001	(2)	)	9	I	Y	i	y
1010	(3)	*	:	J	Z	j	z
1011	(4)	+	;	K	[	k	{
1100	(5)	,	<	L	¥	l	|
1101	(6)	-	=	M	]	m	}
1110	(7)	.	>	N	^	n	→
1111	(8)	/	?	O	—	o	←

表5-6给出了5×7点阵字符“王”的字符编码、CGRAM地址、CGRAM数据(字符图样)之间的关系，其中“×”表示无关位，可以为“0”或“1”。

表5-6　CGRAM自定义5×7点阵字符

DDRAM数据(字符编码)								CGRAM地址						CGRAM数据(字符图样)							
D7	D6	D5	D4	D3	D2	D1	D0	D5	D4	D3	D2	D1	D0	D7	D6	D5	D4	D3	D2	D1	D0
											0	0	0	×	×	×	1	1	1	1	1
											0	0	1	×	×	×	0	0	1	0	0
											0	1	0	×	×	×	0	0	1	0	0
0	0	0	0	×	0	0	0	0	0	0	0	1	1	×	×	×	1	1	1	1	1
											1	0	0	×	×	×	0	0	1	0	0
											1	0	1	×	×	×	0	0	1	0	0
											1	1	0	×	×	×	1	1	1	1	1
											1	1	1	×	×	×					

从表5-6中可以看出，字符“王”的图样由5列7行0与1的组合数据表示出来，占用CGRAM的8B。字节地址的D0～D2位与各行相对应；D3～D5位与DDRAM中的字符代码的D0～D2位相同，表示这8个CGRAM单元是用来存放同一字符代码所表示的字符图形数据的。一个DDRAM字符编码(00H或08H)就确定了一个自定义字符“王”的图样。

图样第8行数据用来确定光标位置，用逻辑或的方式实现光标控制：当第8行的数据全为“0”时，显示光标；当第8行的数据全为“1”时，不显示光标。

CGRAM数据的D0～D4位对应于字符图样的各列数据；D5～D7位与显示图形无关，对应的存储区可作为一般RAM使用。

7. 字符发生器 CGROM

字符发生器 CGROM 中固化存储了 192 个不同的点阵字符图形，包括阿拉伯数字、大小写英文字母、标点符号、日文假名等。点阵的大小有 5×7、5×10 两种。表 5-5 给出了部分常用的 5×7 点阵的字符代码。CGROM 的字形经过内部电路的转换才能传送到显示器上，只能读出不可写入。字形或字符的排列与标准的 ASCII 码相同。

例如，字符码 31H 为“1”字符，字符码 41H 为“A”字符。要在 LCD 中显示“A”，就可将“A”的 ASCII 代码 41H 写入 DDRAM 中，同时电路到 CGROM 中将“A”的字形点阵数据找出来显示在 LCD 上。

8. 数据显示存储器 DDRAM

DDRAM 用来存放 LCD 显示的数据(点阵字符代码)。DDRAM 的容量为 80B，可存储多至 80 个单字节字符代码作为显示数据。没有用上的 DDRAM 单元可被单片机用作一般目的的存储区。

DDRAM 的地址用十六进制数表示，与显示屏幕的物理位置是一一对应的，表 5-7 所示为 1602 点阵字符型 LCD 的显示地址编码。要在某个位置显示数据时，只要将数据写入 DDRAM 的相应地址即可。

注意：第 1 行的地址(00H ~ 0FH)与第 2 行的地址(40H ~ 4FH)是不连续的。

表 5-7　1602 点阵字符型 LCD 的显示地址编码

行号	列号															
	1	2	3	4	5	6	7	8	9	10	11	12	13	14	15	16
1	80	81	82	83	84	85	86	87	88	89	8A	8B	8C	8D	8E	8F
2	C0	C1	C2	C3	C4	C5	C6	C7	C8	C9	CA	CB	CC	CD	CE	CF

9. 光标/闪烁控制器

光标/闪烁控制器控制可产生 1 个光标，或者在 DDRAM 地址对应的显示位置处闪烁。由于光标/闪烁控制器不能区分地址计数器 AC 中存放的是 DDRAM 地址还是 CGRAM 地址，总认为 AC 内存放的是 DDRAM 地址，为避免错误，在单片机和 CGRAM 进行数据传送时应禁止使用光标/闪烁功能。

5.4.2　点阵字符型 LCD 的指令系统

点阵字符型液晶显示模块是一个智能化的器件，所有的显示功能都是由指令实现的。点阵字符型 LCD 的指令系统共有 11 条指令，下面分别介绍。

1. 清屏

清屏指令见表 5-8。

指令编码：01H。

指令功能：用字符代码为 20H 的“空格”刷新屏幕，同时将光标移到屏幕的左上角。

表 5-8　清屏指令

控制信号			指令编码							
E	RS	R/W	D7	D6	D5	D4	D3	D2	D1	D0
1	0	0	0	0	0	0	0	0	0	1

2. 光标返回原点

光标返回原点指令见表 5-9。

表 5-9　光标返回原点指令

控制信号			指令编码							
E	RS	R/W	D7	D6	D5	D4	D3	D2	D1	D0
1	0	0	0	0	0	0	0	0	1	×

指令编码：02H 或 03H。

指令功能：将光标移到屏幕的左上角，同时清零地址计数器 AC，而 DDRAM 的内容不变。“×”表示该位可以为 0 或 1(下同)。

3. 设置字符/光标移动模式

设置字符/光标移动模式指令见表 5-10。

表 5-10　设置字符/光标移动模式指令

控制信号			指令编码							
E	RS	R/W	D7	D6	D5	D4	D3	D2	D1	D0
1	0	0	0	0	0	0	0	1	I/D	S

指令编码：04H～07H。

指令功能：

(1) I/D=1，表示当读或写完一个数据操作后，地址指针 AC 加 1，并且光标加 1(光标右移 1 格)；I/D=0，表示当读或写完一个数据操作后，地址指针 AC 减 1，并且光标减 1(光标左移 1 格)。

(2) S=1，表示当写一个数据操作时，整屏显示左移(I/D=1)或右移(I/D=0)，以得到光标不移动而屏幕移动的效果；S=0，表示当写一个数据操作时，整屏显示不移动。

4. 显示器开/关控制

显示器开/关控制指令见表 5-11。

表 5-11　显示器开/关控制指令

控制信号			指令编码							
E	RS	R/W	D7	D6	D5	D4	D3	D2	D1	D0
1	0	0	0	0	0	0	1	D	C	B

指令编码：08H～0FH。

指令功能：

(1) D=0，显示器关闭，DDRAM 中的显示数据保持不变；D=1，显示器打开，立即显示 DDRAM 中的内容。

(2) C=1，表示在显示屏上显示光标；C=0，表示光标不显示。

(3) B=1，表示光标出现后会闪烁；B=0，表示光标不闪烁。

5. 光标或字符移位

光标或字符移位指令见表 5-12。

表 5-12　光标或字符移位指令

控制信号			指令编码							
E	RS	R/W	D7	D6	D5	D4	D3	D2	D1	D0
1	0	0	0	0	0	1	S/C	R/L	×	×

指令编码：10H～1FH。

指令功能：

(1) S/C=1，表示显示屏上的画面平移 1 个字符位；S/C=0，表示光标平移 1 个字符位。

(2) R/L=1，表示右移；R/L=0，表示左移。

6. 设置功能

设置功能指令见表 5-13。

表 5-13　设置功能指令

控制信号			指令编码							
E	RS	R/W	D7	D6	D5	D4	D3	D2	D1	D0
1	0	0	0	0	1	DL	N	F	×	×

指令编码：20H～3FH。

指令功能：

(1) DL=1，表示采用 8 位数据接口；DL=0，表示采用 4 位数据接口，使用 D7～D4 位，分两次送入 1 个完整的字符数据。

(2) N=1，表示采用双行显示；N=0，表示采用单行显示。

(3) F=1，表示采用 5×10 点阵字符；F=0，表示采用 5×7 点阵字符。

7. 设置 CGRAM 地址

设置 CGRAM 地址指令见表 5-14。

表 5-14　设置 CGRAM 地址指令

控制信号			指令编码							
E	RS	R/W	D7	D6	D5	D4	D3	D2	D1	D0
1	0	0	0	1	×	×	×	×	×	×

指令编码：40H～7FH。

指令功能：设定下一个要读/写数据的CGRAM地址，地址由D5～D0给出，可设定00～3FH共64个地址。

8. 设置DDRAM地址

设置DDRAM地址指令见表5-15。

表5-15　设置DDRAM地址指令

控制信号			指令编码							
E	RS	R/W	D7	D6	D5	D4	D3	D2	D1	D0
1	0	0	1	×	×	×	×	×	×	×

指令编码：80H～FFH。

指令功能：设定下一个要读/写数据的DDRAM地址，地址由D6～D0给出，可设定00～7FH共128个地址。当N=0时单行显示(参见设置功能指令)。D6～D0的取值范围为00～0FH(参见表5-7)；当N=1时双行显示(参见设置功能指令)，首行D6～D0的取值范围为00H～0FH，次行D6～D0的取值范围为40H～4FH(参见表5-7)。

9. 设置忙碌标志位BF或AC的值

设置忙碌标志位BF或AC指令见表5-16。

表5-16　设置忙碌标志位BF或AC指令

控制信号			指令编码							
E	RS	R/W	D7	D6	D5	D4	D3	D2	D1	D0
1	0	1	BF	×	×	×	×	×	×	×

忙碌标志位BF用来指示LCD目前的工作情况，当BF=1时，表示正在进行内部数据的处理，不接收单片机送来的指令或数据；当BF=0时，表示已准备接收命令或数据。

当程序读取此数据的内容时，D7表示BF，D6～D0的值表示CGRAM或DDRAM中的地址。至于是指向哪一个地址，则根据最后写入的地址设定指令而定。

10. 写数到CGRAM或DDRAM

写数到CGRAM或DDRAM指令见表5-17。先设定CGRAM或DDRAM地址，再将数据写入D7～D0中，以使LCD显示字形，也可以使用户自定义的字符图形存入CGRAM中。

表5-17　写数到CGRAM或DDRAM指令

控制信号			指令编码							
E	RS	R/W	D7	D6	D5	D4	D3	D2	D1	D0
1	1	0	×	×	×	×	×	×	×	×

11. 从 CGRAM 或 DDRAM 中读数

从 CGRAM 或 DDRAM 中读数指令见表 5-18。先设定 CGRAM 或 DDRAM 地址，再读取其中的数据。

表 5-18　从 CGRAM 或 DDRAM 中读数指令

控制信号			指令编码							
E	RS	R/W	D7	D6	D5	D4	D3	D2	D1	D0
1	1	1	×	×	×	×	×	×	×	×

5.4.3　点阵字符型 LCD 应用举例

液晶显示模块与单片机的连接方式有两种：一种为直接访问方式(总线方式)，另一种为间接控制方式(模拟口线方式)。直接访问方式是将液晶显示模块的接口作为存储器或 I/O 设备直接挂在单片机总线上，单片机以访问存储器或 I/O 设备的方式控制液晶显示模块的工作。间接控制方式是单片机通过自身的或系统中的并行接口与液晶显示模块连接，单片机通过对这些接口的操作，实现对液晶显示模块的控制。间接控制方式的特点是电路简单，节省单片机外围的数字逻辑电路，控制时序由软件产生，可以实现高速的单片机与液晶显示模块的接口。本节将通过实例介绍间接控制方式的使用方法。

【例 5.6】 电路如图 5.19 所示，单片机采用 AT89C51，振荡器频率 f_{osc} 为 12MHz，显示器采用 16×2 的字符型 LCD(Proteus ISIS 中的 LM016L)。试编写程序，让显示器显示两行字符串，第 1 行为“ZhuHai ChengShi”，共 15 个字符；第 2 行为“JiShu XueYuan”，共 14 个字符。

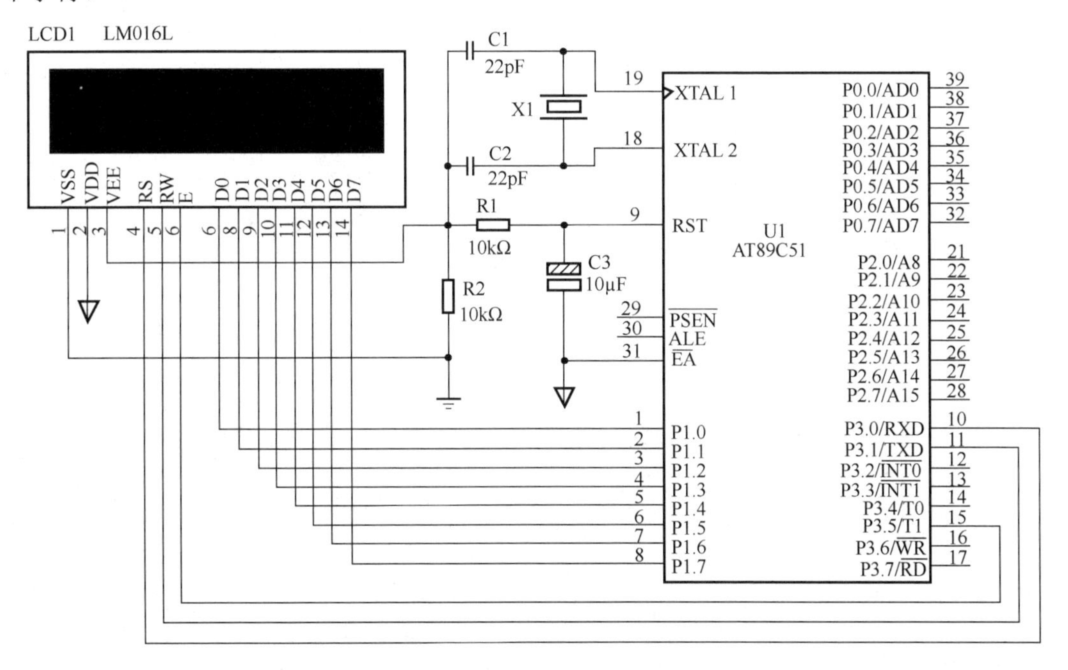

图 5.19　例 5.6 电路图

完整的程序代码如下：

```
/*********************************************************************
程序名称：L5-6.c
程序功能：用16×2点阵字符型LCD显示两行指定的字符串
*********************************************************************/
#include <reg51.h>

#define unchar unsigned char
#define unint  unsigned int

sbit    RS = P3^0;                         // 定义LCD的控制信号线
sbit    RW = P3^1;
sbit    E  = P3^5;

unchar code L1[]= "ZhuHai ChengShi";    // 第1行15个字符
unchar code L2[]= " JiShu XueYuan" ;    // 第2行14个字符

void delayXms( unint x );                  // 函数声明
void lcd_init(  );
void write_ir(  );
void write_dr( unchar *ch, unchar n );
/*********************************************************************
函数名称：main( )
函数功能：主函数，在指定的位置显示指定的字符串
*********************************************************************/
void main(  )
{
    unchar *ptr, n;

    while( 1 ){
        lcd_init( );                       // LCD初始化

        P1 = 0x80;                         // 第1行起始地址：设定字符显示位置
        write_ir( );
        ptr = &L1; n=15;
        write_dr( ptr, n );

        P1 = 0xC0;                         // 第2行起始地址：设定字符显示位置
        write_ir( );
        ptr = &L2; n=14;
        write_dr( ptr, n );

        P1 = 0xCF;        // 光标最后停留在LCD 的0xCF位置
        write_ir( );
    }
}
/*********************************************************************
函数名称：delayXms( unint x )
```

```
函数功能：延时 xms，振荡器频率为 12MHz
*********************************************************************/
void delayXms( unint x )
{
    unint y,z;
    for( ; x>0; x-- )
        for( y=4; y>0; y-- )
            for( z=250; z>0; z--);
}
/*********************************************************************
函数名称：lcd_init(  )
函数功能：LCD 初始化
*********************************************************************/
void lcd_init(  )
{
    P1 = 0x01;              // 清屏指令
    write_ir( );

    P1 = 0x38;              // 功能设定指令：8 位，2 行，5×7 点矩阵
    write_ir( );

    P1 = 0x0F;              // 开显示指令：显示屏 ON，光标 ON，闪烁 ON
    write_ir( );

    P1 = 0x06;              // 设置字符/光标移动模式：光标右移，整屏显示不移动
    write_ir( );
}
/*********************************************************************
函数名称：write_ir(  )
函数功能：写指令到 LCD 指令寄存器
*********************************************************************/
void write_ir(  )
{
    RS = 0;                 // 选择 LCD 指令寄存器
    RW = 0;                 // 执行写入操作
    E = 0;                  // 禁用 LCD
    delayXms( 50 );
    E = 1;                  // 启动 LCD
}
/*********************************************************************
函数名称：write_dr( unchar *ch, unchar n )
函数功能：写数据到 LCD 数据寄存器。指针 ch 指向数据的首地址，n 为数据个数
*********************************************************************/
void write_dr( unchar *ch, unchar n )
{
    unchar i;
    for( i=0; i<n; i++ ){
        P1 = *(ch+i);           // 送字符数据
        RS = 1;                 // 选择 LCD 数据寄存器
```

```
        RW = 0;                 // 执行写入操作
        E = 0;                  // 禁用LCD
        delayXms( 50 );
        E = 1;                  // 启动LCD
    }
}
```

首先在Proteus ISIS中绘制图5.19所示的电路并以L5-6为名存盘；其次在Keil C51集成开发环境中输入上述源程序并命名为L5-6.c，建立名为MyProject的工程并将L5-6.c加入其中，做好相应设置后编译、链接，生成目标文件MyProjec.hex；最后在Proteus ISIS中将MyProjec.hex写入单片机AT89C51。启动仿真，即可观察到程序的仿真运行效果。

【例5.7】 电路如图5.20所示，单片机采用AT89C51，振荡器频率f_{osc}为12MHz，显示器采用16×2的字符型LCD(Proteus ISIS中的LM016L)。试编写程序，在LCD的左上角显示键名，如按A键显示字符“A”。

```
/*************************************************************************
程序名称：L5-7.c
程序功能：用16×2点阵字符型LCD显示键盘输入的字符
*************************************************************************/
#include <reg51.h>

#define unchar unsigned char
#define unint  unsigned int

sbit RS = P3^0;               // 定义LCD的控制信号线
sbit RW = P3^1;
sbit E  = P3^4;

unchar  ch, key;              // ch为显示数据，key为键值

void delayXms( unint x );     // 函数声明
void lcd_init( );
void write_ir( );
void write_dr1( unchar ch );
/*************************************************************************
函数名称：main( )
函数功能：主函数，根据按键在指定的位置显示指定的字符
*************************************************************************/
void main( )
{
    lcd_init( );              // LCD初始化
    while( 1 ){
        key = P3&0xE0;
        switch( key ){
            case 0xC0:  ch = 'A';
                        P1 = 0x80;  // 在第1行起始地址显示A
                        write_ir( );
                        write_dr1( ch );
```

```
                break;
            case 0xA0:  ch = 'B';
                P1 = 0x80;  // 在第1行起始地址显示B
                write_ir( );
                write_dr1( ch );
                break;
            case 0x60:  ch = 'C';
                P1 = 0x80;  // 在第1行起始地址显示C
                write_ir( );
                write_dr1( ch );
                break;
            default:    P1 = 0x81;  // 光标最后停留在LCD 的位置
                write_ir( );
        }
    }
}
/**********************************************************************
函数名称：delayXms( unint x )
函数功能：延时xms，振荡器频率为12MHz
**********************************************************************/
void delayXms( unint x )
{
    unint y,z;
    for( ; x>0; x-- )
        for( y=4; y>0; y-- )
            for( z=250; z>0; z--);
}
/**********************************************************************
函数名称：lcd_init( )
函数功能：LCD初始化
**********************************************************************/
void lcd_init( )
{
    P1 = 0x01;                  // 清屏指令
    write_ir( );

    P1 = 0x38;                  // 功能设定指令：8位，2行，5×7点矩阵
    write_ir( );

    P1 = 0x0F;                  // 开显示指令：显示屏ON，光标ON，闪烁ON
    write_ir( );

    P1 = 0x06;                  // 设置字符/光标移动模式：光标右移，整屏显示
                                   不移动
    write_ir( );
}
/**********************************************************************
函数名称：write_ir( )
函数功能：写指令到LCD指令寄存器
**********************************************************************/
```

```
void write_ir( )
{
    RS = 0;                 // 选择 LCD 指令寄存器
    RW = 0;                 // 执行写入操作
    E = 0;                  // 禁用 LCD
    delayXms( 30 );
    E = 1;                  // 启动 LCD
}
/**********************************************************************
函数名称：write_dr1( unchar x )
函数功能：将单个数据 x 写到 LCD 数据寄存器
**********************************************************************/
void write_dr1( unchar x )
{
    P1 = x;                 // 送字符 x
    RS = 1;                 // 选择 LCD 数据寄存器
    RW = 0;                 // 执行写入操作
    E = 0;                  // 禁用 LCD
    delayXms( 30 );
    E = 1;                  // 启动 LCD
}
```

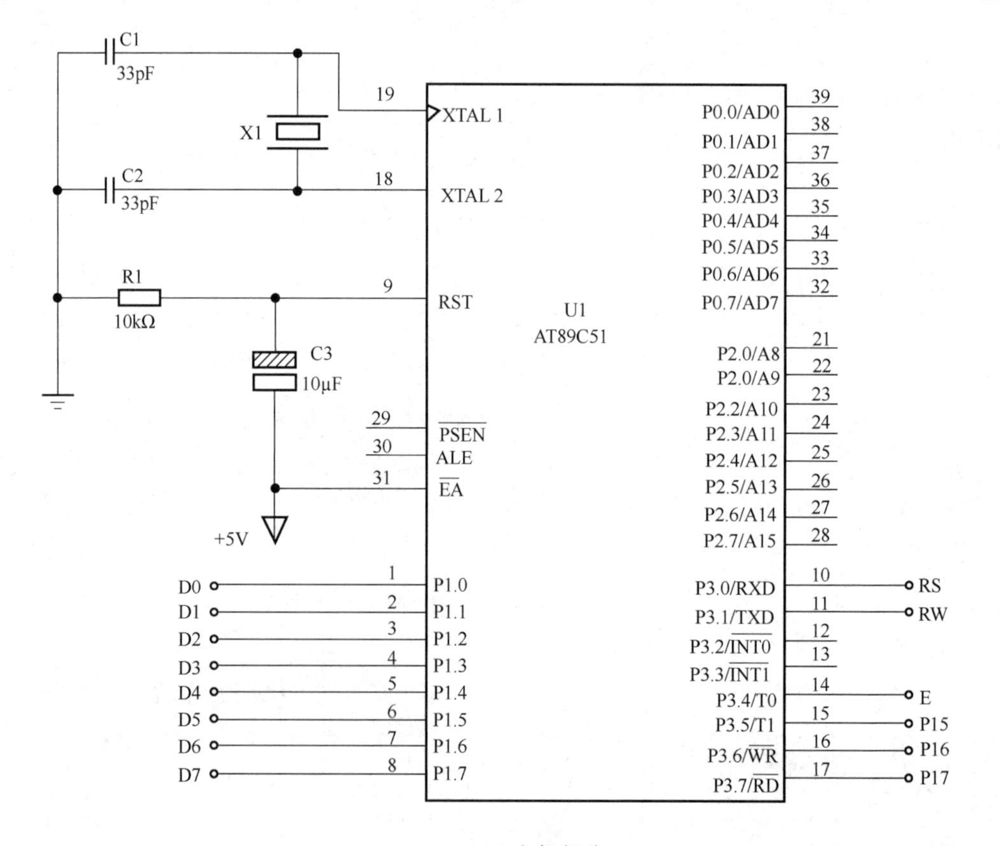

(a) 主机部分

图 5.20　例 5.7 电路图

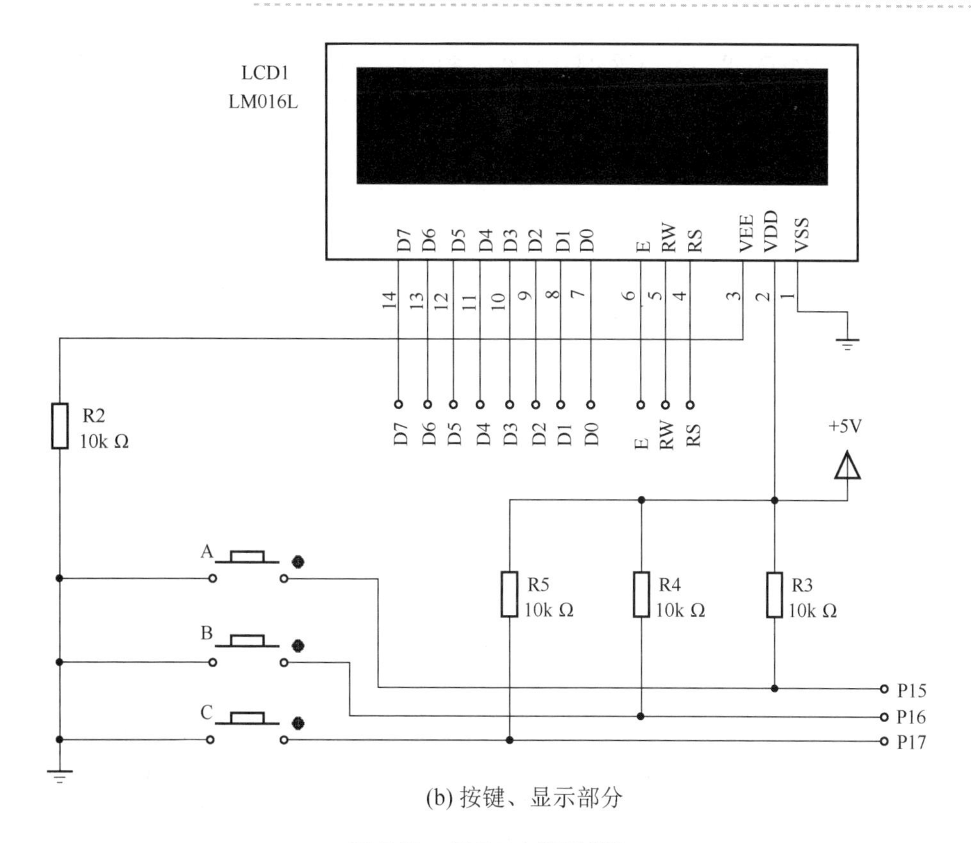

(b) 按键、显示部分

图 5.20　例 5.7 电路图(续)

首先在 Proteus ISIS 中绘制图 5.20 所示的电路并以 L5-7 为名存盘；其次在 Keil C51 集成开发环境中输入上述源程序并命名为 L5-7.c，建立名为 MyProject 的工程并将 L5-7.c 加入其中，做好相应设置后编译、链接，生成目标文件 MyProject.hex；最后在 Proteus ISIS 中将 MyProject.hex 写入单片机 AT89C51。启动仿真，即可观察到程序的仿真运行效果。

5.5　非编码键盘

键盘是单片机应用系统中最常用的输入设备，通过键盘输入数据或命令，可以实现简单的人机对话。键盘有编码键盘和非编码键盘之分。编码键盘除了键开关外，还需去键抖动电路、防串键保护电路及专门的、用于识别闭合键并产生键代码的集成电路(如 8255、8279 等)。编码键盘的优点是所需软件简短；缺点是硬件电路比较复杂，成本较高。非编码键盘仅由键开关组成，按键识别、键代码的产生及去抖动等功能均由软件编程完成。非编码键盘的优点是电路简单，成本低；缺点是软件编程较复杂。

目前，单片机应用系统中普遍采用非编码键盘。按照键开关的排列形式，非编码键盘又分为线性非编码键盘和矩阵非编码键盘两种。

5.5.1　线性非编码键盘

线性非编码键盘的键开关(K1、K2、K3、K4)通常排成一行或一列，一端连接在单片机

I/O 口(P1)的引脚(P0.0、P0.1、P0.2、P0.3)上，同时经上拉电阻接至+5V 电源，另一端则串接在一起作为公共接地端，如图 5.21 所示。

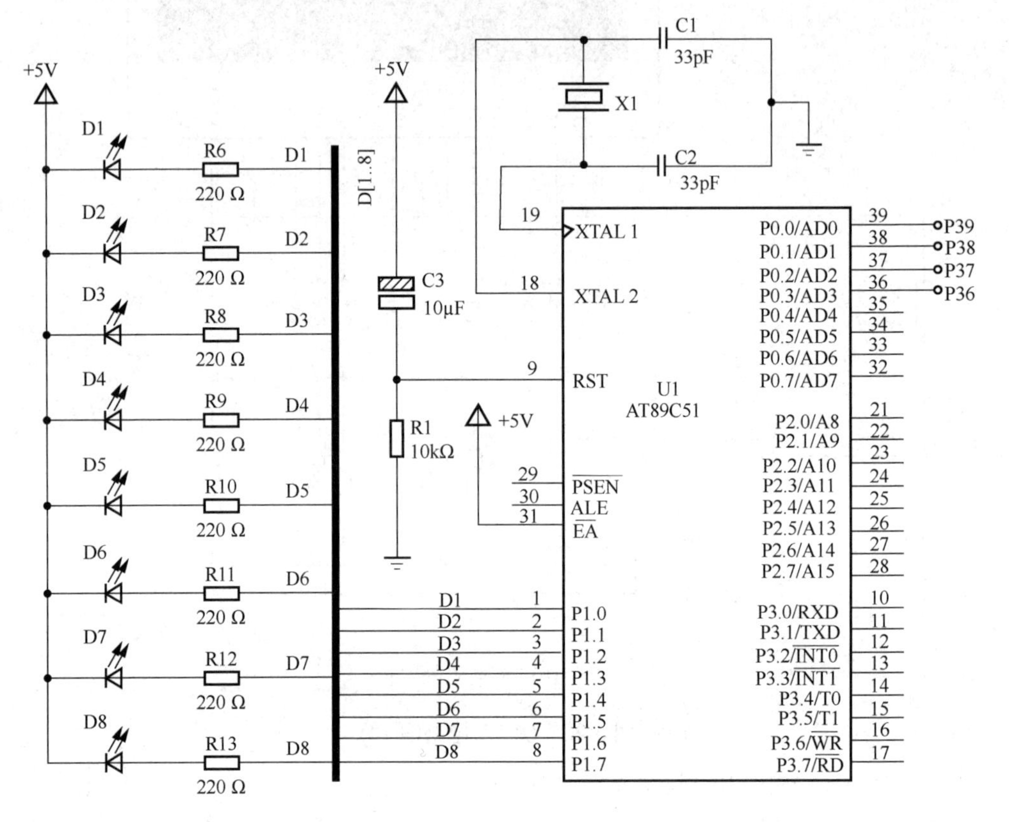

(a) 主机、显示部分

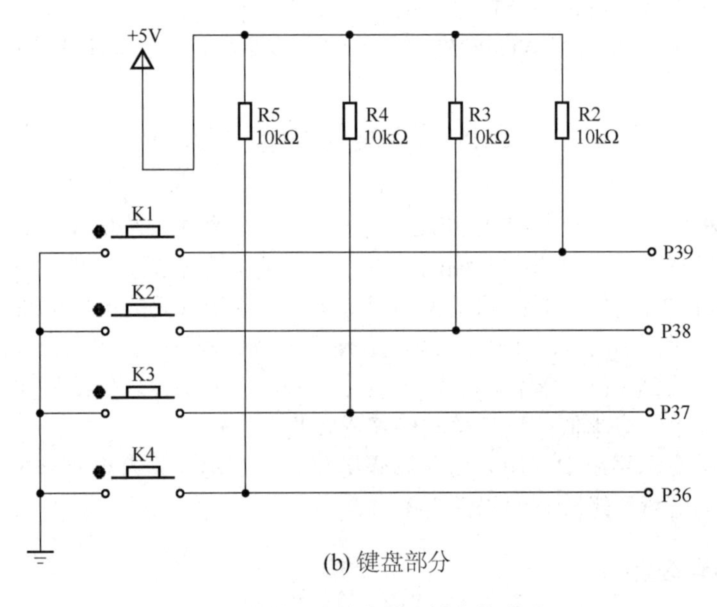

(b) 键盘部分

图 5.21　线性非编码键盘的应用

线性非编码键盘的工作原理是：当无按键被按下时，引脚 P0.0、P0.1、P0.2、P0.3 为高电平；当按下某个按键时，对应的 I/O 口引脚为低电平。单片机只要读取 I/O 口引脚的状态，就可以获得按键信息，识别有无键被按下、哪个键被按下。

在编写键盘处理程序时要考虑如何消除按键抖动的问题。具体方法是：首先读取 I/O 口状态并第 1 次判断有无键被按下，若有键被按下则等待 10ms，然后读取 I/O 口状态并第 2 次判断有无键被按下，若仍然有键被按下则说明某个按键处于稳定的闭合状态；若第 2 次判断时无键被按下，则认为第 1 次是按键抖动引起的无效闭合。

线性非编码键盘按键处理流程图如图 5.22 所示。

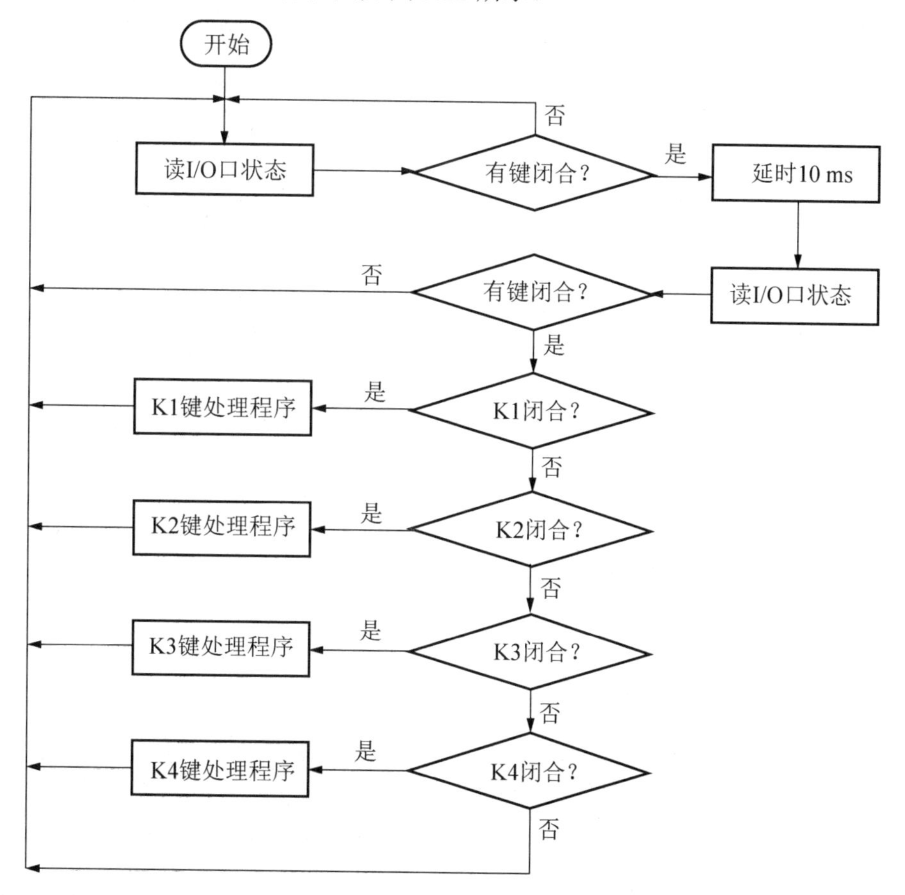

图 5.22　线性非编码键盘按键处理流程图

下面给出一个简单的例子，说明线性非编码键盘的软件编程技巧。对于例子中的各按键处理程序，读者可以根据自己的需要进行修改。

【例 5.8】 电路如图 5.21 所示，单片机采用 AT89C51，振荡器频率 f_{osc} 为 12MHz，在 P1 口接有 8 只发光二极管 D1～D8。试编写程序实现下列要求。

(1) 开机 D1～D8 全亮。

(2) 仅按下 K1 键时，依次点亮 D1～D8，时间间隔为 50ms。

(3) 仅按下 K2 键时，依次点亮 D8～D1，时间间隔为 50ms。

(4) 仅按下K3键时，D8～D1闪烁，时间间隔为50ms。

(5) 仅按下K4键时，熄灭D1～D8。

完整的程序代码如下：

```
/*******************************************************************
程序名称：L5-8.c
程序功能：用线性非编码键盘控制发光二极管的状态
*******************************************************************/
#include <reg51.h>

unsigned int time = 50;                          // 时间间隔 50ms

void delayXms( unsigned int x );                 // 延时 xms 函数
void keypad( );                                  // 键盘扫描及按键处理
void K1( unsigned int x );                       // 以时间间隔 x 依次点亮 D1～D8
void K2( unsigned int y );                       // 以时间间隔 y 依次点亮 D8～D1
void K3( unsigned int y );                       // 以时间间隔 y 闪烁
/*******************************************************************
函数名称：void main( )
函数功能：主函数，完成题目要求的功能
*******************************************************************/
void main( )
{
    P1 = 0x00;                                   // 开机 D1～D8 全亮
    while( 1 ) keypad( );
}
/*******************************************************************
函数名称：void delayXms( unsigned char x )
函数功能：延时 xms，振荡器频率 fosc 为 12MHz
*******************************************************************/
void delayXms( unsigned int x )
{
    unsigned int y,z;
    for( ; x>0; x-- )
        for( y=4; y>0; y-- )
            for( z=250; z>0; z--);
}
/*******************************************************************
函数名称：void keypad( )
函数功能：键盘扫描及按键处理
*******************************************************************/
void keypad( )
{
    unsigned char keyvalue;
    for( ; ; ){
        P0 = P0|0xFF;
        keyvalue = P0&0x0F;                      // 第 1 次读 I/O 口
        if( keyvalue==0x0F )    break;           // 无键闭合
        delayXms( 10 );                          // 有键闭合，延时，消除按键抖动
        keyvalue = P0&0x0F;                      // 第 2 次读 I/O 口
```

```
        switch( keyvalue ){
            case 0x0e:  K1( time ); break;  // K1 闭合
            case 0x0d:  K2( time ); break;  // K2 闭合
            case 0x0B:  K3( time ); break;  // K3 闭合
            case 0x07:  P1 = 0xFF;  break;  // K4 闭合
            case 0x0F:  P1 = 0x00;  break;  // 无键闭合
        }
    }
}
/**********************************************************************
函数名称：void K1( unsigned int x )
函数功能：按时间间隔 x 依次点亮 D1～D8
**********************************************************************/
void K1( unsigned int x )
{
        P1 = 0xFE;      delayXms( x );
        P1 = 0xFC;      delayXms( x );
        P1 = 0xF8;      delayXms( x );
        P1 = 0xF0;      delayXms( x );
        P1 = 0xE0;      delayXms( x );
        P1 = 0xC0;      delayXms( x );
        P1 = 0x80;      delayXms( x );
        P1 = 0x00;      delayXms( x );
}
/**********************************************************************
函数名称：void K2( unsigned int y )
函数功能：按时间间隔 y 依次点亮 D8～D1
**********************************************************************/
void K2( unsigned int y )
{
        P1 = 0x7F;      delayXms( y );
        P1 = 0x3F;      delayXms( y );
        P1 = 0x1F;      delayXms( y );
        P1 = 0x0F;      delayXms( y );
        P1 = 0x07;      delayXms( y );
        P1 = 0x03;      delayXms( y );
        P1 = 0x01;      delayXms( y );
        P1 = 0x00;      delayXms( y );
}
/**********************************************************************
函数名称：void K3( unsigned int y )
函数功能：D1～D8 按时间间隔 y 闪烁
**********************************************************************/
void K3( unsigned int y )
{
        P1 = 0xFF;      delayXms( y );
        P1 = 0x00;      delayXms( y );
}
```

首先在 Proteus ISIS 中绘制如图 5.21 所示的电路并以 L5-8 为名存盘；其次在 Keil C51 集成开发环境中输入上述源程序并命名为 L5-8.c，建立名为 MyProject 的工程并将 L5-8.c 加入其中，做好相应设置后编译、链接，生成目标文件 L5-8.hex；最后在 Proteus ISIS 中将

L5-8.hex 写入单片机 AT89C51。启动仿真，即可观察到程序的仿真运行效果。

5.5.2　矩阵非编码键盘

矩阵非编码键盘的键开关处于行线与列线的交叉点上，每个键开关的一端与行线相连，另一端与列线相连。图 5.23 所示是一个 4×3 的矩阵非编码键盘。

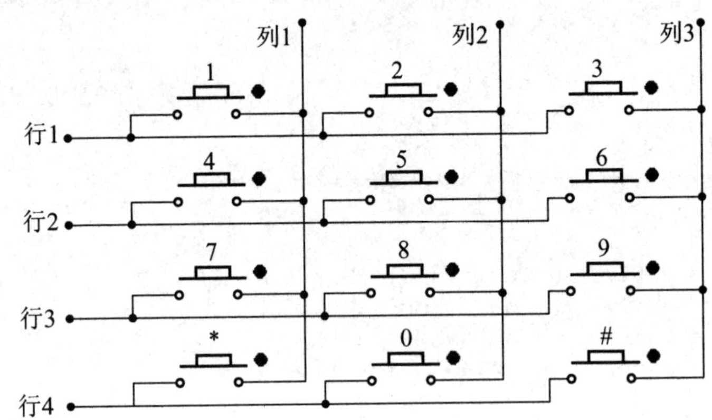

图 5.23　矩阵非编码键盘

矩阵非编码键盘键代码的确定通常采用逐行扫描法，其处理流程如图 5.24 所示。

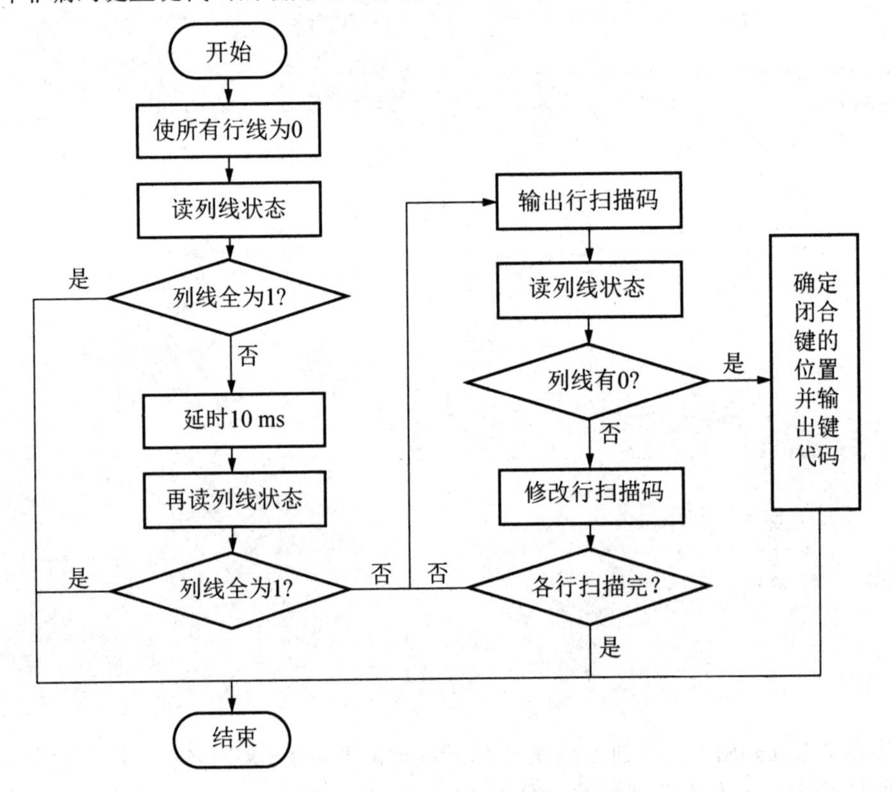

图 5.24　矩阵非编码键盘按键处理流程

【例 5.9】 基于图 5.25 所示的硬件电路，试编写程序，用 7 段数码管显示矩阵非编码键盘的键名。例如，按 1 键则显示“1”。

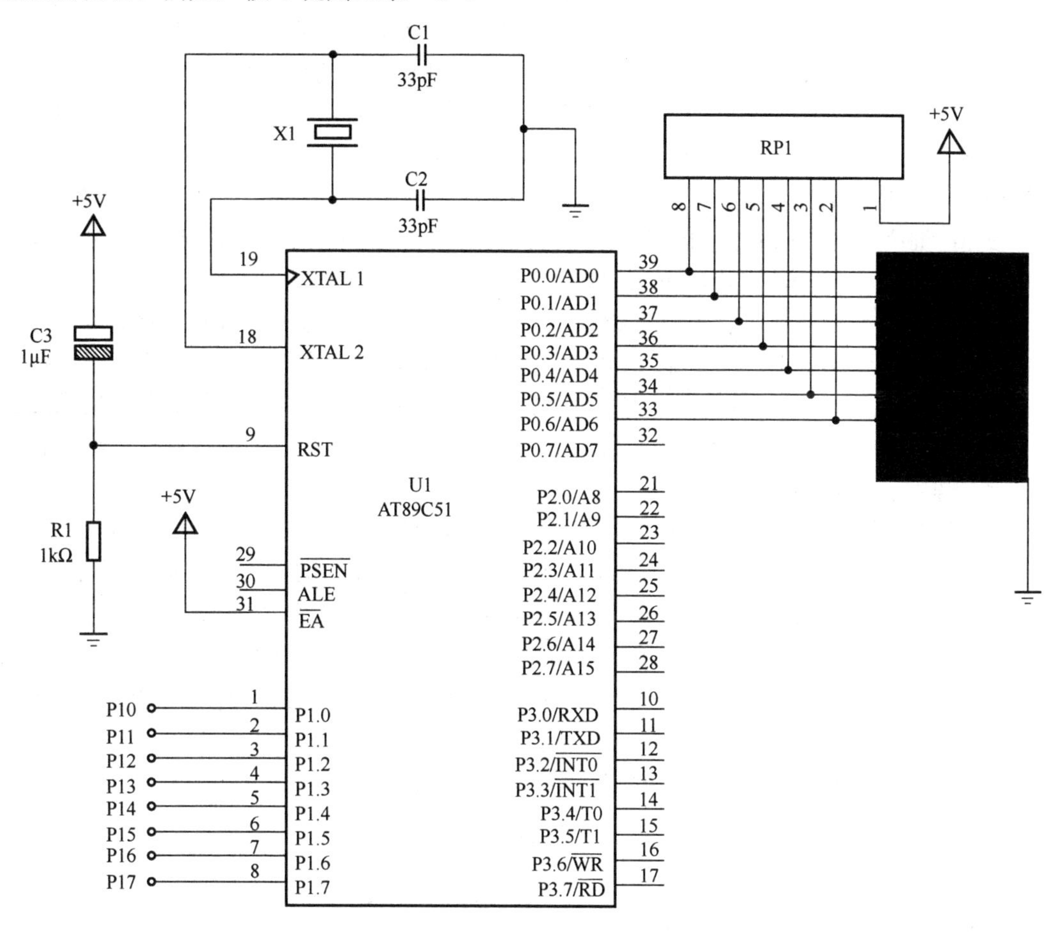

(a) 主机、显示部分

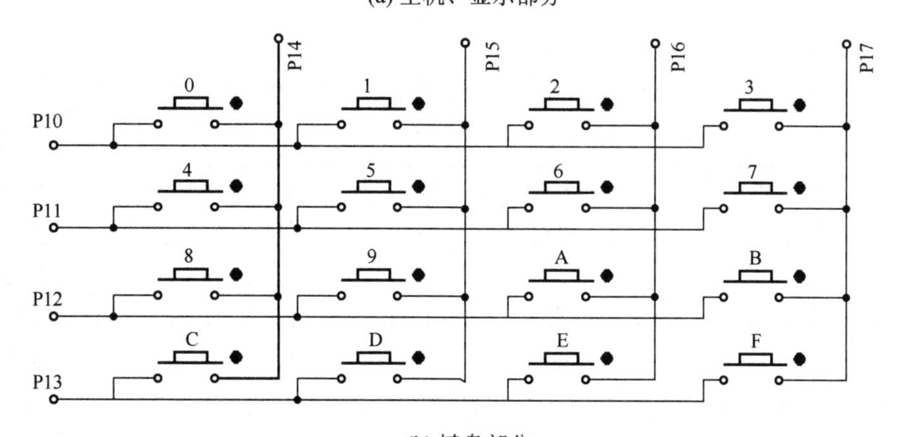

(b) 键盘部分

图 5.25　矩阵非编码键盘的应用

图 5.25(a)所示是 4×4 矩阵非编码键盘与单片机的典型连接方式。4 根行线分别与单片机 P1 口的 P1.0～P1.3 引脚相连，称为行扫描口；4 根列线分别与单片机 P1 口的 P1.4～P1.7 引脚相连，称为列检测口。16 个按键的键名分别为 0～9、A～F[图 5.25(b)]。

根据矩阵非编码键盘逐行扫描法处理流程，键盘扫描程序应包括以下内容。

(1) 查询是否有键被按下。首先单片机向行扫描口输出扫描码 F0H，然后从列检测口读取列检测信号，只要有一列信号不为"1"，即 P1 口的值不等于 F0H，则表示有键被按下；否则表示无键被按下。

(2) 查询闭合键所在的行列位置。若有键被按下，单片机将得到的列检测信号取反，列检测口中为 1 的位便是闭合键所在的列。

列号确定后，还需要进行逐行扫描以确定行号。单片机首先向行扫描口输出第 1 行的扫描码 FEH，接着读列检测口，若列检测信号全为"1"，则表示闭合键不在第 1 行。接着向行扫描口输出第 2 行的扫描码 FDH，再读列检测口。以此类推，直到找到闭合键所在的行，并将该行的扫描码取反保存。如果扫描完所有的行后仍没有找到闭合键，则结束行扫描，判定本次按键是误动作。

(3) 对得到的行号和列号进行译码，确定键值。根据图 5.25 所示的硬件电路，1、2、3、4 行的扫描码分别为 0xFE、0xFD、0xFB、0xF7；1、2、3、4 列的列检测数据分别为 0xE0、0xD0、0xB0、0x70。设行扫描码为 HSM，列检测数据为 LJC，键值为 KEY，则有

$$KEY = \overline{HSM} + \overline{LJC|0x0F}$$

例如，"0"键处在第 1 行第 1 列，其 HSM = 0xFE，LJC = 0xE0，代入上式，可得"0"键的键值为

$$KEY = \overline{HSM} + \overline{LJC|0x0F} = \overline{0xFE} + \overline{0xE0|0x0F} = 0x01 + 0x10 = 0x11$$

根据上述计算方法，可计算出所有按键的键值，见表 5-19。

表 5-19　4×4 矩阵非编码键盘的键值

键　名	键　值	键　名	键　值
0	0x11	8	0x14
1	0x21	9	0x24
2	0x41	A	0x44
3	0x81	B	0x84
4	0x12	C	0x18
5	0x22	D	0x28
6	0x42	E	0x48
7	0x82	F	0x88

(4) 按键防抖动处理。当用手按下一个按键时，一般都会产生抖动，即所按下的键会在闭合位置与断开位置之间跳动几下才能达到稳定状态。抖动持续的时间长短不一，通常小于 10ms。若抖动问题不解决，就会导致对闭合键的多次读入。解决的方法是：在发现有键按下后，延时 10ms 再进行逐行扫描。因为键被按下时的闭合时间远远大于 10ms，所以延时后再扫描也不迟。

完整的程序代码如下：

```
/************************************************************************
程序名称：L5-9.c
程序功能：4×4 矩阵非编码键盘的应用
************************************************************************/
#include<reg51.h>

#define unchar unsigned char
#define unint  unsigned int

unchar HSM,LJC,keyvalue;     // HSM 为行扫描码，LJC 为列检测数据，keyvalue 为键值
unchar tmp;                  // 用于主函数中接收键值

void delayXms( unint x );
unchar keyscan( );
/************************************************************************
函数名称：main( )
函数功能：主函数，键值处理
************************************************************************/
void main( )
{
    while( 1 ){
        tmp = keyscan( );
        switch( tmp ){
            case 0x11:  P0 = 0x3F;  break;  // 0
            case 0x21:  P0 = 0x06;  break;  // 1
            case 0x41:  P0 = 0x5B;  break;  // 2
            case 0x81:  P0 = 0x4F;  break;  // 3

            case 0x12:  P0 = 0x66;  break;  // 4
            case 0x22:  P0 = 0x6D;  break;  // 5
            case 0x42:  P0 = 0x7D;  break;  // 6
            case 0x82:  P0 = 0x07;  break;  // 7

            case 0x14:  P0 = 0x7F;  break;  // 8
            case 0x24:  P0 = 0x6F;  break;  // 9
            case 0x44:  P0 = 0x77;  break;  // A
            case 0x84:  P0 = 0x7C;  break;  // B, b

            case 0x18:  P0 = 0x39;  break;  // C
            case 0x28:  P0 = 0x5E;  break;  // D, d
            case 0x48:  P0 = 0x79;  break;  // E
            case 0x88:  P0 = 0x71;  break;  // F

            default:    P0 = 0x00;
        }
```

```
            delayXms( 100 );
        }
}
/******************************************************************
函数名称：delayXms( unsigned int x )
函数功能：延时函数，xms
******************************************************************/
void delayXms( unint x )
{
    unchar y, z;
        for( ; x>0; x-- )
            for( y=0; y<4; y++ )
                for( z=0; z<250; z++ )  ;
}
/******************************************************************
函数名称：unchar keyscan( void )
函数功能：键盘扫描及键值确定
******************************************************************/
unchar keyscan( void )
{
    P1 = 0xF0;                          // 行线全为低电平，列线全为高电平
    LJC = P1&0xF0;                      // 第1次读列检测状态
    if( LJC != 0xF0 ){
        delayXms( 10 );                 // 若有键被按下，则延时10ms
        LJC = P1&0xF0;                  // 第2次读列检测状态：0xE0、0xD0、0xB0、0x70
        if( LJC != 0xF0 ){              // 若有闭合键，则逐行扫描
            HSM = 0xFE;                 // 扫描码分别为0xFE、0xFD、0xFB、0xF7
            while((HSM&0x10)!=0){       // 若扫描码为0xEF，则结束扫描
                P1 = HSM;               // 输出行扫描码
                LJC = P1&0xF0;          // 读列检测数据：0xE0、0xD0、0xB0、0x70
                if( LJC != 0xF0 ){      // 本行有闭合键
                    keyvalue = ( ~HSM )+( ~(LJC|0x0F) );    // 计算键值
                    return( keyvalue );                     // 返回键值
                }
                else HSM = (HSM<<1)|0x01;     //行扫描码左移1位，准备扫描下一行
            }
        }
    }
    return( 0x00 );
}
```

首先在Proteus ISIS中绘制图5.26所示的电路并以L5-9为名存盘；其次在Keil C51集成开发环境中输入上述源程序并命名为L5-9.c，建立名为 MyProject的工程并将L5-9.c加入其中，做好相应设置后编译、链接，生成目标文件 MyProject.hex；最后在 Proteus ISIS中将 MyProject.hex写入单片机AT89C51。启动仿真，即可观察到程序的仿真运行效果。

5.6 本 章 小 结

(1) 51 系列单片机有 4 个 8 位的双向并行输入/输出(I/O)端口，称为 P0 口、P1 口、P2 口和 P3 口。各个端口既可以按字节输入、输出，又可以按位输入、输出。利用这 4 个 I/O 端口可以方便地实现单片机与外部数字设备或芯片的信息交换。

(2) LED 数码管显示器按用途可分为通用 7 段 LED 数码管显示器和专用 LED 数码管显示器。通用 7 段 LED 数码管显示器按内部结构划分，又分为共阴极和共阳极两种。数码管的控制方式分为静态和动态两种。

(3) LED 数码管点阵显示器是由 LED 按矩阵方式排列而成的，按照尺寸大小，LED 点阵显示器有 5×7、5×8、6×8、8×8 等多种规格；按照 LED 发光颜色的变化情况，LED 点阵显示器分为单色、双色、三色；按照 LED 的连接方式，LED 点阵显示器又有共阴极、共阳极之分。

(4) 液晶显示器(LCD)由于功耗低、抗干扰能力强等优点，日渐成为各种便携式产品、仪器仪表及工控产品的理想显示器。LCD 种类繁多，按显示形式及排列形状可分为字段型、点阵字符型、点阵图形型。单片机应用系统中主要使用后两种。

(5) 液晶显示模块与单片机的连接方式有两种：一种为直接访问方式，另一种为间接控制方式。

(6) 键盘是单片机应用系统中最常用的输入设备，通过键盘输入数据或命令，可以实现简单的人机对话。键盘有编码键盘和非编码键盘之分。编码键盘除了键开关外，还需去键抖动电路、防串键保护电路及专门的、用于识别闭合键并产生键代码的集成电路(如 8255、8279 等)。编码键盘的优点是所需软件简短；缺点是硬件电路比较复杂，成本较高。非编码键盘仅由键开关组成，按键识别、键代码的产生及去抖动等功能均由软件编程完成。非编码键盘的优点是电路简单，成本低；缺点是软件编程较复杂。

目前，单片机应用系统中普遍采用非编码键盘。按照键开关的排列形式，非编码键盘又分为线性非编码键盘和矩阵非编码键盘两种。

5.7 实训：模拟数字密码锁

1. 实训目的

(1) 掌握 51 系列单片机输入/输出端口的使用方法。

(2) 掌握点阵字符型 LCD 的使用方法。

(3) 掌握矩阵非编码键盘的使用方法。

2. 实训设备

一台装有 Keil μVision2 和 Proteus ISIS 的计算机。

3. 实训原理

实际数字密码锁功能较多，本实训仅模拟一部分功能，具体要求如下。

(1) 用1只绿色发光二极管的亮/灭来表示输入密码是否正确。

(2) 显示器采用1602点阵字符型LCD(Proteus ISIS中LM016L)。

(3) 键盘采用4×3矩阵非编码键盘(Proteus ISIS中KEYPAD-PHONE)，各键的键值见表5-20。

表5-20　4×3矩阵非编码键盘的键值

键　名	键　值	键　名	键　值
1	0x11	7	0x14
2	0x21	8	0x24
3	0x41	9	0x44
4	0x12	*	0x18
5	0x22	0	0x28
6	0x42	#	0x48

(4) 控制流程如下。

① 开机显示画面如图5.26所示，图中■为闪烁光标。

			P	A	S	S			W	O	R	D			
■															

图5.26　开机显示画面

② 密码输入。在图5.26所示状态下，直接按0～9数字键即可。密码长度为8个字符(默认为12345678，可在程序中修改)。在输入密码时显示“*”，如图5.27所示。输入完毕后按“#”键确定。若正确则绿色指示灯亮50ms，表示开门；若不正确则出现图5.28所示的画面，此时按“*”键，即可返回图5.26所示的状态。

			P	A	S	S			W	O	R	D			
*	*	*	*	*	*	*	*	■							

图5.27　密码输入

			P	A	S	S			W	O	R	D			
E	R	R	O	R	!	!	!	■							

图5.28　密码输入不正确

重复上述过程直至密码输入成功为止。

4. 实训内容

1) 绘制电路图

在Proteus ISIS中绘制图5.29所示的电路原理图，通过电气规则检查后，以文件名ShiXun5存盘。

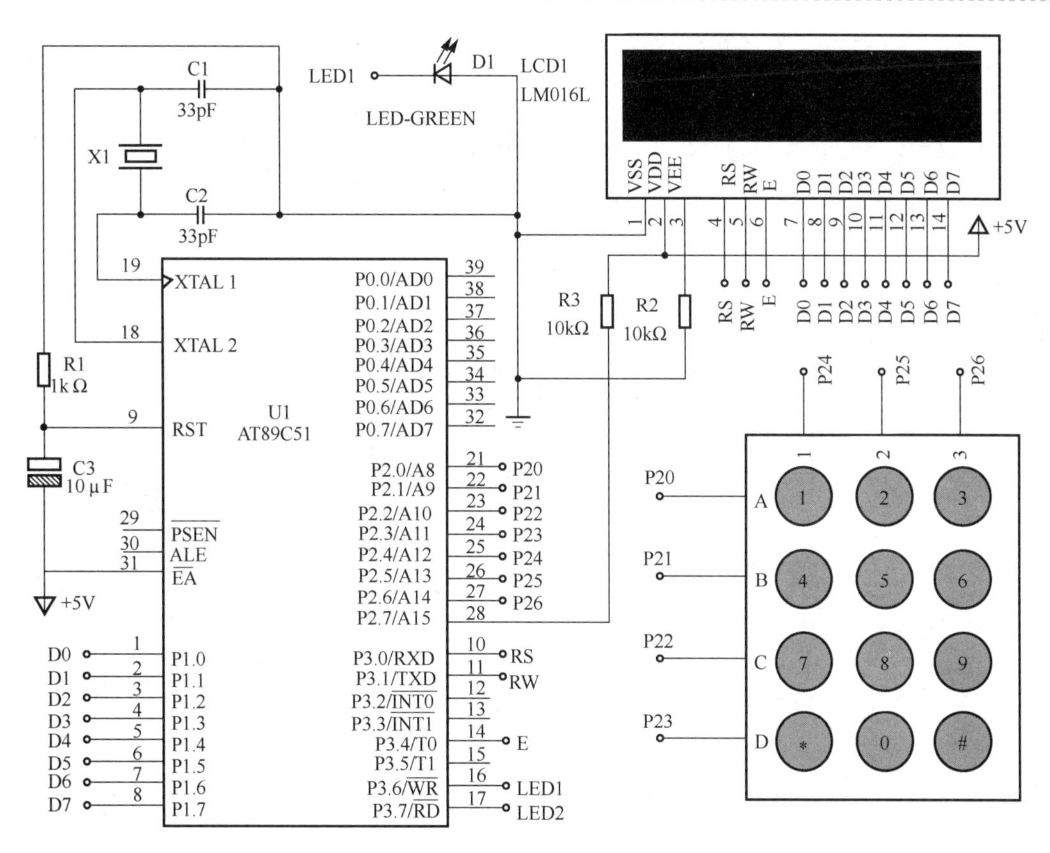

图 5.29　实训电路原理图

2) 编写源程序

按照实训原理要求编写 C51 源程序，以文件名 ShiXun5.c 存盘。参考程序如下：

```
/***********************************************************************
程序名称：ShiXun5.c
程序功能：由 16×2 点阵字符型 LCD 和 4×3 矩阵非编码键盘组成的模拟数字密码锁
***********************************************************************/
#include <reg51.h>

#define unchar unsigned char
#define unint  unsigned int

sbit RS = P3^0;                                // 定义 LCD 的控制信号线
sbit RW = P3^1;
sbit E  = P3^4;
sbit LED1 = P3^6;                              // 绿色指示灯

unchar code L1[]= "PASS  WORD";                // 第 1 行常显字符
unchar code L21[]= "                " ;        // 16 个空格,用于清屏显示器的第 2 行
unchar code L23[]= "ERROR!!!        " ;        // 第 2 行错误提示字符，共 16 个
unchar mima1[8]="12345678";                    // 内置密码
unchar mima2[8];                               // 用于存储输入密码
```

```
unchar *PTR;                 // 指向字符数组的首地址
unchar CH;                   // 单个字符
unchar  n;                   // 字符数组中字符的个数
unchar HSM, LJC, keyvalue;  // HSM 为行扫描码，LJC 为列检测数据，keyvalue 为键值
unchar tmp;                  // 用于主函数中接收键值
unchar CNT = 0;              // 输入数据的个数

void delayXms( unint x );   // 函数声明
void lcd_init( );
void write_ir( );
void write_dr( unchar *ch, unchar n );
void write_dr1( unchar ch );
unchar keyscan( );
void mm_cmp( );
/**********************************************************************
函数名称：main( )
函数功能：主函数，在指定的位置显示指定的字符串
**********************************************************************/
void main( )
{
    LED1 = 0;                // 绿色指示灯灭
    lcd_init( );             // LCD 初始化
    while( 1 ){
        tmp = keyscan( );

        switch( tmp ){
            case 0x11:      // 1
                        CNT++;
                        if( CNT==9 ){
                            CNT = 0;
                            break;
                        }
                        else{
                            CH = '*';
                            mima2[CNT-1] = '1';
                            write_dr1( CH );
                        }
                        break;
            case 0x21:      // 2
                        CNT++;
                        if( CNT==9 ){
                            CNT = 0;
                            break;
                        }
                        else{
                            CH = '*';
                            mima2[CNT-1] = '2';
                            write_dr1( CH );
                        }
```

```
                break;
        case 0x41:                              // 3
                CNT++;
                if( CNT==9 ){
                    CNT = 0;
                    break;
                }
                else{
                    CH = '*';
                    mima2[CNT-1] = '3';
                    write_dr1( CH );
                }
                break;
        case 0x12:                              // 4
                CNT++;
                if( CNT==9 ){
                    CNT = 0;
                    break;
                }
                else{
                    CH = '*';
                    mima2[CNT-1] = '4';
                    write_dr1( CH );
                }
                break;
        case 0x22:                              // 5
                CNT++;
                if( CNT==9 ){
                    CNT = 0;
                    break;
                }
                else{
                    CH = '*';
                    mima2[CNT-1] = '5';
                    write_dr1( CH );
                }
                break;
        case 0x42:                              // 6
                CNT++;
                if( CNT==9 ){
                    CNT = 0;
                    break;
                }
                else{
                    CH = '*';
                    mima2[CNT-1] = '6';
                    write_dr1( CH );
                }
                break;
```

```
        case 0x14:                          // 7
                CNT++;
                if( CNT==9 ){
                    CNT = 0;
                    break;
                }
                else{
                    CH = '*';
                    mima2[CNT-1] = '7';
                    write_dr1( CH );
                }
                break;
        case 0x24:                          // 8
                CNT++;
                if( CNT==9 ){
                    CNT = 0;
                    break;
                }
                else{
                    CH = '*';
                    mima2[CNT-1] = '8';
                    write_dr1( CH );
                }
                break;
        case 0x44:                          // 9
                CNT++;
                if( CNT==9 ){
                    CNT = 0;
                    break;
                }
                else{
                    CH = '*';
                    mima2[CNT-1] = '9';
                    write_dr1( CH );
                }
                break;
        case 0x18:                          // *
                CNT = 0;
                P1 = 0xC0;                  // 第 2 行起始地址
                write_ir( );
                PTR = &L21;
                n=16;
                write_dr( PTR, n );

                P1 = 0xC0;                  // 光标最后停留在 LCD 的 0xC0 位置
                write_ir( );
                break;
        case 0x28:                          // 0
                CNT++;
```

```
                    if( CNT==9 ){
                        CNT = 0;
                        break;
                    }
                    else{
                        CH = '*';
                        mima2[CNT-1] = '0';
                        write_dr1( CH );
                    }
                    break;
            case 0x48:                              // #
                    mm_cmp( );
                    break;
            default:    LED1 = 0;
        }
        delayXms( 1 );
    }

}
/*********************************************************************
函数名称：delayXms( unint x )
函数功能：延时xms，振荡器频率为12MHz
*********************************************************************/
void delayXms( unint x )
{
    unint y,z;
    for( ; x>0; x-- )
        for( y=4; y>0; y-- )
            for( z=250; z>0; z--);
}
/*********************************************************************
函数名称：lcd_init(  )
函数功能：LCD初始化，显示开机画面
*********************************************************************/
void lcd_init( void )
{
    P1 = 0x01;              // 清屏指令
    write_ir( );

    P1 = 0x38;              // 功能设定指令：8位，2行，5×7点矩阵
    write_ir( );

    P1 = 0x0C;              // 开显示指令：开显示屏，不显示光标
    write_ir( );

    P1 = 0x06;              // 设置字符/光标移动模式：光标右移，整屏显示不移动
    write_ir( );

    P1 = 0x83;              // 第1行起始地址，开机画面
```

```
    write_ir( );
    PTR = &L1;                      // L1[]= "PASS  WORD";
    n=10;
    write_dr( PTR, n );

    P1 = 0x0F;                      // 开显示指令：开显示屏，显示光标，光标闪烁
    write_ir( );
    P1 = 0xC0;                      // 光标最后停留在 LCD 的 0xC0 位置
    write_ir( );
}
/***********************************************************************
函数名称：write_ir( )
函数功能：写指令到 LCD 指令寄存器
***********************************************************************/
void write_ir( )
{
    RS = 0;                         // 选择 LCD 指令寄存器
    RW = 0;                         // 执行写入操作
    E = 0;                          // 禁用 LCD
    delayXms( 50 );
    E = 1;                          // 启动 LCD
}
/***********************************************************************
函数名称：write_dr( unchar *ch, unchar n )
函数功能：写字符串数据到 LCD 数据寄存器。指针 ch 指向字符串数据的首地址，n 为数据个数
***********************************************************************/
void write_dr( unchar *ch, unchar n )
{
    unchar i;
    for( i=0; i<n; i++ ){
        P1 = *(ch+i);               // 送字符数据
        RS = 1;                     // 选择 LCD 数据寄存器
        RW = 0;                     // 执行写入操作
        E = 0;                      // 禁用 LCD
        delayXms( 50 );
        E = 1;                      // 启动 LCD
    }
}

/***********************************************************************
函数名称：unchar keyscan(  )
函数功能：键盘扫描及键值确定
***********************************************************************/
unchar keyscan( void )
{
    P2 = 0xF0;                      // 行线全为低电平，列线全为高电平
    LJC = P2&0xF0;                  // 第 1 次读列检测状态
    if( LJC != 0xF0 ){
        delayXms( 10 );             // 若有键被按下，则延时 10ms
```

```
        LJC = P2&0xF0;              // 第 2 次读列检测状态：0xE0、0xD0、0xB0、0x70
        if( LJC != 0xF0 ){          // 若有闭合键，则逐行扫描
            HSM = 0xFE;             // 扫描码分别为 0xFE、0xFD、0xFB、0xF7
            while((HSM&0x10)!=0){   // 若扫描码为 0xEF，则结束扫描
                P2 = HSM;           // 输出行扫描码
                LJC = P2&0xF0;      // 读列检测数据：0xE0、0xD0、0xB0、0x70
                if( LJC != 0xF0 ){                               // 本行有闭合键
                    keyvalue = ( ~HSM )+( ~(LJC|0x0F) );     // 计算键值
                    return( keyvalue );                          // 返回键值
                }
                else HSM = (HSM<<1)|0x01;   // 行扫描码左移 1 位，准备扫描下一行
            }
        }
    }
    return( 0x00 );
}
/*********************************************************************
函数名称：write_dr1( unchar x )
函数功能：将字符数据 x 写到 LCD 数据寄存器
*********************************************************************/
void write_dr1( unchar x )
{
    P1 = x;                         // 送字符“x”
    RS = 1;                         // 选择 LCD 数据寄存器
    RW = 0;                         // 执行写入操作
    E = 0;                          // 禁用 LCD
    delayXms( 50 );
    E = 1;                          // 启动 LCD
}
/*********************************************************************
函数名称：mm_cmp( )
函数功能：密码比较，相同则绿色指示灯亮，不同则显示“ERROR!”
*********************************************************************/
void mm_cmp( )
{
    unchar x;
    bit flag = 1;
    for( x=0; x<8; x++ ){
        if( mima1[x]==mima2[x] )    continue;
        else{
            flag = 0;
            break;
        }
    }
    if( flag ){
        LED1 = 1;                   // 绿色指示灯亮 50ms
        delayXms( 50 );
    }
    else{
```

```
            P1 = 0xC0;            // 第 2 行起始地址
            write_ir( );
            PTR = &L23;           // L23[]= "ERROR!!!" ;
            n=16;
            write_dr( PTR, n );
            P1 = 0xC8;            // 光标最后停留在 LCD 的 0xC8 位置
            write_ir( );
        }
    }
```

3) 生成 HEX 文件

在 Keil μVision2 中创建名为 ShiXun5 的工程，将 ShiXun5.c 加入其中，编译、链接，生成 ShiXun5.hex 文件。

4) 仿真运行

在 Proteus ISIS 中打开设计文件 ShiXun5，将 ShiXun5.hex 装入单片机中。启动仿真，观察系统运行效果是否符合设计要求。

5. 思考与练习

(1) 51 系列单片机的 4 个 I/O 端口各有什么特点？在使用时应注意哪些事项？

(2) 在单片机应用系统中常用的显示器有几种？

(3) 如何解决 LED 数码管点阵显示器乱码问题？

(4) 目前单片机应用系统中普遍采用什么键盘？

(5) 在实训中，如果增加密码设置功能，应如何修改程序？具体要求如下。

在图 5.26 所示的状态下，按“*”键，进入密码设置状态。首先输入旧密码，密码长度为 8 个字符，由 0～9 组成，此时显示画面如图 5.30 所示。

			P	A	S	S			W	O	R	D			
O	L	D	:	■											

图 5.30 密码设置画面一

旧密码输入完毕后，按“#”键确定。若正确则出现图 5.31 所示的画面，输入 8 位新密码后再按“#”键确定，即完成密码设置。

			P	A	S	S			W	O	R	D			
N	E	W	:	■											

图 5.31 密码设置画面二

若输入的旧密码不正确，则出现图 5.32 所示的画面，提示密码设置失败。

			P	A	S	S			W	O	R	D			
O	L	D	:	e	r	r	o	r	!	■					

图 5.32 密码设置画面三

重复上述过程直至密码设置成功。

6. 心得、建议及创新

(1) 心得：(对自己说的话)________________

____

____

(2) 建议：(对老师说的话)________________

____

____

(3) 创新：(基于实训内容，在软、硬件方面的改进)________________

____

____

第6章　单片机串行通信接口的 C51语言编程

教学提示

51系列单片机内部有一个可编程全双工串行通信接口，它具有UART的全部功能，不仅可以同时进行数据的接收和发送，还可以作为同步移位寄存器使用。该串行口有4种工作方式，帧格式有8位、10位和11位3种，并能设置各种波特率。在介绍关于串行通信的基础知识后，本章重点讲述51系列单片机的串行口及其通信应用。

教学要求

理解串行数据通信的基本概念，包括串行数据通信的分类、串行通信数据的传送方向、串行数据通信的接口电路；掌握异步串行通信的两个重要指标：字符帧格式和波特率；掌握51系列单片机串行口的结构及工作原理；掌握51系列单片机串行口的控制寄存器；掌握51系列单片机串行口的工作方式及波特率生成方法；掌握51系列单片机串行通信的两种编程方式：查询方式和中断方式。

6.1　串行数据通信的基本概念

在单片机应用系统中，经常会遇到数据通信的问题，例如，在单片机与外围设备之间、一个单片机应用系统与另一个单片机应用系统之间、单片机应用系统与PC之间的数据传送都离不开通信技术。

6.1.1　串行数据通信的分类

两个实体之间的通信有两种基本方式：并行通信和串行通信，如图6.1所示。

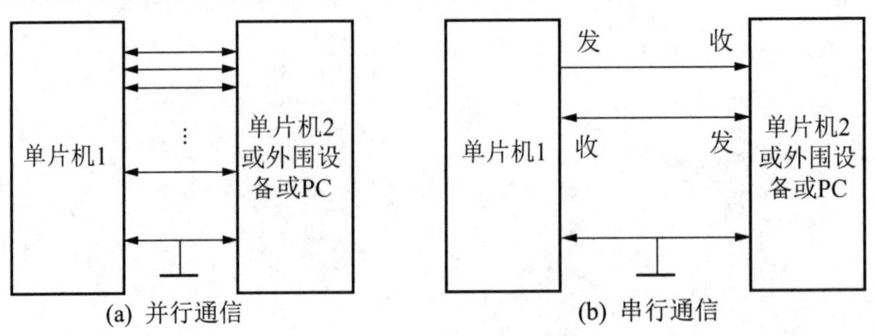

图6.1　两种通信方式的示意图

并行通信，即数据的各位同时传送。其特点是通信速度快，所需的传输线多，成本高，适用于近距离通信。前面章节所涉及的数据传送都为并行方式，如单片机与键盘、显示器之间的数据传送等。

串行通信，即数据的各位一位一位地顺序传送。其特点是通信速度慢，所需的传输线少，成本低，适用于远距离通信。本节将简要介绍有关串行数据通信的基本概念。

按照串行数据的时钟控制方式，串行通信可分为异步通信和同步通信两类。

1. 异步通信

在异步通信(Asynchronous Communication)中，数据通常是以字符为单位组成字符帧传送的。字符帧由发送端一帧一帧地发送，通过传输线被接收端一帧一帧地接收。发送端和接收端可以由各自独立的时钟来控制数据的发送和接收，这两个时钟彼此独立，互不同步。

字符帧格式、波特率是异步通信的两个重要指标。

1) 字符帧

在异步通信中，接收端是依靠字符帧(Character Frame)格式来判断发送端是何时开始发送及何时结束发送的。字符帧也称为数据帧，由起始位、数据位、校验位和停止位 4 部分组成，如图 6.2 所示。

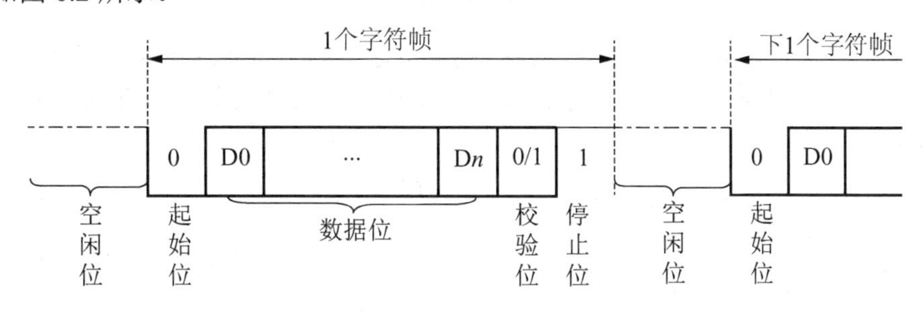

图 6.2　异步通信的字符帧格式

(1) 起始位：位于字符帧开头，仅占 1 位，为逻辑 0 低电平，用于向接收设备表示发送端开始发送一帧信息。

(2) 数据位：紧跟起始位之后，用户根据情况可取 5 位、6 位、7 位或 8 位，低位在前，高位在后。

(3) 校验位：位于数据位之后，仅占 1 位，用来表征串行通信中采用奇校验还是偶校验，由用户决定。

(4) 停止位：位于字符帧最后，为逻辑 1 高电平。通常可取 1 位、1.5 位或 2 位，用于向接收端表示一帧字符信息已经发送完，也为发送下一帧做准备。

在异步串行通信中，两个相邻字符帧之间可以没有空闲位，也可以有若干空闲位，这由用户来决定。

2) 波特率

波特率(Baud Rate)为每秒传送二进制数码的位数，也称为比特数，单位为 bit/s，即位/秒。波特率用于表征数据传输的速率，波特率越高，数据传输速率越大。但波特率和字符的实际传输速率不同，字符的实际传输速率是每秒内所传送的字符帧的帧数，和字符帧格式有关。

通常，异步通信的波特率为 50～9600bit/s。

异步通信的优点是不需要传送同步时钟，字符帧长度不受限制，故设备简单。其缺点是字符帧中因包含起始位和停止位而降低了有效数据的传输速率。

2. 同步通信

同步通信(Synchronous Communication)是一种连续串行传送数据的通信方式，一次通信只传输一帧信息。这里的信息帧和异步通信的字符帧不同，通常有若干个数据字符，如图 6.3 所示。信息帧通常由同步字符 SYN、数据字符和校验字符 CRC 这 3 部分组成。在同步通信中，同步字符可以采用统一的标准格式，也可以由用户约定。

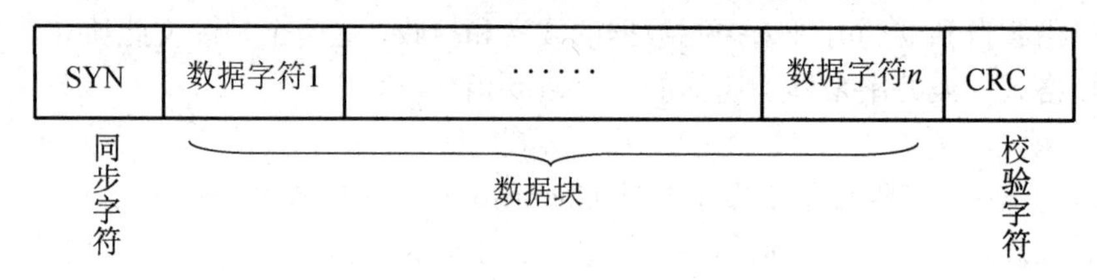

图 6.3 同步通信的信息帧格式

同步通信的优点是数据传输速率较高，通常可达 56000bit/s 或更高，其缺点是要求发送时钟和接收时钟必须保持严格同步。同步通信的同步方法有外同步和自同步两种，如图 6.4 所示。

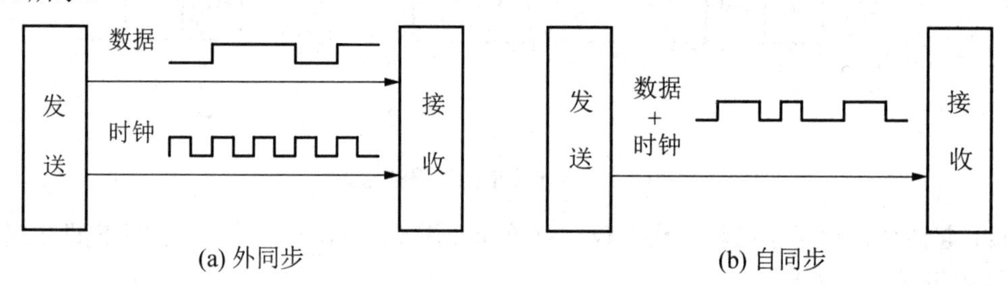

图 6.4 同步通信的同步方法

6.1.2 串行通信数据的传送方向

按照数据传送方向，串行通信可分为单工(Simplex)传送、半双工(Half Duplex)传送和全双工(Full Duplex)传送 3 种制式，如图 6.5 所示。

1. 单工制式

在单工制式下，数据传送是单向的，通信双方中一方固定作为发送端，而另一方则固定作为接收端。采用单工制式通信时仅需一条数据线。

2. 半双工制式

在半双工制式下，数据传送是准双向的，通信双方中的任何一方均可发送和接收数据，但它任何时刻只能由其中的一方作为发送端，而另一方作为接收端。任何一方均不能同时

发送和接收数据。通信双方的收发开关一般是由软件控制的电子开关。采用该形式进行串行通信时，可以使用一条数据线，也可以使用两条数据线。

3. 全双工制式

在全双工制式下，数据传送是双向的，通信双方中的任何一方均可同时发送和接收数据，即数据可以在两个方向上同时传送。采用全双工制式通信时需要两条数据线。

在实际应用中，尽管多数串行通信接口电路具有全双工功能，一般情况只工作于半双工制式下，因为这种用法简单、实用。

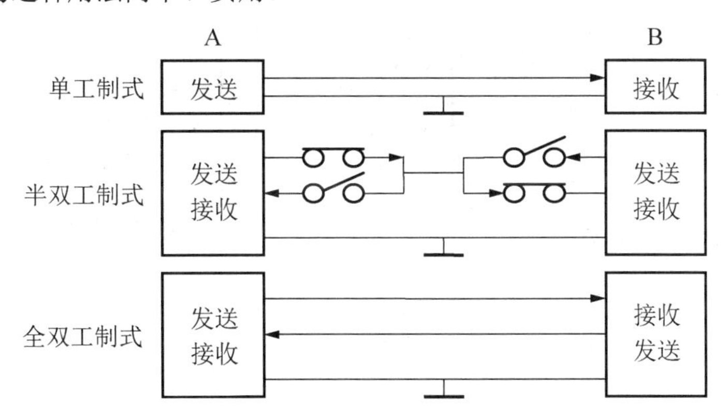

图 6.5　单工、半双工和全双工串行通信示意图

6.1.3　串行数据通信的接口电路

串行接口电路的种类和型号很多，能够完成异步通信的硬件电路称为 UART，即通用异步接收器/发送器(Universal Asychronous Receiver/Transmitter)；能够完成同步通信的硬件电路称为 USRT(Universal Sychronous Receiver/Transmitter)；既能够完成异步又能同步通信的硬件电路称为 USART(Universal Sychronous Asychronous Receiver/Transmitter)。

从本质上说，所有的串行接口电路都是以并行数据形式与 CPU 接口，以串行数据形式与外部逻辑接口。它们的基本功能都是从外部逻辑接收串行数据，转换成并行数据后传送给 CPU，或从 CPU 接收并行数据，转换成串行数据后输出到外部逻辑。

在单片机应用系统中，数据通信主要采用异步串行通信。在设计通信接口时，必须根据需要选择标准接口，并考虑传输介质、电平转换等问题。采用标准接口后，能够方便地把单片机和外围设备、测量仪器等有机地连接起来，从而构成一个测控系统。

异步串行通信接口主要有 RS-232C、RS-449、RS-422、RS-423 和 RS-485 等，它们都是在 RS-232 接口标准的基础上经过改进而形成的。下面简要介绍常用的 RS-232C 接口。

RS-232C 是指用二进制方式进行数据交换的数据通信设备(DCE)与数据终端设备(DTE)之间的接口技术。RS-232C 适合于数据传输速率在 0～20000bit/s、短距离(小于 15m)或带调制解调器的通信场合。由于通信设备厂商都生产与 RS-232C 制式兼容的通信设备，因此，它作为一种标准，目前已在计算机通信接口中广泛采用。

1. RS-232C的信号接口

RS-232C接口规定了21个信号和25个引脚，包括一个主通道和一个辅助通道，在多数情况下主要使用主通道。对于一般双工通信，仅需几条信号线就可以实现，包括一条发送线、一条接收线和一条地线。

与RS-232C接口相匹配的标准D型连接器为DB-25，如图6.6所示。除DB-25外，还有简化的DB-15和DB-9。

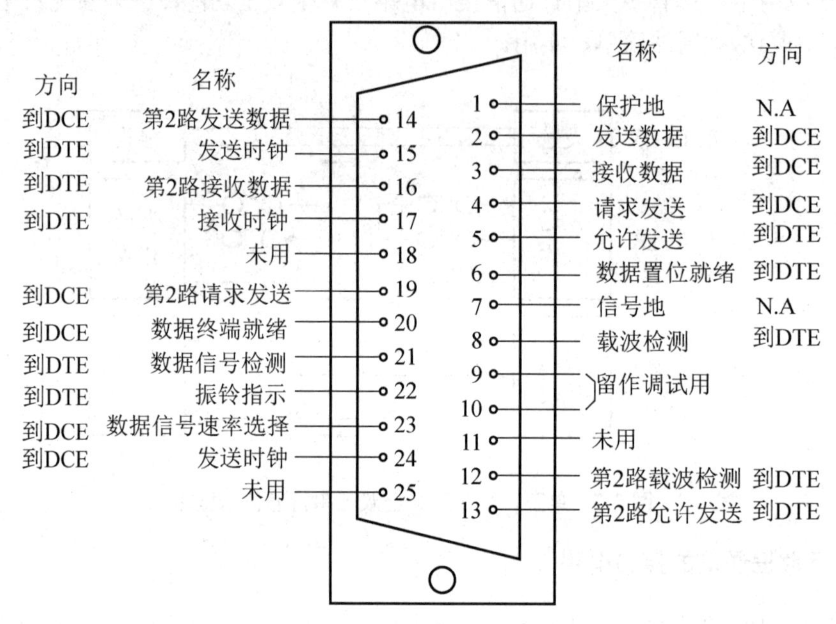

图6.6 DB-25连接器引脚排列图

注：DTE为数据终端设备，如个人计算机；DCE为数据电路终接设备，如调制解调器。

2. RS-232C接口的电气特性

由于RS-232C是在TTL电路之前研制的，与TTL以高低电平表示逻辑状态的规定不同，RS-232C是用正负电压来表示逻辑状态的。RS-232C采用负逻辑：＋3～＋15V为逻辑“0”，－3～－15V为逻辑“1”，－3～＋3V为过渡区。

为了能够同计算机接口或终端的TTL器件连接，必须在RS-232C与TTL电路之间进行电平和逻辑关系的变换，否则将使TTL电路烧坏，实际应用时必须注意。实现这种变换可用分立元件，也可用集成电路芯片(如MC1488、MC1489、MAX232等)。

6.2 51系列单片机的串行通信接口

51系列单片机内部有一个可编程全双工串行通信接口，它具有UART的全部功能，该接口不仅可以同时进行数据的接收和发送，而且可以作为同步移位寄存器使用。该串行口有4种工作方式，帧格式有8位、10位和11位这3种，并能设置各种波特率。

6.2.1　串行口的结构及工作原理

串行口的结构示意图如图 6.7 所示。它主要由数据接收缓冲器 SBUF、数据发送缓冲器 SBUF、电源控制器 PCON、串行口控制寄存器 SCON、发送控制器 TI、接收控制器 RI、移位寄存器、输出控制门等组成。TXD 端发送数据，RXD 端接收数据。值得注意的是，两个缓冲器 SBUF(Serial Buffer)的字节地址虽然都是 99H，但它们是相互独立的，发送缓冲器只能写入不能读出，接收缓冲器只能读出不能写入，并使用各自的时钟源控制数据的发送、接收，由所用指令是发送还是接收决定对哪个 SBUF 操作。

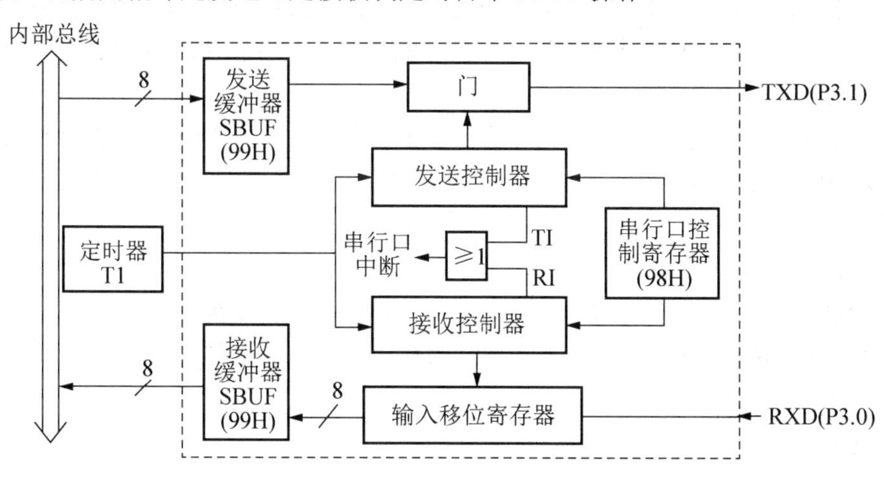

图 6.7　串行口的结构示意图

1. 发送(输出)数据

将待发送的数据写入串行口的数据发送缓冲器 SBUF 后，串行口会自动地按照软件设定的格式将待发送的数据组成数据帧，发送控制器 TI 按波特率发生器(由定时器 T1 或 T2 构成)提供的时钟速率，通过引脚 TXD(P3.1)逐位地将发送缓冲器 SBUF 中的并行数据输出。输出完一帧数据后，硬件自动置 TI =1，形成中断请求，通知 CPU 准备下一帧的发送工作。

注意：TI 必须由软件清零。发送为主动，只要发送缓冲器 SBUF 中有数据，就发送。

2. 接收(输入)数据

当软件置位 REN(允许/禁止串行接收控制位)、清零 RI(接收中断标志位)后，串行口即进入接收状态(SBUF 只读不写)。接收控制器 RI 按要求的波特率对引脚 RXD(P3.0)上的输入信号进行采样，待接收到一个完整的字节后，就装入 SBUF。数据接收完，硬件自动置 RI=1，必须由软件清零 RI。

6.2.2　串行口的控制寄存器

51 系列单片机为串行口设置了两个特殊功能寄存器：串行口控制寄存器 SCON、电源及波特率选择寄存器 PCON。

1. 串行口控制寄存器 SCON

SCON 用来控制串行口的工作方式和状态，可以位寻址，字节地址为 98H。单片机复位时，所有位全为 0。其格式如图 6.8 所示。

	9FH	9EH	9DH	9CH	9BH	9AH	99H	98H
SCON	SM0	SM1	SM2	REN	TB8	RB8	TI	RI

图 6.8　串行口控制寄存器 SCON

各位的含义如下。

1) 接收中断标志位 RI

在方式 0 中，接收完 8 位数据后，由硬件置位；在其他方式中，在接收停止位的中间由硬件置位。RI=1 时，也可申请中断，响应中断后都必须由软件清除 RI。

2) 发送中断标志位 TI

在方式 0 中，发送完 8 位数据后，由硬件置位；在其他方式中，在发送停止位之初由硬件置位。因此 TI 是发送完一帧数据的标志。TI=1 时，也可向 CPU 申请中断，响应中断后都必须由软件清除 TI。

3) RB8

接收数据的第 9 位。在方式 2 和方式 3 中，由软件置位或复位，可作为奇偶校验位；在多机通信中，可作为区别地址帧或数据帧的标识位，一般约定地址帧时 TB8 为 1，约定数据帧时 TB8 为 0。

4) TB8

发送数据的第 9 位。功能同 RB8。

5) 允许/禁止串行接收位 REN

由软件置位或清零。REN=1 时，允许接收；REN=0 时，禁止接收。

6) 多机通信控制位 SM2

用于方式 2 和方式 3 中。在方式 2 和方式 3 处于接收状态时，若 SM2=1 且接收到的第 9 位数据 RB8 为 0，不激活 RI；若 SM2=1 且 RB8=1，则置 RI=1。在方式 2、3 处于接收或发送状态时，若 SM2=0，不论接收到第 9 位 RB8 是 0 还是 1，TI、RI 都以正常方式被激活。在方式 1 处于接收状态时，若 SM2=1，则只有收到有效的停止位后，RI 置 1。在方式 0 中，SM2 应为 0。

7) 串行方式选择位 SM0、SM1

有 4 种方式供选择，见表 6-1。

表 6-1　串行口的工作方式

SM0　SM1	工作方式	功　能	波 特 率
0　0	方式 0	8 位同步移位寄存器	$f_{osc}/12$
0　1	方式 1	10 位 UART	可变
1　0	方式 2	11 位 UART	$f_{osc}/64$ 或 $f_{osc}/32$
1　1	方式 3	11 位 UART	可变

2. 电源及波特率选择寄存器 PCON

PCON 主要是为 CHMOS 型单片机的电源控制而设置的专用寄存器，字节地址为 87H，不可以位寻址。在 HMOS 型单片机中，PCON 除了最高位以外，其他位都是虚设的。其格式如图 6.9 所示。

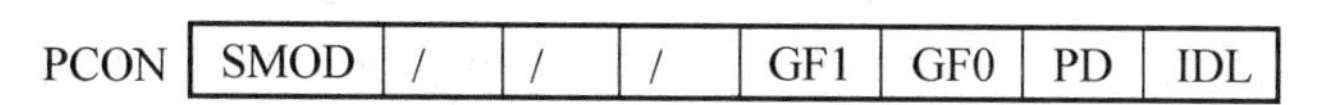

图 6.9　电源及波特率选择寄存器 PCON

各位的含义如下。

1) 待机方式位 IDL

IDL=1 为待机方式。此时振荡器仍运行，并向中断逻辑、串行口、定时/计数提供时钟，CPU 时钟被阻断，CPU 不工作，中断功能存在，SP、PSW、ACC 及通用寄存器被“冻结”。采用中断可退出待机方式。

2) 掉电方式位 PD

PD=1 为掉电方式。当检测到单片机有故障时，置 PD 为 1，单片机停止工作，内部 RAM 单元被保存。当电源恢复后，硬件复位 10 ms 即退出掉电方式。

3) 通用标志位 GF0、GF1

功能可由用户自定义。

4) 波特率倍增位 SMOD

在方式 1、2 和 3 时，串行通信的波特率与 SMOD 有关。当 SMOD=0 时，波特率不变；当 SMOD=1 时，波特率×2。

6.2.3　串行口的工作方式与波特率

根据 SCON 中的 SM1、SM0 位的状态组合，串行口有 4 种工作方式。其中，方式 0 主要用于扩展并行 I/O 口，方式 1、2、3 则主要用于串行通信。在串行通信中，收发双方对传送的数据速率即波特率要有一定的约定。在串行口的 4 种工作方式中，方式 0 和方式 2 的波特率是固定的，方式 1 和方式 3 的波特率可变，由定时器 T1 的溢出率决定。

1. 工作方式 0

在工作方式 0 下，串行口的内部结构相当于一个 8 位的同步移位寄存器，波特率固定为 $f_{osc}/12$，引脚 RXD(P3.0)固定为串行数据的输入或输出端，引脚 TXD(P3.1)固定为同步移位脉冲的输出端。串行数据的发送和接收格式以一个字节为一组。其发送顺序为低位先发，高位后发。其接收顺序为低位先收，高位后收。

1) 发送

当一个数据写入串行口发送缓冲器 SBUF 时，串行口将 8 位数据以 $f_{osc}/12$ 的波特率从 RXD 引脚输出(低位在前)，发送完置中断标志 TI 为 1，请求中断。在再次发送数据之前，必须由软件清 TI 为 0。

2) 接收

在满足 REN=1 和 RI=0 的条件下，串行口即开始从 RXD 端以 $f_{osc}/12$ 的波特率输入数据(低位在前)，当接收完 8 位数据后，置中断标志 RI 为 1，请求中断。在再次接收数据之前，必须由软件清 RI 为 0。

串行控制寄存器 SCON 中的 TB8 和 RB8 在工作方式 0 中未用。值得注意的是，每当发送或接收完 8 位数据后，硬件会自动置 TI 或 RI 为 1，CPU 响应 TI 或 RI 中断后，必须由用户用软件清 0。在工作方式 0 下，SM2 必须为 0。

借助于外接的移位寄存器，工作方式 0 可方便地实现单片机 I/O 端口的扩展，即由串入并出移位寄存器(如 74LS164、CD4094 等)来扩展输出端口，由并入串出移位寄存器(如 74LS165、CD4014 等)来扩展输入端口。

3) 波特率

工作方式 0 的波特率为固定值，恒等于振荡器频率 f_{osc} 的 1/12，即

$$BPS_0 = f_{osc} / 12$$

【例 6.1】用 8 位串入并出移位寄存器 74LS164 扩展单片机的输出端口，电路如图 6.10 所示。试编写程序完成：依次点亮 8 个发光二极管 D1～D8，待所有发光二极管均点亮后，再重新开始。

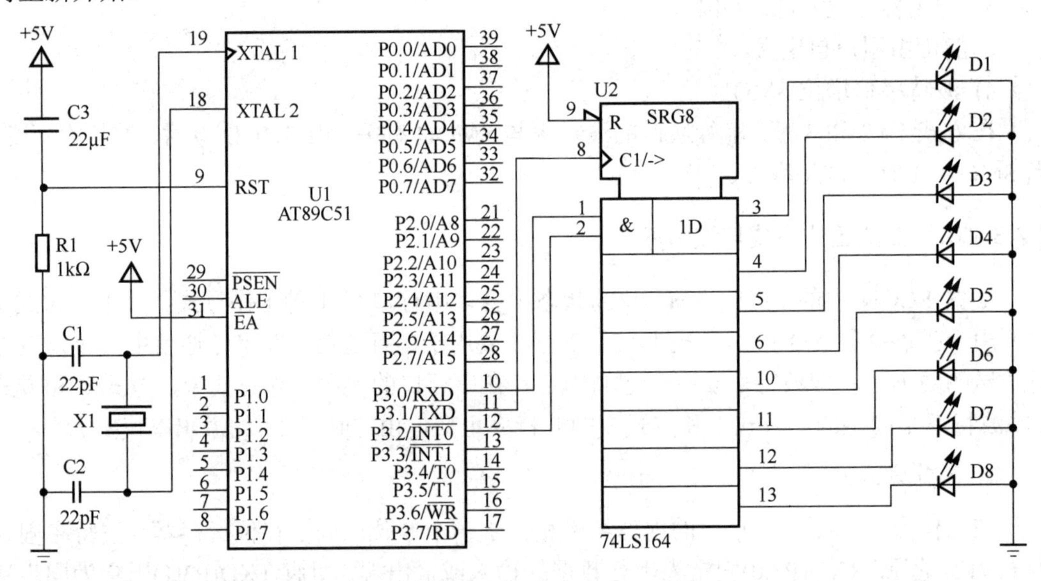

图 6.10 工作方式 0 用于扩展输出端口

74LS164 的工作原理见表 6-2。其中：

H——高电平；

L——低电平；

X——任意；

↑——低电平到高电平跳变；

Q_{00}、Q_{10}～Q_{70}——规定的稳态输入条件建立前 Q_0、Q_1～Q_7 的电平；

Q_{0n} ～Q_{6n}——时钟最近的低电平到高电平跳变前 Q_0 ～Q_6 的电平。

当清除端 $\overline{CR}$ (引脚 9)为低电平时，输出端 Q_0～Q_7(引脚 3、4、5、6、10、11、12、13)均为低电平。串行数据输入端 D_{SA}(引脚 1)、D_{SB}(引脚 2)用于控制数据输入，当它们中的任意一个为低电平时，则禁止新数据输入，在时钟输入端 CP(引脚 8)脉冲上升沿的作用下 Q_0 为低电平；当它们中有一个为高电平时，则另一个就允许输入数据，并在 CP 上升沿的作用下决定 Q_0 的状态。

表 6-2　74LS164 的工作原理

输　入				输　出							
$\overline{CR}$	CP	D_{SA}	D_{SB}	Q_0	Q_1	Q_2	Q_3	Q_4	Q_5	Q_6	Q_7
L	X	X	X	L	L	L	L	L	L	L	L
H	L	X	X	Q_{00}	Q_{10}	Q_{20}	Q_{30}	Q_{40}	Q_{50}	Q_{60}	Q_{70}
H	↑	H	H	H	Q_{0n}	Q_{1n}	Q_{2n}	Q_{3n}	Q_{4n}	Q_{5n}	Q_{6n}
H	↑	L	X	L	Q_{0n}	Q_{1n}	Q_{2n}	Q_{3n}	Q_{4n}	Q_{5n}	Q_{6n}
H	↑	X	L	L	Q_{0n}	Q_{1n}	Q_{2n}	Q_{3n}	Q_{4n}	Q_{5n}	Q_{6n}

采用中断方式编程如下：

```
/***********************************************************************
程序名称：L6-1.c
程序功能：通过 8 位串入并出移位寄存器 74LS164，扩展单片机的输出端口
***********************************************************************/
#include <reg51. h>

sbit OE74164 = P3^2;          // 0—禁止 74LS164 串入；1—允许 74LS164 串入
unsigned char data  i;        // 循环控制变量
unsigned char data Patten[9]={ 0x80,0xC0,0xE0,0xF0,0xF8,0xFC,0xFE,0xFF };
                              // 输出数据
unsigned int CNT=0;           // 50ms 定时计数器

/***********************************************************************
函数名称：Time0(  )
函数功能：定时器 1 中断服务程序
***********************************************************************/
void Time0(  ) interrupt 1 using 3
{
    CNT++;                    // 50ms 定时时间到，定时计数器加 1
    if( CNT==20 )             // 1s 定时时间到
    {
        CNT=0;                // 清零定时计数器
        OE74164 = 0;
    }
    TH0 = 0x3C;               // 重装定时器初值
    TL0 = 0xB0;
```

```
}
/******************************************************************
函数名称：Serial( )
函数功能：串行口中断服务程序
******************************************************************/
void Serial( ) interrupt 5 using 2
{
    TI = 0;                         // 清零发送结束标志
    OE74164 = 1;
}
/******************************************************************
函数名称：main( )
函数功能：单片机初始化，向 SBUF 中装入待发送的数据
******************************************************************/
void main( void )
{
    TMOD = 0x01;                    // 由 TR0 控制 T0 的启、停，工作方式 1
    TH0 = 0x3C;                     // 给加 1 计数器赋初值
    TL0 = 0xB0;
    EA = 1;                         // 打开中断
    ET0 = 1;                        // 允许 T0 请求中断
    TR0 = 1;                        // 启动 T0
    ES = 1;                         // 允许串行通信请求中断
    SCON = 0x00;                    // 工作方式 0，REN=0，禁止接收，TI=0

    for( ; ; )
{
        for( i=0; i<8; i++ )
        {
            SBUF = Patten[i];       // 启动单片机串行口输出
        }
    }
}
```

【例 6.2】用 8 位并入串出移位寄存器 74LS165 扩展单片机的输入端口，电路如图 6.11 所示。试编写程序完成：开机 7 段数码管显示 0。按 K1 键显示 1，按 K2 键显示 2，……按 K7 键显示 7；在其他状态下数码管均显示 0。

74LS165 的工作原理见表 6-3。其中：

H——高电平；

L——低电平；

X——任意；

↑——低电平到高电平跳变；

d_0 ～d_7——D_0 ～D_7 端的稳态输入电平；

Q_{00}、Q_{10} ～Q_{70}——规定的稳态输入条件建立前 Q_0、Q_1 ～Q_7 的电平；

Q_{0n} ～Q_{6n}——时钟最近的低电平到高电平跳变前 Q_0 ～Q_6 的电平。

当移位/置入控制端 $SH/\overline{LD}$ (引脚 1)为低电平时，并行数据 D_0 ～D_7 被直接置入寄存器，

而与时钟 CLK(引脚 2)、INH(引脚 15)及串行数据输出端 SO(引脚 9)均无关。当 $SH/\overline{LD}$ 为高电平时并行置数功能被禁止。

表 6-3　74LS165 的工作原理

输　入					内部输出		输　出
$SH/\overline{LD}$	INH	CLK	SO	$D_0\sim D_7$	Q_0	Q_1	Q_7
L	X	X	X	$d_0\sim d_7$	d_0	d_1	d_7
H	L	L	X	X	Q_{00}	Q_{10}	Q_{70}
H	L	↑	H	X	H	Q_{0n}	Q_{6n}
H	L	↑	L	X	L	Q_{0n}	Q_{6n}
H	H	X	X	X	Q_{00}	Q_{10}	Q_{70}

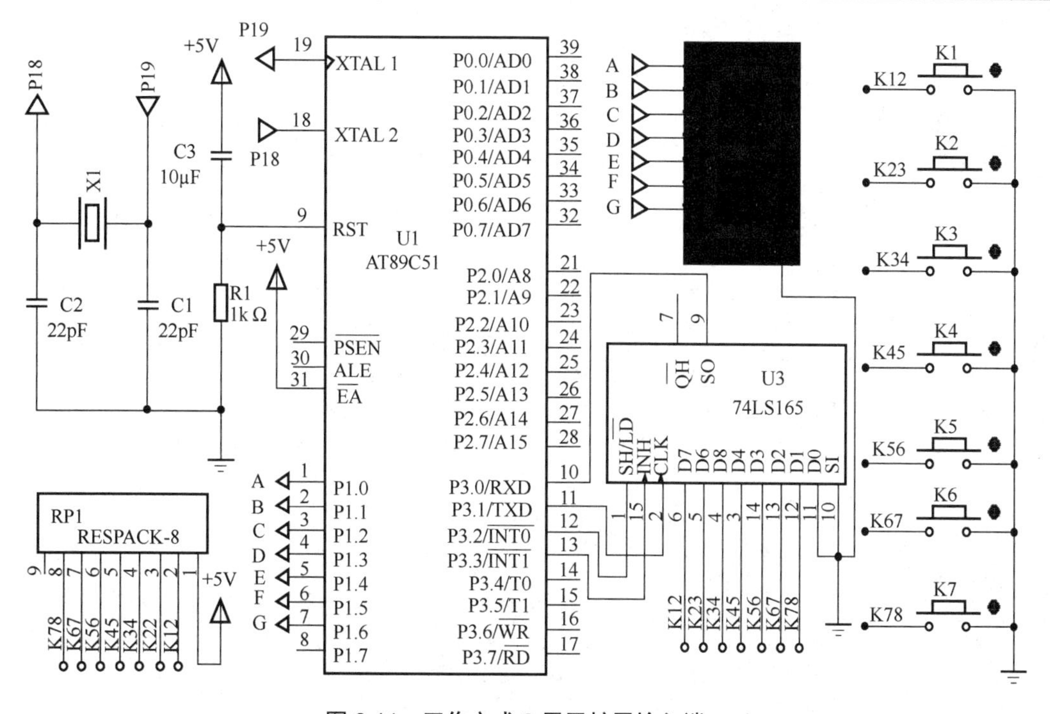

图 6.11　工作方式 0 用于扩展输入端口

CLK 和 INH 在功能上是等价的，可以交换使用。当 CLK 和 INH 中有一个为低电平并且 $SH/\overline{LD}$ 为高电平时，另一个就可以用作串行数据输出端。当 CLK 和 INH 中有一个为高电平时，另一个则被禁止。只有在 CLK 为高电平时 INH 才可变为高电平。

采用查询方式编程如下：

```
/***********************************************************************
程序名称：L6-2.c
程序功能：通过 8 位并入串出移位寄存器 74LS165，扩展单片机的输入端口
***********************************************************************/
#include <reg51. h>
```

```
sbit P_1 = P3^2;                   // 引脚 SH/LD 控制位
sbit P_15 = P3^3;                  // 引脚 INH 控制位
unsigned char KEY ;                // 存放按键状态
unsigned char data DISPLAY[8]={ 0x3F,0x06,0x5B,0x4F,0x66,0x6D,0x7D,0x07 };

void main( )
{
    unsigned int i;
    EA = 0;                        // 1—开中断；0—关中断
    ES = 0;                        // 1—允许串行通信请求中断；0—禁止串行通信请求中断
    SCON = 0x00;                   // 工作方式 0，REN=0，禁止接收，RI=0，TI=0
    for( ; ; )
    {
        P_1 = 0;
        P_15 = 1;
        i = 5000; while( i>0 ) i--;          // 延时

        SCON = 0x10;               // 工作方式 0，REN=1，允许接收，RI=0，TI=0
        P_1 = 1;
        P_15 = 0;
        i = 5000; while( i>0 ) i--;          // 延时

        while( !RI ) ;             // 等待读数
        KEY = SBUF;
        SCON = 0x00;               // 工作方式 0，REN=0，禁止接收，RI=0，TI=0

        switch( KEY )
        {
            case 0xFC : P1 = DISPLAY[1];    break;
            case 0xFB : P1 = DISPLAY[2];    break;
            case 0xF7 : P1 = DISPLAY[3];    break;
            case 0xEF : P1 = DISPLAY[4];    break;
            case 0xDF : P1 = DISPLAY[5];    break;
            case 0xBF : P1 = DISPLAY[6];    break;
            case 0x7F : P1 = DISPLAY[7];    break;
            default   :  P1 = DISPLAY[0];
        }
    }
}
```

2. 工作方式1

在工作方式1下，串行口的内部结构相当于一个波特率可调的10位通用异步串行通信接口UART。使用RXD(P3.0)引脚作为串行数据输入线，使用TXD(P3.1)引脚作为串行数据输出线。10位字符帧由1位起始位(低电平0)、8位数据位和1位停止位(高电平1)组成，如图6.12所示。

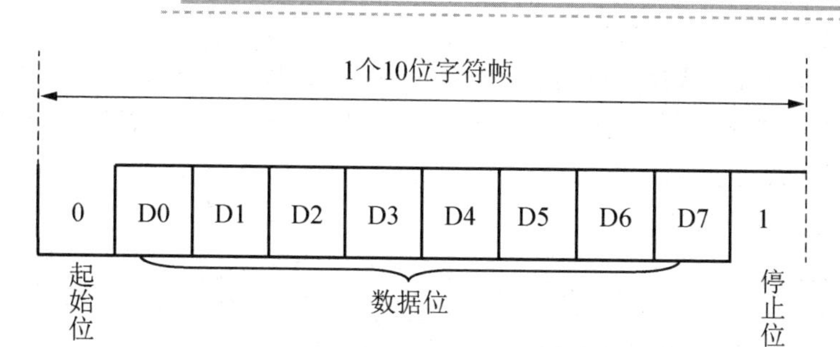

图 6.12　10 位字符帧格式

1) 发送

发送时，数据从 TXD 输出，当数据写入发送缓冲器 SBUF 后，启动发送器发送。当发送完一帧数据后，置中断标志 TI 为 1。

2) 接收

接收时，需先将 REN 置 1，即允许串行口接收数据。串行口采样 RXD，当由 1 到 0 跳变时，确认是起始位“0”后，就开始接收一帧数据。当 RI=0 且停止位为 1 或 SM2=0 时，停止位进入 RB8 位，同时置中断标志 RI；否则信息将丢失。所以，以方式 1 接收时，应先用软件清除 RI 或 SM2 标志。

3) 波特率

工作方式 1 的波特率是可变的，其值由定时器 T1 的溢出率和特殊功能寄存器 PCON 中的 SMOD 共同决定。定时器 T1 的溢出率是指 T1 在 1s 的溢出次数，与振荡器频率 f_{osc}、定时器初值 X 及定时器的工作方式有关；SMOD 的值只能是 0 或 1。计算公式为

$$BPS_1 = \frac{2^{SMOD}}{32} \times \frac{f_{osc}}{12 \times \left(2^k - X\right)}$$

式中，k 由定时器工作方式决定：方式 0，$k = 13$；方式 1，$k = 16$；方式 2、3，$k = 8$。SMOD 为特殊功能寄存器 PCON 的第 7 位。实际上，当定时器 T1 作为波特率发生器使用时，通常工作在方式 2。表 6-4 列出了各种常用的波特率及获得方法(表示“×”为任意项)。

表 6-4　定时器 T1 产生的常用波特率及获得方法

波特率/(bit/s)	f_{osc}/MHz	SMOD	定时器 T1		
			$C/\overline{T}$	工作方式	初始值(X)
方式 0：1M	12	×	×	×	×
方式 2：375K	12	1	×	×	×
方式 1、3：62.5K	12	1	0	2	FFH
19.2K	11.0592	1	0	2	FDH
9.6K	11.0592	0	0	2	FDH
4.8K	11.0592	0	0	2	FAH
2.4K	11.0592	0	0	2	F4H
1.2K	11.0592	0	0	2	E8H
110	6	0	0	2	72H
110	12	0	0	1	FEEBH

【例 6.3】 设单片机采用 12MHz 晶振频率，串行口以方式 1 工作，定时/计数器 1 工作于定时器方式 2 作为其波特率发生器，波特率选定为 1200bit/s。试编程实现单片机从串行口输出 26 个英文大写字母。

采用查询方式编程如下：

```
/***********************************************************************
程序名称：L6-3.c
程序功能：串行口工作方式 1 的使用
***********************************************************************/
#include <reg51.h>

unsigned char ASCII = 0x41;      // 字母 A 的 ASCII 码值
unsigned char COUNT = 0;

void main( )
{
    SP = 0x60;                   // 设栈指针
    TMOD = 0x20;                 // 设 T1 为方式 2，作为定时器使用
    TL1 = 0xE6;                  // 设波特率为 1200bit/s
    TH1 = 0xE6;                  // 设置重置值
    PCON = 0x00;                 // SMOD=0，波特率不倍增
    TR1 = 1;                     // 启动 T1 运行
    SCON = 0x40;                 // 设串行口为工作方式 1， 关接收
    for( ; COUNT<26; COUNT++ )
    {
        SBUF = ASCII;            // 启动发送字符“A”
        While( !TI ) ;           // 等待发送结束
        TI = 0;
        ASCII++;                 // ASCII 码值加 1
    }
    while( 1 ) ;
}
```

在 Keil C51 集成开发环境中，输入上述源程序并命名为 L6-3.c，建立名为 MyProject 的工程并将 L6-3.c 加入其中，编译、链接后进入调试状态，打开 Serial #1 窗口。全速运行，在 Serial #1 窗口中可以观察到程序的仿真运行结果，如图 6.13 所示。

图 6.13　例 6.3 的串行口输出结果

3. 工作方式 2

在工作方式 2 下，串行口的内部结构相当于一个 11 位 UART，波特率与 SMOD 有关。11 位字符帧由 1 位起始位(低电平 0)、8 位数据位、1 位可编程位(用于奇偶校验)和 1 位停止位(高电平 1)组成，如图 6.14 所示。

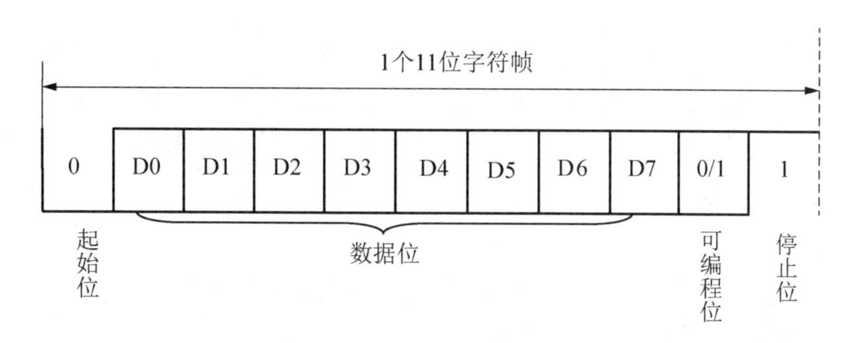

图 6.14　11 位字符帧格式

1) 发送

发送时，先根据通信协议由软件设置 TB8，然后将要发送的数据写入 SBUF，则启动发送器。写 SBUF 时，除了将 8 位数据送入 SBUF 外，同时还将 TB8 装入发送移位寄存器的第 9 位，并通知发送控制器进行一次发送。在送完一帧信息后，TI 被自动置 1，在发送下一帧信息之前，TI 必须由中断服务程序或查询程序清零。

2) 接收

当 REN=1 时，允许串行口接收数据。数据由 RXD 端输入，接收 11 位的信息。当接收器采样到 RXD 端的负跳变，并判断起始位有效后，开始接收一帧信息。当接收器接收到第 9 位数据后，若同时满足以下两个条件：RI=0，SM2=0 或接收到的第 9 位数据为 1，则接收数据有效，8 位数据送入 SBUF，第 9 位送入 RB8，并置 RI=1。若不满足上述两个条件，则信息丢失，即接收无效。

3) 波特率

工作方式 2 有两种固定的波特率值可选，即

$$BPS_2 = \frac{2^{SMOD}}{64} \times f_{osc}$$

式中，SMOD 为特殊功能寄存器 PCON 的第 7 位。

【例 6.4】 设单片机采用 12MHz 晶振频率，串行口工作在方式 2 时，第 9 位经常作为奇偶校验位使用。试编写发送程序，将字符 0～9、A～F 的 ASCII 码值从串行口上发送出去，采用偶校验。

采用查询方式编程如下：

```
/**********************************************************************
程序名称：L6-4.c
程序功能：串行口工作方式 2 的使用
**********************************************************************/
#include <reg51.h>

unsigned char Data[16]={0x30,0x31,0x32,0x33,0x34,0x35,0x36,0x37,
                        0x38,0x39,0x41,0x42,0x43,0x44,0x45,0x46 };
                               // 字符 0～9、A～F 的 ASCII 码值
unsigned char CNT = 0;
```

```
void main( )
{
    SCON = 0x80;                          // 设串行口以方式 2 工作，关接收
    PCON = 0x80;                          // SMOD=1，波特率倍增

    for( ; CNT<0x16; CNT++ )
    {
        ACC = Data[ CNT ];
        if( P ) TB8 = 1;                  // 置偶校验位
        else    TB8 = 0;
        SBUF = ACC;                       // 启动发送
        While( !TI ) ;                    // 等待发送结束
        TI = 0;
    }
    while( 1 ) ;
}
```

在 Keil C51 集成开发环境中，输入上述源程序并命名为 L6-4.c，建立名为 MyProject 的工程并将 L6-4.c 加入其中，编译、链接后进入调试状态，打开 Serial #1 窗口。全速运行，在 Serial #1 窗口中可以观察到程序的仿真运行结果，如图 6.15 所示。

图 6.15　例 6.4 的串行口输出结果

4. 工作方式 3

工作方式 3 为波特率可变的 11 位 UART 通信方式，其发送、接收过程与工作方式 2 完全相同，其波特率的计算与工作方式 1 完全相同。

【例 6.5】 编制串行口的接收程序。要求通过串行口以方式 3 接收 16 个字符，并存放在数组 RecData[16]中。设 f_{osc} =11.0592MHz，波特率为 2400bit/s。定义 PSW.5(位变量 F0)为奇偶校验出错标志位，“1”出错，“0”正确。

采用查询方式编程如下：

```
/**************************************************************************
程序名称：L6-5.c
程序功能：串行口工作方式 3 的使用
**************************************************************************/
#include <reg51.h>

unsigned char Data[16];      // 用于存储接收的 16 个字符
unsigned char CNT = 0;

void main( void )
{
```

```
    TMOD = 0x20;                    // TMOD 初始化
    SCON = 0xD0;                    // 设串行口以方式 3 工作，REN=1，允许接收
    PCON = 0x00;                    // SMOD=1，波特率不倍增
    TH1= 0xF4;                      // 置 T1 初值
    TL1 = 0xF4;

    TR1 = 1;                        // 启动 T1

    for( ; CNT<0x16; CNT++ )
    {
        while( !RI ) ;              // 等待接收结束
        RI = 0;
        ACC = SBUF;                 // 将接收的数据存储在累加器 A 中
        if( P == RB8 )              // P = RB8，存储接收数据
        {
            Data[ CNT ] = ACC;
            F0 = 0;                 // 奇偶校验正确
        }
        else
        {
            F0 = 1;                 // 奇偶校验出错
            break;
        }
    }
    while( 1 ) ;
}
```

6.3　串行通信接口的 C51 语言编程

串行通信接口的编程方式有两种：一种是通过指令查询一帧数据是否发送完的标志位 TI 和通过指令查询一帧数据是否送到的标志位 RI，称为查询方式；另一种是设置中断允许，以 TI 和 RI 作为中断请求标志位，TI=1 或 RI=1 均可引发中断，称为中断方式。在编程中还要注意的是，TI 和 RI 两个标志位是以硬件自动置 1 而以软件清零的。

6.3.1　查询方式

采用查询方式编写串行通信发送程序、接收程序的流程分别如图 6.16 和图 6.17 所示。

【例 6.6】 利用串行通信口实现双机单工通信，电路如图 6.18 所示，其中 U1 为发送方，U2 为接收方。在 U2 的 P1.0 引脚上接有一只红色发光二极管，P1.1 引脚上接有一只绿色发光二极管，P1.2 引脚上接有一只黄色发光二极管。试编程实现下列要求：当 U2 接收到 U1 发送的数据 0x01 后，即点亮红灯；当 U2 接收到 U1 发送的数据 0x02 后，即点亮绿灯；当 U2 接收到 U1 发送的数据 0x03 后，即点亮黄灯。

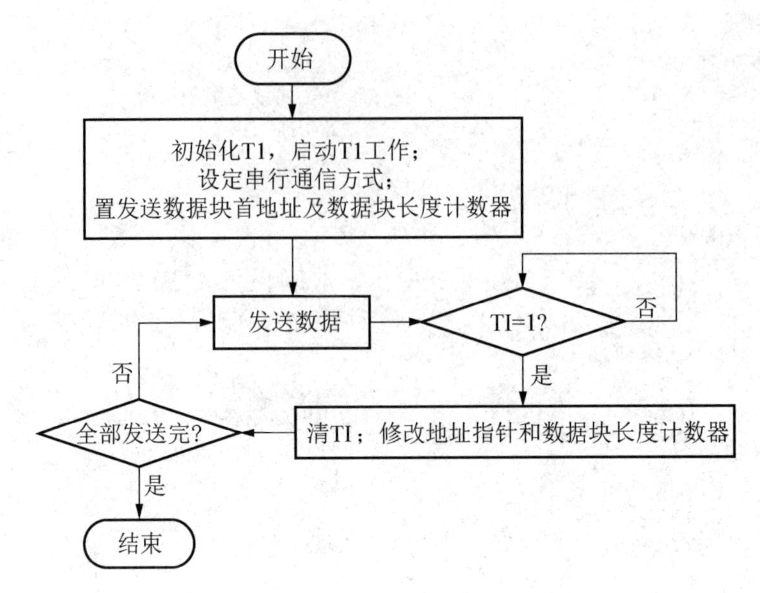

图 6.16　查询方式发送程序流程

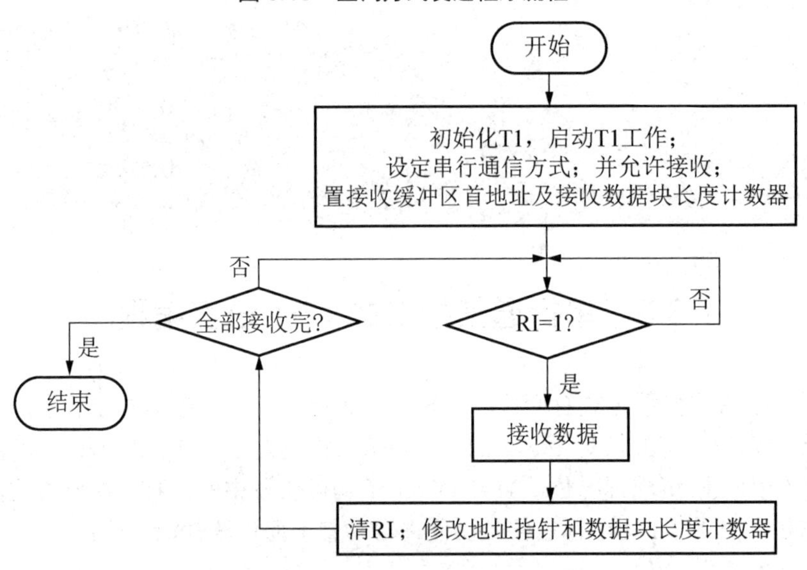

图 6.17　查询方式接收程序流程

(1) 查询方式的发送程序。定时器 T1 作为波特率发生器，f_{osc} 为 12 MHz，波特率为 4800 bit/s，TMOD = 0x20，串行口以方式 3 工作，允许接收，SCON = 0xD8。TR1 = 1，启动 T1 工作；SBUF = 0x01，开始发送；TI = 1，发送结束，驱动灯亮；再发送 SBUF = 0x02。依次循环。

查询方式的发送程序如下：

```
/*************************************************************************
程序名称：L6-6T.c
程序功能：利用单片机 U1 的串行口，循环向单片机 U2 发送数据 0x01、0x02、0x03
*************************************************************************/
```

```
#include <reg51.h>
#define uchar unsigned char
/**********************************************************************
函数名称：Serial_Init( )
函数功能：初始化单片机 U1 的串行通信口
**********************************************************************/
void Serial_Init( )
{
    IE = 0x00;        // 关闭所有中断请求
    TMOD = 0x20;      // 定时器 1，方式 2 工作

    TH1 = 0xFA;       // 定时器 1 作为波特率发生器，频率为 12MHz，波特率为 4800bit/s
    TL1 = 0xFA;

    PCON = 0x00;
    SCON = 0xD8;      // 串行口方式 3，11 位异步收发方式

    RI = 0;           // 清零接收结束中断标志位
    TI = 0;           // 清零发送结束中断标志位
    TR1 = 1;          // 启动 T1
}
/**********************************************************************
函数名称：Delay ( )
函数功能：延时约 10ms
**********************************************************************/
void Delay( )                 // 延时函数
{
    uchar i, j, h;
    for( i=0; i<20; i++ )
        for( j=0; j<200; j++ )
            for( h = 0; h<250; h++)  ;
}
/**********************************************************************
函数名称：main  ( )
调用函数：Serial_Init( )，Delay( )
**********************************************************************/
void main( )
{
    Serial_Init( );
    while(1)
    {
        SBUF = 0x01;          // 启动发送
        while( !TI );
        TI = 0;
        Delay( );

        SBUF = 0x02;
        while(!TI);
        TI = 0;
```

```
            Delay( );

            SBUF = 0x03;
            while( !TI );
            TI = 0;
            Delay( );
        }
    }
```

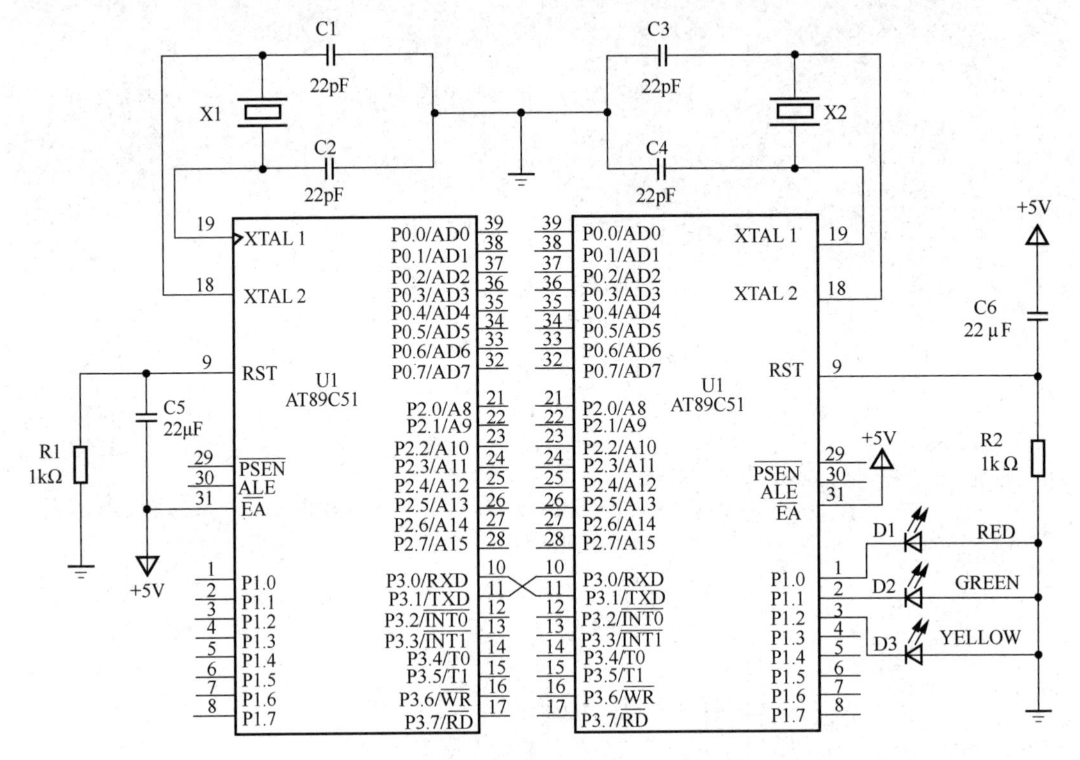

图 6.18 双机单工通信原理图

(2) 查询方式的接收程序。定时器 T1 作为波特率发生器，f_{osc} 为 12 MHz，波特率为 4800 bit/s，TMOD = 0x20，串行口以方式 3 工作，允许接收，SCON = 0xD8。TR1 = 1，启动 T1 工作；RI = 1，接收结束，驱动灯亮。依次循环。

查询方式的接收程序如下：

```
/*********************************************************************
程序名称：L6-6R.c
程序功能：利用单片机 U2 的串行口接收单片机 U1 发送的数据。
          若接收的数据为 0x01，则点亮红灯(RED)，若接收的数据为 0x02，则点亮绿灯
          (GREEN)；若接收的数据为 0x03，则点亮黄灯(YELLOW)。
*********************************************************************/
#include <reg51.h>
/*********************************************************************
函数名称：Serial_Init( )
函数功能：初始化单片机 U2 的串行通信口
```

```
***************************************************************************/
void Serial_Init( )
{
    IE = 0x00;          // 关闭所有中断请求
    TMOD = 0x20;        // 定时器 1，方式 2 工作

    TH1 = 0xFA;         // 定时器 1 作为波特率发生器，频率为 12MHz，波特率为 4800bit/s
    TL1 = 0xFA;

    PCON = 0x00;
    SCON = 0xD8;        // 方式 3，11 位异步收发方式

    RI = 0;
    TI = 0;
    TR1 = 1;
}
/**************************************************************************
函数名称：main ( )
调用函数：Serial_Init( )
***************************************************************************/
void main( )
{
    unsigned char i = 0;
    Serial_Init( );
    RI = 0;
    while(1)
    {
        while(!RI) ;
        RI = 0;
        i++;
        if( i == 1 )                P1 = 0x01;
        else if( i == 2 )           P1 = 0x02;
        else if( i == 3 )
        {
            P1 = 0x04;
            i = 0;
        }
    }
}
```

在 Keil C51 集成开发环境中，输入源程序 L6-6T.c，建立名为 L6-6T 的工程并将 L6-6T.c 加入其中，编译、链接后产生 L6-6T.hex 文件；同理，输入源程序 L6-6R.c，建立名为 L6-6R 的工程并将 L6-6R.c 加入其中，编译、链接后产生 L6-6R.hex 文件。然后，打开 Proteus ISIS，绘制图 6.18 所示的电路，并将 L6-6T.hex 装入 U1 中，将 L6-6R.hex 装入 U2 中。启动仿真，即可观察到系统的仿真运行结果。

6.3.2　中断方式

采用中断方式编写串行通信发送程序、接收程序的流程分别如图 6.19 和图 6.20 所示。

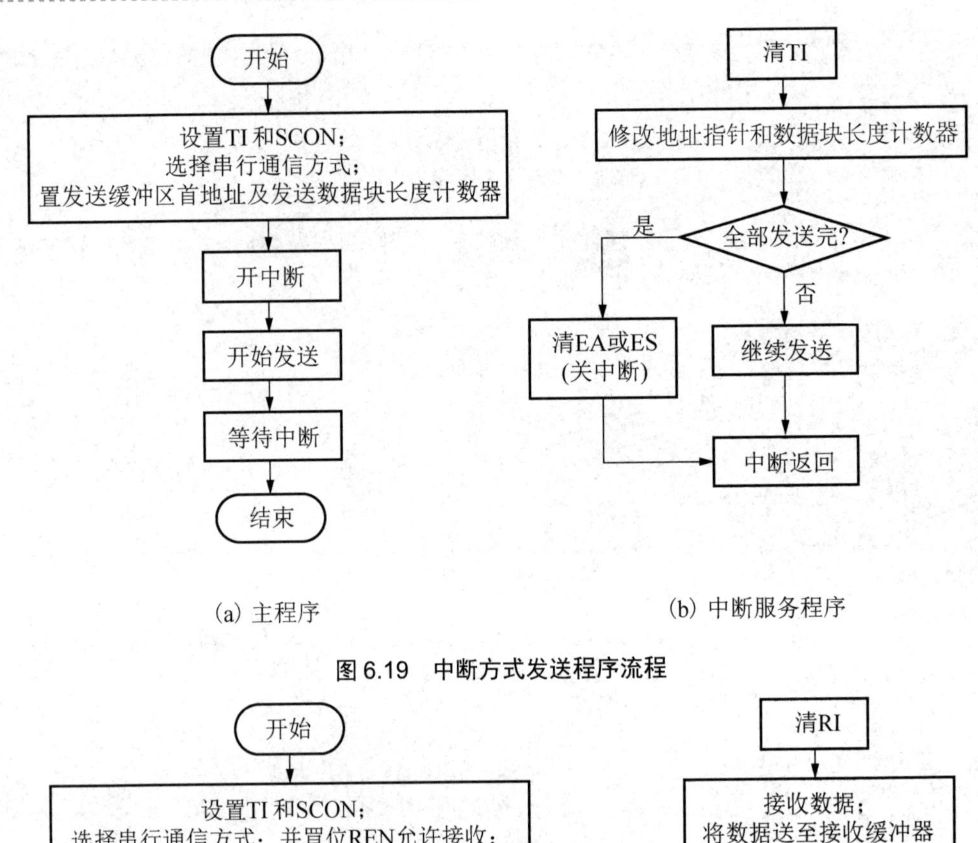

(a) 主程序　　(b) 中断服务程序

图6.19　中断方式发送程序流程

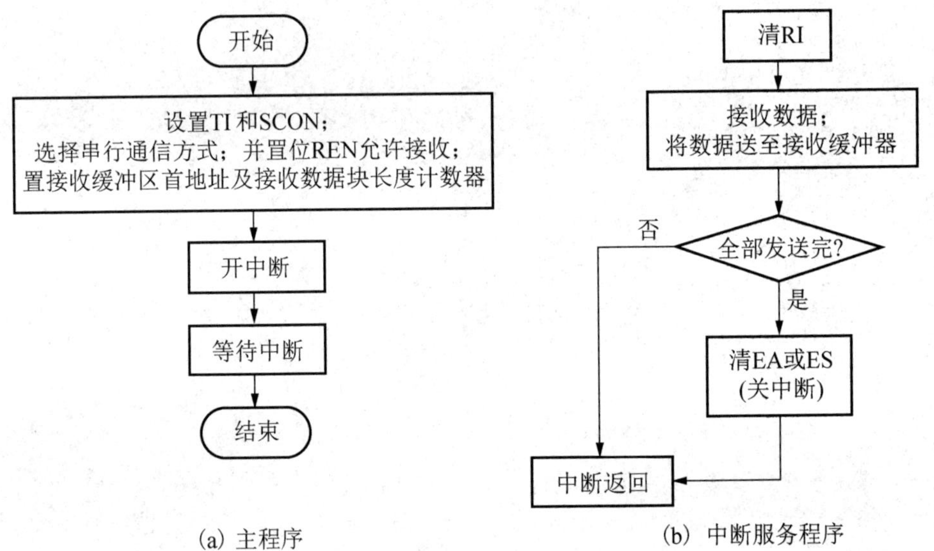

(a) 主程序　　(b) 中断服务程序

图6.20　中断方式接收程序流程

【例6.7】 利用串行通信口实现双机双工通信，电路如图6.21所示，在U1、U2的P1.0引脚上接有一只红色发光二极管，P1.1引脚上接有一只绿色发光二极管，P1.2引脚上接有一只黄色发光二极管。试编程实现下列要求：无论是U1还是U2，当接收到数据0x01后，点亮红灯，并把0x01发送给对方；当接收到数据0x02后，点亮绿灯，并把0x02发送给对方；当接收到数据0x03后，点亮黄灯，并把0x03发送给对方。

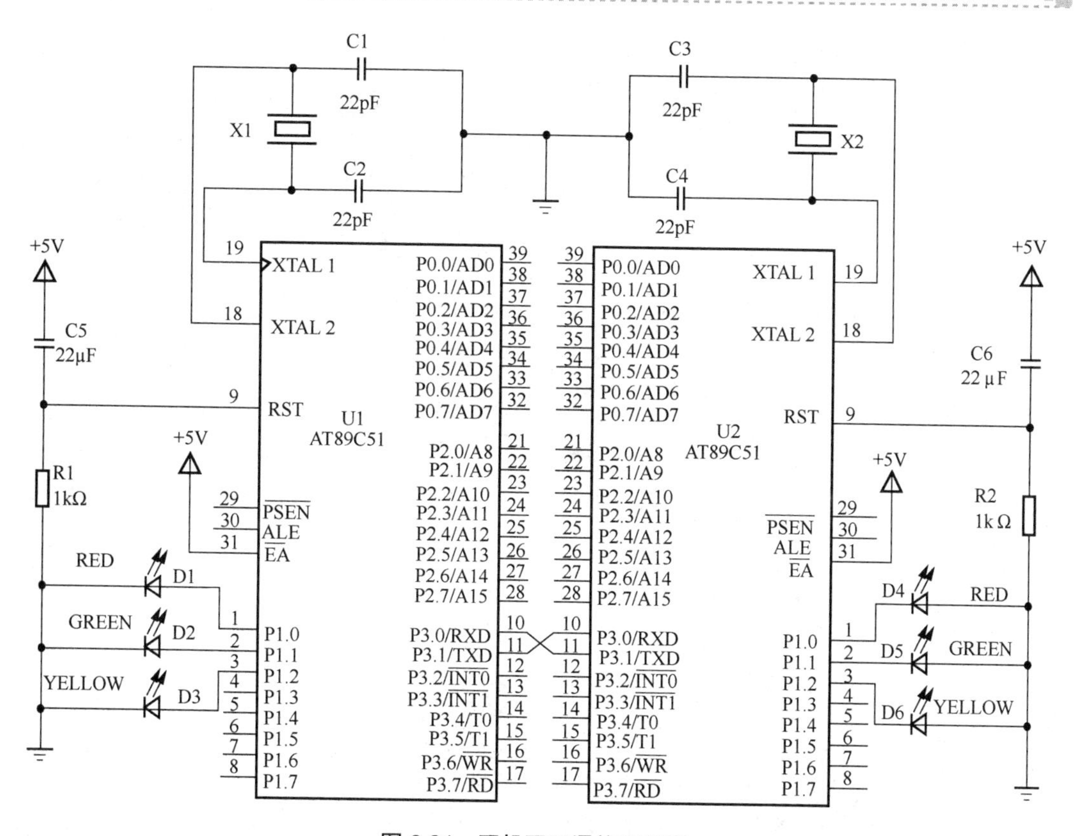

图 6.21　双机双工通信原理图

(1) 中断方式的发送程序。定时器 T1 作为波特率发生器，f_{osc} 为 12 MHz，波特率为 4800bit/s，TMOD = 0x20，串行口以方式 3 工作，允许接收，SCON = 0xD8。TR1 = 1，启动 T1 工作；SBUF = 0x01，开始发送；TI = 1，发送结束，驱动灯亮；再发送 SBUF = 0x02。依次循环。

中断方式的发送程序如下：

```
/*******************************************************************
程序名称：L6-7T.c
程序功能：利用单片机 U1 的串行口，接收、发送数据，实现双工通信
*******************************************************************/
#include <reg51.h>
unsigned char TEMP;
/*******************************************************************
函数名称：Serial_Init( )
函数功能：初始化单片机 U1 的串行通信口
*******************************************************************/
void Serial_Init( )
{
    IE   = 0x00;     // 禁止所有中断请求，EA、ES、ET1、EX1、ET0、EX0
    TMOD = 0x20;     // T1，工作方式 2，8 位，可重装，由 TR1 控制

    TH1  = 0xFA;     // T1 初值，作为波特率发生器，频率为 12MHz，波特率为 4800bit/s
```

```
    TL1  = 0xFA;

    PCON = 0x00;                    // 波特率不倍增
    SCON = 0xD8;                    // 串行口，工作方式 3，REN=1，允许接收，TB8=1，11 位
                                       异步收发方式

    RI  = 0;                        // 清零接收结束标志 RI
    TI  = 0;                        // 清零发送结束标志 TI

    TR1 = 1;                        // 启动 T1
    ET1 = 0;                        // 禁止 T1 中断
    ES  = 1;                        // 允许串行中断
    EA  = 1;                        // 总中断开
}
/**********************************************************************
函数名称：SerialInterrupt( )
函数功能：单片机 U1 串行通信口中断服务程序
**********************************************************************/
void SerialInterrupt( ) interrupt 4 using 3
{
    if( RI )                        // 一次接收结束
    {
        RI = 0;                     // 清零接收结束标志 RI
        REN = 0;                    // REN=0，禁止接收
        TEMP = SBUF;                // 读 SBUF 中的数据

        if( TEMP == 0x01)           // 接收到 U2 发送的 0x01
        {
            P1 = 0x01;              // 亮红灯
            SBUF = 0x02;            // 向 U2 发回 0x02
        }
        else if( TEMP == 0x02 ) // 接收到 U2 发送的 0x02
        {
            P1 = 0x02;              // 亮绿灯
            SBUF = 0x03;            // 向 U2 发回 0x03
        }
        else if( TEMP == 0x03)  // 接收到 U2 发送的 0x03
        {
            P1 = 0x04;              // 亮黄灯
            SBUF = 0x01;            // 向 U2 发回 0x01
        }
        Else
        {
            P1 = 0x00;
            SBUF = 0x00;
        }
    }
    else if( TI )                   // 一次发送结束
    {
```

```
        TI  = 0;           // 清零发送结束标志 TI
        REN = 1;           // 一次发送成功后，即允许接收
    }
}
/**********************************************************************
函数名称：main ( )
调用函数：Serial_Init( )
**********************************************************************/
void main( )
{
    Serial_Init( ) ;     // 初始化 U1 的串行口
    while( 1 ) ;
}
```

(2) 中断方式的接收程序。定时器 T1 作为波特率发生器，f_{osc} 为 12MHz，波特率为 4800bit/s，TMOD = 0x20，串行口以方式 3 工作，允许接收，SCON = 0xD8。TR1 = 1，启动 T1 工作；RI = 1，接收结束，驱动灯亮。依次循环。

中断方式的接收程序如下：

```
/**********************************************************************
程序名称：L6-7R.c
程序功能：利用单片机 U2 的串行口，接收、发送数据，实现双工通信
**********************************************************************/
#include <reg51.h>
unsigned char TEMP;
/**********************************************************************
函数名称：Serial_Init(  )
函数功能：初始化单片机 U2 的串行通信口
**********************************************************************/
void Serial_Init(  )
{
    IE  = 0x00;       // 禁止所有中断请求，EA、ES、ET1、EX1、ET0、EX0
    TMOD = 0x20;      // T1，工作方式 2，8 位，可重装，由 TR1 控制

    TH1  = 0xFA;      // T1 初值，作为波特率发生器，频率为 12MHz，波特率为 4800bit/s
    TL1  = 0xFA;

    PCON = 0x00;      // 波特率不倍增
    SCON = 0xD8;      // 串行口，工作方式 3，REN=1，允许接收，TB8=1，11 位异步收发方式

    RI  = 0;          // 清零接收结束标志 RI
    TI  = 0;          // 清零发送结束标志 TI

    TR1 = 1;          // 启动 T1
    ET1 = 0;          // 禁止 T1 中断
    ES  = 1;          // 允许串行中断
    EA  = 1;          // 总中断开
}
/**********************************************************************
```

```
函数名称：SerialInterrupt( )
函数功能：单片机 U2 串行通信口中断服务程序
***********************************************************************/
void SerialInterrupt( ) interrupt 4 using 3
{
    if( RI )                            // 一次接收结束
    {
        RI = 0;                         // 清零接收结束标志 RI
        REN = 0;                        // REN=0，禁止接收
        TEMP = SBUF;                    // 读 SBUF 中的数据

        if( TEMP == 0x01)               // 接收到 U1 发送的 0x01
        {
            P1 = 0x01;                  // 亮红灯
            SBUF = 0x02;                // 向 U1 发回 0x02
        }
        else if( TEMP == 0x02 )         // 接收到 U1 发送的 0x02
        {
            P1 = 0x02;                  // 亮绿灯
            SBUF = 0x03;                // 向 U1 发回 0x03
        }
        else if( TEMP == 0x03)          // 接收到 U1 发送的 0x03
        {
            P1 = 0x04;                  // 亮黄灯
            SBUF = 0x01;                // 向 U1 发回 0x01
        }
        else
        {
            P1 = 0x00;
            SBUF = 0x00;
        }
    }
    else if( TI )                       // 一次发送结束
    {
        TI  = 0;                        // 清零发送结束标志 TI
        REN = 1;                        // 一次发送成功后，即允许接收
    }
}
/***********************************************************************
函数名称：main ( )
调用函数：Serial_Init( )
***********************************************************************/
void main( void )
{
    Serial_Init( ) ;                    // 初始化 U2 的串行口
    while( 1 ) ;
}
```

在 Keil C51 集成开发环境中，输入源程序 L6-7T.c，建立名为 L6-7T 的工程并将 L6-7T.c 加入其中，编译、链接后产生 L6-7T.hex 文件；同理，输入源程序 L6-5R.c，建立名为 L6-5R 的工程并将 L6-7R.c 加入其中，编译、链接后产生 L6-7R.hex 文件。然后，打开 Proteus ISIS，绘制图 6.21 所示的电路，并将 L6-7T.hex 装入 U1 中，将 L6-7R.hex 装入 U2 中。启动仿真，即可观察到系统的仿真运行结果。

6.4　本 章 小 结

(1) 在单片机应用系统中，经常会遇到数据通信的问题，例如，在单片机与外围设备之间、一个单片机应用系统与另一个单片机应用系统之间、单片机应用系统与 PC 之间的数据传送都离不开通信技术。

(2) 两个实体之间的通信有两种基本方式：并行通信和串行通信。按照串行数据的时钟控制方式，串行通信又分为同步通信和异步通信两类。字符帧格式和波特率是异步通信的两个重要指标。

(3) 按照数据传送方向，串行通信可分为单工传送、半双工传送和全双工传送 3 种制式。

(4) 串行通信接口电路的种类和型号很多，能够完成异步通信的硬件电路称为 UART，即通用异步接收器/发送器；能够完成同步通信的硬件电路称为 USRT；既能够完成异步又能同步通信的硬件电路称为 USART。在单片机应用系统中，数据通信主要采用异步串行通信。

(5) 51 系列单片机内部有一个可编程全双工串行通信接口，它具有 UART 的全部功能，不仅可以同时进行数据的接收和发送，还可以作为同步移位寄存器使用。该串行口有 4 种工作方式，帧格式有 8 位、10 位和 11 位 3 种，并能设置各种波特率。

(6) 51 系列单片机为串行口设置了两个特殊功能寄存器：串行口控制寄存器 SCON、电源及波特率选择寄存器 PCON。

(7) 串行通信的编程方式有两种：查询方式和中断方式。在编程中要注意的是，TI 和 RI 两个标志位是以硬件自动置 1 而以软件清零的。

6.5　实训：单片机之间的单工通信

1. 实训目的

(1) 理解异步串行通信的基本概念。

(2) 掌握 51 系列单片机串行口的结构、工作原理及控制寄存器。

(3) 熟悉 51 系列单片机串行口的工作方式及波特率的计算方法。

(4) 掌握 51 系列单片机串行口的基本编程方法。

2. 实训设备

一台装有 Keil μVision2 和 Proteus ISIS 的计算机。

3. 实训原理

实训电路如图 6.22 所示，U1 作为发送方，U2 作为接收方。在 U1 的 P1 口接有 3 个按键 K1、K2、K3，在 U2 的 P1 口接有 3 个发光二极管 D1(红色)、D2(绿色)、D3(黄色)。

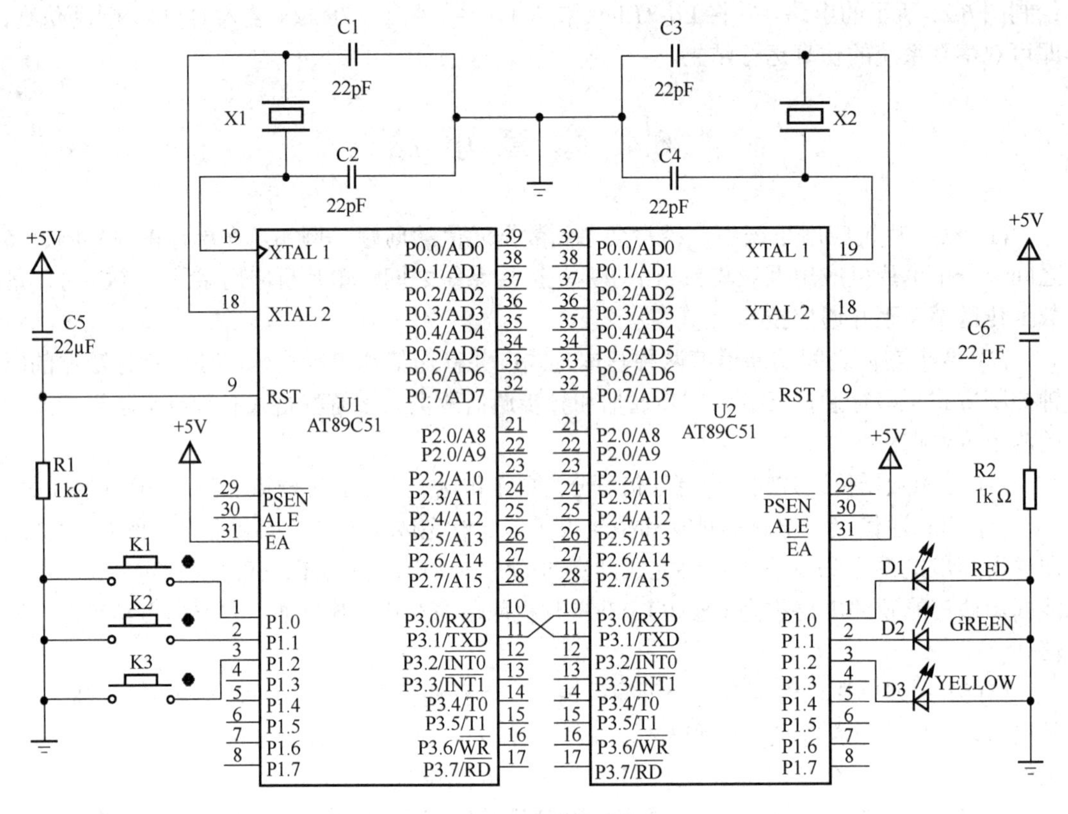

图 6.22 实训电路图

要求：用 K1 键独立控制 D1，用 K2 键独立控制 D2，用 K3 键独立控制 D3，并且每次只允许按下一个键，即当只按下 K1 键时，D1 点亮；当只按下 K2 键时，D2 点亮；当只按下 K3 键时，D3 点亮；当按 K1、K2、K3 键处于其他状态时，D1、D2、D3 全熄灭。

4. 实训内容

(1) 用 Proteus ISIS 绘制图 6.22 所示的实训电路。

(2) 按照实训原理要求，分别用查询方式、中断方式编写程序。

① 查询方式发送程序如下：

```
/**********************************************************************
程序名称：ShiXun6CT.c
程序功能：判断 K1、K2、K3 的状态，并向 U2 发送相应的数据
**********************************************************************/
#include <reg51.h>
/**********************************************************************
函数名称：Serial_Init( )
函数功能：初始化单片机 U1 的串行通信口
```

```
*************************************************************************/
void Serial_Init( )
{
    IE = 0x00;       // 关闭所有中断请求
    TMOD = 0x20;     // 定时器 1，方式 2 工作

    TH1 = 0xFA;      // 定时器 1 作为波特率发生器，频率为 12MHz，波特率为 4800bit/s
    TL1 = 0xFA;

    PCON = 0x00;
    SCON = 0xC8;     // 串行口方式 3，11 位异步收发方式，禁止接收

    RI = 0;
    TI = 0;
    TR1 = 1;
}
/*************************************************************************
函数名称：main ( )
函数功能：主函数，根据按键状态发送数据
调用函数：Serial_Init( )
*************************************************************************/
void main( )
{
    unsigned char KeyState; // 变量 KeyState 用于存储按键状态

    Serial_Init( );          // 初始化串行口

    while(1)
    {
        KeyState = P1&0xFF; // 读按键状态
        switch( KeyState )
        {
            case 0xFE:  SBUF = 0x01;     // K1 键按下，向 U2 发送数据 0x01
                        while(!TI);
                        TI = 0;
                        break;
            case 0xFD:  SBUF = 0x02;     // K2 键按下，向 U2 发送数据 0x02
                        while(!TI);
                        TI = 0;
                        break;
            case 0xFB:  SBUF = 0x04;     // K3 键按下，向 U2 发送数据 0x04
                        while(!TI);
                        TI = 0;
                        break;
            default:    SBUF = 0x00;     // 其他状态，向 U2 发送数据 0x00
                        while(!TI);
                        TI = 0;
                        break;
        }
```

```
    }
}
```

② 查询方式接收程序如下：

```
/***002A***************************************************************
程序名称：ShiXun6CR.c
程序功能：接收 U1 发来的数据，并据此控制 D1、D2、D3 的状态
***********************************************************************/
#include <reg51.h>
/**********************************************************************
函数名称：Serial_Init( )
函数功能：初始化单片机 U2 的串行通信口
***********************************************************************/
void Serial_Init( )
{
    IE = 0x00;        // 关闭所有中断请求

    TMOD = 0x20;      // 定时器 1，方式 2 工作

    TH1 = 0xFA;       // 定时器 1 作为波特率发生器，频率为 12MHz，波特率为 4800bit/s
    TL1 = 0xFA;

    PCON = 0x00;
    SCON = 0xD8;      // 方式 3，11 位异步收发方式

    RI = 0;
    TI = 0;
    TR1 = 1;
}
/**********************************************************************
函数名称：main ( )
函数功能：主函数，根据接收的数据控制二极管的亮灭
调用函数：Serial_Init( )
***********************************************************************/
void main( )
{
    unsigned char RecData;        // 变量 RecData 用于存储接收的数据
    Serial_Init( );
    RI = 0;
    P1 = 0x00;
    while(1)
    {
        RecData = SBUF;
        while(!RI) ;
        RI = 0;

        switch( RecData )
        {
            case 0x01:  P1 = 0x01;  break;
```

```
            case 0x02:  P1 = 0x02;  break;
            case 0x04:  P1 = 0x04;  break;
            case 0x00:  P1 = 0x00;
        }
    }
}
```

③ 中断方式发送程序如下：

```
/*******************************************************************
程序名称：ShiXun6ZT.c
程序功能：判断 K1、K2、K3 的状态，并向 U2 发送相应的数据
*******************************************************************/
#include <reg51.h>
unsigned char KeyState;
/*******************************************************************
函数名称：Serial_Init( )
函数功能：初始化单片机 U1 的串行通信口
*******************************************************************/
void Serial_Init( )
{
    IE   = 0x00;      // 禁止所有中断请求，EA、ES、ET1、EX1、ET0、EX0
    TMOD = 0x20;      // T1，工作方式 2，8 位，可重装，由 TR1 控制

    TH1  = 0xFA;      //T1 初值，作为波特率发生器，频率为 12MHz，波特率为 4800bit/s
    TL1  = 0xFA;

    PCON = 0x00;      // 波特率不倍增
    SCON = 0xC8;      // 串行口，工作方式 3，REN=0，禁止接收，TB8=1，11 位异步收发方式

    TR1 = 1;          // 启动 T1
    ES  = 1;          // 允许串行中断
    EA  = 1;          // 总中断开
}
/*******************************************************************
函数名称：SerialInterrupt( )
函数功能：单片机 U1 串行通信口中断服务程序
*******************************************************************/
void SerialInterrupt( ) interrupt 4 using 3
{
    TI = 0;                           // 清零发送结束标志 TI
    KeyState = P1&0xFF;               // 读按键状态

    switch( KeyState )
    {
        case 0xFE:  SBUF = 0x01;      // K1 键按下，向 U2 发送数据 0x01
                    break;
        case 0xFD:  SBUF = 0x02;      // K2 键按下，向 U2 发送数据 0x02
                    break;
        case 0xFB:  SBUF = 0x04;      // K3 键按下，向 U2 发送数据 0x04
                    break;
        default:    SBUF = 0x00;      // 其他状态，向 U2 发送数据 0x00
```

```
                    break;
    }
}
/*********************************************************************
函数名称：main （ ）
调用函数：Serial_Init( )
*********************************************************************/
void main( void )
{
    Serial_Init( );                       // 初始化串行口
    SBUF = 0x00;                          // 启动发送
    while( 1 ) ;
}
```

④ 中断方式接收程序如下：

```
/*********************************************************************
程序名称：ShiXun6ZR.c
程序功能：接收U1发来的数据，并据此控制D1、D2、D3的状态
*********************************************************************/
#include <reg51.h>
unsigned char RecData;
/*********************************************************************
函数名称：Serial_Init( )
函数功能：初始化单片机U2的串行通信口
*********************************************************************/
void Serial_Init( )
{
    IE = 0x00;        // 禁止所有中断请求，EA、ES、ET1、EX1、ET0、EX0
    TMOD = 0x20;      // T1，工作方式2，8位，可重装，由TR1控制

    TH1 = 0xFA;       // T1初值，作为波特率发生器，频率为12MHz，波特率为4800bit/s
    TL1 = 0xFA;

    PCON = 0x00;      // 波特率不倍增
    SCON = 0xD8;      // 串行口，工作方式3，REN=1，允许接收，TB8=1，11位异步收发方式

    RI = 0;           // 清零接收结束标志RI
    TI = 0;           // 清零发送结束标志TI

    TR1 = 1;          // 启动T1
    ES = 1;           // 允许串行中断
    EA = 1;           // 总中断开
}
/*********************************************************************
函数名称：SerialInterrupt( )
函数功能：单片机U2串行通信口中断服务程序
*********************************************************************/
void SerialInterrupt( ) interrupt 4 using 2
{
    RecData = SBUF;
    RI = 0;
```

```
    switch( RecData )
    {
        case 0x01:  P1 = 0x01;  break;
        case 0x02:  P1 = 0x02;  break;
        case 0x04:  P1 = 0x04;  break;
        case 0x00:  P1 = 0x00;
    }
}
/**********************************************************************
函数名称：main ( )
调用函数：Serial_Init( )
**********************************************************************/
void main( )
{
    Serial_Init( );            // 初始化 U2 串行通信口
    RecData = SBUF;            // 启动接收
    while( 1 ) ;
}
```

(3) 在 Keil μVision2 中输入上述源程序，并编译、链接生成相应的 HEX 文件。

(4) 在 Proteus ISIS 中，将 HEX 文件装入单片机，进行软、硬件联合仿真调试。

5. 思考与练习

(1) 什么是串行异步通信？其有哪几种帧格式？

(2) 定时器 T1 作为串行口波特率发生器时，为什么采用方式 2？

(3) 串行口有几种工作方式？各种工作方式下波特率是如何确定的？

(4) 如果实训的控制要求为用 D1、D2、D3 的亮、灭反映按键 K1、K2、K3 的状态，即：

① 当无键按下时，D1、D2、D3 全熄灭。

② 当按下 K1 键时，D1 点亮；当松开 K1 键时，D1 熄灭。K1 键的状态不影响 D2、D3。

③ 当按下 K2 键时，D2 点亮；当松开 K2 键时，D2 熄灭。K2 键的状态不影响 D1、D3。

④ 当按下 K3 键时，D3 点亮；当松开 K3 键时，D3 熄灭。K3 键的状态不影响 D1、D2。

试分别用查询方式、中断方式编写程序，实现上述控制要求。

6. 心得、建议及创新

(1) 心得：(对自己说的话)____________________

____

____

(2) 建议：(对老师说的话)____________________

____

____

(3) 创新：(基于实训内容，在软、硬件方面的改进)____________________

____

____

参 考 文 献

[1] 王长涛，韩忠华，夏兴华．单片机原理及应用——C 语言程序设计与实现[M]．2 版．北京：人民邮电出版社，2014.

[2] 孙安青．MCS-51 单片机 C 语言编程 100 例[M]．北京：中国电力出版社，2014.

[3] 徐爱钧，徐阳．Keil C51 单片机高级语言应用编程与实践[M]．北京：电子工业出版，2013.

[4] 杨黎．基于 C 语言的单片机应用技术与 Proteus 仿真[M]．长沙：中南大学出版社，2012.

[5] 林立，张俊亮．单片机原理及应用：基于 Proteus 和 Keil C[M]．3 版．北京：电子工业出版社，2014.

[6] 王东锋，董冠强．单片机 C 语言应用 100 例[M]．2 版．北京：电子工业出版社，2013.

[7] 张毅刚．单片机原理及接口技术(C51 编程)[M]．北京：人民邮电出版社，2011.

[8] 高玉芹．单片机原理与应用及 C51 编程技术[M]．北京：机械工业出版社，2011.

全国高职高专计算机、电子商务系列教材推荐书目

【语言编程与算法类】

序号	书号	书名	作者	定价	出版日期	配套情况
1	978-7-301-15476-2	C 语言程序设计(第 2 版)(2010 年度高职高专计算机类专业优秀教材)	刘迎春	32	2013 年第 3 次印刷	课件、代码
2	978-7-301-14463-3	C 语言程序设计案例教程	徐翠霞	28	2008	课件、代码、答案
3	978-7-301-20879-3	Java 程序设计教程与实训(第 2 版)	许文宪	28	2013	课件、代码、答案
4	978-7-301-13570-9	Java 程序设计案例教程	徐翠霞	33	2008	课件、代码、习题答案
5	978-7-301-13997-4	Java 程序设计与应用开发案例教程	汪志达	28	2008	课件、代码、答案
6	978-7-301-22587-5	C#程序设计基础教程与实训(第 2 版)	陈　广	40	2013	课件、代码、视频、答案
7	978-7-301-26145-3	C#面向对象程序设计案例教程(第 2 版)	陈向东	42	2015	课件
8	978-7-301-16935-3	C#程序设计项目教程	宋桂岭	26	2010	课件
9	978-7-301-15519-6	软件工程与项目管理案例教程	刘新航	28	2011	课件、答案
10	978-7-301-24776-1	数据结构(C#语言描述)(第 2 版)	陈　广	38	2014	课件、代码、答案
11	978-7-301-14463-3	数据结构案例教程(C 语言版)	徐翠霞	28	2013 年第 2 次印刷	课件、代码、答案
12	978-7-301-23014-5	数据结构(C/C#/Java 版)	唐懿芳等	32	2013	课件、代码、答案
13	978-7-301-18800-2	Java 面向对象项目化教程	张雪松	33	2011	课件、代码、答案
14	978-7-301-18947-4	JSP 应用开发项目化教程	王志勃	26	2011	课件、代码、答案
15	978-7-301-19821-6	运用 JSP 开发 Web 系统	涂　刚	34	2012	课件、代码、答案
16	978-7-301-19890-2	嵌入式 C 程序设计	冯　刚	29	2012	课件、代码、答案
17	978-7-301-19801-8	数据结构及应用	朱　珍	28	2012	课件、代码、答案
18	978-7-301-19940-4	C#项目开发教程	徐　超	34	2012	课件
19	978-7-301-20542-6	基于项目开发的 C#程序设计	李　娟	32	2012	课件、代码、答案
20	978-7-301-19935-0	J2SE 项目开发教程	何广军	25	2012	素材、答案
21	978-7-301-24308-4	JavaScript 程序设计案例教程(第 2 版)	许　旻	33	2014	课件、代码、答案
22	978-7-301-17736-5	.NET 桌面应用程序开发教程	黄　河	30	2010	课件、代码、答案
23	978-7-301-19348-8	Java 程序设计项目化教程	徐义晗	36	2011	课件、代码、答案
24	978-7-301-19367-9	基于.NET 平台的 Web 开发	严月浩	37	2011	课件、代码、答案
25	978-7-301-23465-5	基于.NET 平台的企业应用开发	严月浩	44	2014	课件、代码、答案
26	978-7-301-27265-7	单片机 C 语言程序设计教程与实训(第 2 版)	张秀国	35	2016	课件

【网络技术与硬件及操作系统类】

序号	书号	书名	作者	定价	出版日期	配套情况
1	978-7-301-14084-0	计算机网络安全案例教程	陈　昶	30	2008	课件
2	978-7-301-23521-8	网络安全基础教程与实训(第 3 版)	尹少平	38	2014	课件、素材、答案
3	978-7-301-18564-3	计算机网络技术案例教程	宁芳露	35	2011	课件、答案
4	978-7-301-21754-2	计算机系统安全与维护	吕新荣	30	2013	课件、素材、答案
5	978-7-301-09635-2	网络互联及路由器技术教程与实训(第 2 版)	宁芳露	27	2012	课件、答案
6	978-7-301-15466-3	综合布线技术教程与实训(第 2 版)	刘省贤	36	2012	课件、答案
7	978-7-301-14673-6	计算机组装与维护案例教程	谭　宁	33	2012 年第 3 次印刷	课件、答案
8	978-7-301-13320-0	计算机硬件组装和评测及数码产品评测教程	周　奇	36	2008	课件
9	978-7-301-12345-4	微型计算机组成原理教程与实训	刘辉珞	22	2010	课件、答案
10	978-7-301-16736-6	Linux 系统管理与维护(江苏省省级精品课程)	王秀平	29	2013 年第 3 次印刷	课件、答案
11	978-7-301-22967-5	计算机操作系统原理与实训（第 2 版）	周　峰	36	2013	课件、答案
12	978-7-301-16047-3	Windows 服务器维护与管理教程与实训(第 2 版)	鞠光明	33	2010	课件、答案
13	978-7-301-14476-3	Windows2003 维护与管理技能教程	王　伟	29	2009	课件、答案
14	978-7-301-18472-1	Windows Server 2003 服务器配置与管理情境教程	顾红燕	24	2012 年第 2 次印刷	课件、答案
15	978-7-301-23414-3	企业网络技术基础实训	董宇峰	38	2014	课件
16	978-7-301-24152-3	Linux 网络操作系统	王　勇	38	2014	课件、代码、答案

【网页设计与网站建设类】

序号	书号	书名	作者	定价	出版日期	配套情况
1	978-7-301-15725-1	网页设计与制作案例教程	杨森香	34	2011	课件、素材、答案
2	978-7-301-21777-1	ASP .NET 动态网页设计案例教程(C#版)(第 2 版)	冯　涛	35	2013	课件、素材、答案
3	978-7-301-21776-4	网站建设与管理案例教程(第 2 版)	徐洪祥	31	2013	课件、素材、答案
4	978-7-301-17736-5	.NET 桌面应用程序开发教程	黄　河	30	2010	课件、素材、答案
5	978-7-301-19846-9	ASP .NET Web 应用案例教程	于　洋	26	2012	课件、素材
6	978-7-301-20565-5	ASP.NET 动态网站开发	崔　宁	30	2012	课件、素材、答案
7	978-7-301-20634-8	网页设计与制作基础	徐文平	28	2012	课件、素材、答案
8	978-7-301-20659-1	人机界面设计	张　丽	25	2012	课件、素材、答案
9	978-7-301-22532-5	网页设计案例教程(DIV+CSS 版)	马　涛	32	2013	课件、素材、答案
10	978-7-301-23045-9	基于项目的 Web 网页设计技术	苗彩霞	36	2013	课件、素材、答案
11	978-7-301-23429-7	网页设计与制作教程与实训(第 3 版)	于巧娥	34	2014	课件、素材、答案

【图形图像与多媒体类】

序号	书号	书名	作者	定价	出版日期	配套情况
1	978-7-301-21778-8	图像处理技术教程与实训(Photoshop 版)(第 2 版)	钱　民	40	2013	课件、素材、答案
2	978-7-301-14670-5	Photoshop CS3 图形图像处理案例教程	洪　光	32	2010	课件、素材、答案
3	978-7-301-13568-6	Flash CS3 动画制作案例教程	俞　欣	25	2012 年第 4 次印刷	课件、素材、答案
4	978-7-301-18946-7	多媒体技术与应用教程与实训(第 2 版)	钱　民	33	2012	课件、素材、答案
5	978-7-301-17136-3	Photoshop 案例教程	沈道云	25	2011	课件、素材、视频
6	978-7-301-19304-4	多媒体技术与应用案例教程	刘辉珞	34	2011	课件、素材、答案
7	978-7-301-24103-5	多媒体作品设计与制作项目化教程	张敬斋	38	2014	课件、素材
8	978-7-301-24919-2	Photoshop CS5 图形图像处理案例教程(第 2 版)	李　琴	41	2014	课件、素材

【数据库类】

序号	书号	书名	作者	定价	出版日期	配套情况
1	978-7-301-13663-8	数据库原理及应用案例教程(SQL Server 版)	胡锦丽	40	2010	课件、素材、答案
2	978-7-301-16900-1	数据库原理及应用(SQL Server 2008 版)	马桂婷	31	2011	课件、素材、答案
3	978-7-301-15533-2	SQL Server 数据库管理与开发教程与实训(第 2 版)	杜兆将	32	2012	课件、素材、答案
4	978-7-301-25674-9	SQL Server 2012 数据库原理与应用案例教程(第 2 版)	李　军	35	2015	课件、代码、答案
5	978-7-301-16901-8	SQL Server 2005 数据库系统应用开发技能教程	王　伟	28	2010	课件
6	978-7-301-17174-5	SQL Server 数据库实例教程	汤承林	38	2010	课件、答案
7	978-7-301-17196-7	SQL Server 数据库基础与应用	贾艳宇	39	2010	课件、答案
8	978-7-301-17605-4	SQL Server 2005 应用教程	梁庆枫	25	2012 年第 2 次印刷	课件、答案
9	978-7-301-18750-0	大型数据库及其应用	孔勇奇	32	2011	课件、素材、答案

【电子商务类】

序号	书号	书名	作者	定价	出版日期	配套情况
1	978-7-301-12344-7	电子商务物流基础与实务	邓之宏	38	2010	课件、答案
2	978-7-301-12474-1	电子商务原理	王　震	34	2008	课件
3	978-7-301-12346-1	电子商务案例教程	龚　民	24	2010	课件、答案
4	978-7-301-25404-2	电子商务概论（第 3 版）	于巧娥等	33	2015	课件、答案

【专业基础课与应用技术类】

序号	书号	书名	作者	定价	出版日期	配套情况
1	978-7-301-13569-3	新编计算机应用基础案例教程	郭丽春	30	2009	课件、答案
2	978-7-301-16046-6	计算机专业英语教程(第 2 版)	李　莉	26	2010	课件、答案
3	978-7-301-19803-2	计算机专业英语	徐　娜	30	2012	课件、素材、答案

如您需要更多教学资源如电子课件、电子样章、习题答案等，请登录北京大学出版社第六事业部官网 www.pup6.cn 搜索下载。

如您需要浏览更多专业教材，请扫下面的二维码，关注北京大学出版社第六事业部官方微信（微信号：pup6book），随时查询专业教材、浏览教材目录、内容简介等信息，并可在线申请纸质样书用于教学。

感谢您使用我们的教材，欢迎您随时与我们联系，我们将及时做好全方位的服务。联系方式：010-62750667，liyanhong1999@126.com，pup_6@163.com，lihu80@163.com，欢迎来电来信。客户服务 QQ 号：1292552107，欢迎随时咨询。